# 城市规划计算机辅助设计
## 应用实训教程

▶ 主　编◎段　捷　　杨　勉　　张荣霞
▶ 副主编◎张　颖　　龙　宇

西南财经大学出版社

中国·成都

图书在版编目(CIP)数据

城市规划计算机辅助设计应用实训教程/段捷,
杨勉,张荣霞主编;张颖,龙宇副主编. --成都:西南
财经大学出版社,2024.8
ISBN 978-7-5504-5913-7

Ⅰ.①城… Ⅱ.①段…②杨…③张…④张…⑤龙… Ⅲ.①城市规划—
计算机辅助设计—教材 Ⅳ.①TU984-39

中国国家版本馆 CIP 数据核字(2023)第 155777 号

## 城市规划计算机辅助设计应用实训教程
CHENGSHI GUIHUA JISUANJI FUZHU SHEJI YINGYONG SHIXUN JIAOCHENG

主 编 段 捷 杨 勉 张荣霞
副主编 张 颖 龙 宇

策划编辑:李邓超 王 琳
责任编辑:王 琳
责任校对:李晓嵩
封面设计:墨创文化 张姗姗
责任印制:朱曼丽

| | |
|---|---|
| 出版发行 | 西南财经大学出版社(四川省成都市光华村街 55 号) |
| 网 址 | http://cbs.swufe.edu.cn |
| 电子邮件 | bookcj@swufe.edu.cn |
| 邮政编码 | 610074 |
| 电 话 | 028-87353785 |
| 照 排 | 四川胜翔数码印务设计有限公司 |
| 印 刷 | 郫县犀浦印刷厂 |
| 成品尺寸 | 185 mm×260 mm |
| 印 张 | 20.375 |
| 字 数 | 475 千字 |
| 版 次 | 2024 年 8 月第 1 版 |
| 印 次 | 2024 年 8 月第 1 次印刷 |
| 印 数 | 1—2000 册 |
| 书 号 | ISBN 978-7-5504-5913-7 |
| 定 价 | 49.80 元 |

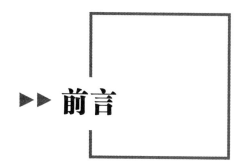

## ▶▶ 前言

本教材分为三个部分：AutoCAD 制图基础、ArcGIS 制图基础和综合篇。我们根据城乡规划设计、旅游规划设计等相关专业的共性与个性，综合运用 AutoCAD 和 ArcGIS 两个软件，结合多年教学经验、实践经验，并结合实际案例，以易学习为出发点，详尽介绍了辅助规划设计软件的基本技能、使用方法和绘图技巧。本教材内容由浅入深，由局部到整体，结合快捷键命令进行逐步讲解，通俗易懂，实用性强。

本教材按照实际教学模式编写，基础篇的部分章节后附有相应上机练习内容，读者可以通过练习将所学内容融会贯通；综合篇则以实践工程运用为基本出发点，以国土空间规划体系为制图顺序，以实际项目的制作过程为例进行介绍，旨在让读者掌握 AutoCAD 软件，并将 ArcGIS 软件综合运用于城市规划与旅游规划设计的具体工作中。各篇章内容如下：

第一篇为 AutoCAD 制图基础，包括第1章、第2章、第3章。本篇从界面认识到基本命令的使用，从最基础的线到面，到二维绘图和高效绘图技巧，再到图纸输出与打印，系统全面地介绍了 AutoCAD 绘制规划图的操作流程。通过对本篇内容的学习，读者可以掌握基本图形的绘制、二维图形的绘制和编辑、复杂对象的绘制和编辑、图块的创建与插入、图形文件的管理操作等常规内容。

第二篇为 ArcGIS 制图基础，包括第4章、第5章、第6章。本篇依据城乡规划的需求讲述了如何将 ArcGIS 技术运用到城乡规划的实践之中，并针对性地讲解了在解决实际规划问题时应当如何运用相关的 ArcGIS 工具及命令，读者根据内容中的操作步骤可以逐步完成相关的数据分析。通过对本篇内容的学习，读者可以掌握 ArcGIS 的相关知识和操作技能，即从界面认识到基础命令的使用，从数据库建立和数据的初步处理到数据分析与符号化表达，再到图面整饰以及图纸的导出与打印。

第三篇为综合篇，包括第 7 章至第 10 章。本篇重点讲述了国土空间规划的图纸绘制。首先对国土空间规划"五级三类四体系"的整体框架进行梳理；其次是分析国土空间总体规划的图纸制作，通过 AutoCAD 和 ArcGIS 相结合的方式，对总体规划的底图导入、用地适宜性评价、骨架路网绘制、用地分类及色块填充等进行详细介绍；然后是以 GIS 制作为基础，对容积率、绿地率、开发强度等详细规划的指标进行可视化表达；最后以居住区规划为例，对小区的建筑布局、小区道路和景观配置等进行分析。

附录内容为《市级国土空间总体规划制图规范（试行）》和《城市规划制图标准》。通过对本部分内容的学习，读者可以掌握总体规划、详细规划和专项规划的框架体系、指标计算与绘制、可视化表达等，形成对国土空间规划的整体认知。

本教材主编为段捷、杨勉、张荣霞，副主编为张颖、龙宇。具体编写分工为：杨勉编写第 1 章、第 3 章，段捷编写第 2 章、第 6 章、第 8 章、第 10 章，龙宇编写第 4 章，张颖编写第 5 章，张荣霞编写第 7 章、第 9 章，夏军、余琴、王艺熹共同完成统稿工作。

本教材可作为城市规划、旅游规划、风景园林方向从业人员的参考资料，也可作为高校规划类专业计算机辅助设计课程的教材，还可作为城市规划和旅游规划制图人员的参考资料。由于时间仓促及作者水平有限，书中难免存在纰漏，敬请广大读者斧正。

编者

2024 年 6 月

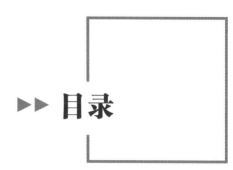

# ▶▶ 目录

## 第一篇　AutoCAD 制图基础

# 第二篇　GIS 制图基础

# 第三篇　综合篇

# 第一篇
## AutoCAD 制图基础

# 1

# AutoCAD 基础绘图操作

## 1.1 AutoCAD 基础

在使用 AutoCAD 软件制作城市规划图之前，本节主要讲解一些与 AutoCAD 相关的基础知识，熟悉一下该软件工作界面的基本设置和基础操作方法，了解工具条、菜单栏、绘图区域、命令栏等包含的内容及其功能，为下一步学习绘图打下基础。

### 1.1.1 AutoCAD 概述

AutoCAD 是美国欧特克有限公司（Autodesk）研发的一款计算机辅助绘图工具，最早诞生于 1982 年。该软件被多个工程领域广泛运用，如建筑、城市规划、园林、室内、工业、机械等，是一款设计与工程一体化的计算机辅助绘图工具，有效地解决了早期手工绘制效率低、速度慢、误差大等诸多问题；在资源共享方面更是突破了传统共享模式，让资源更加国际化、市场化、多元化。

### 1.1.2 AutoCAD 工作界面

本教材以 AutoCAD 2017 版本作为介绍。打开软件后，首先进入的是 AutoCAD 2017 的初始界面（如图 1.1 所示）。我们点击"了解"，进入到如图 1.2 所示的界面中，会弹出"新增功能视频"链接，是对之前所发布的 AutoCAD 旧版本的差异性进行介绍；还有多个"快速入门视频"，点击每一个链接，都会打开相应的介绍和教学视频。如果不需要观看视频，则可直接进入新图层绘图界面（见图 1.3），选择"开始绘制"，或者点击窗口栏里的新图形"+"号，直接新建图形窗口，进入默认工作空间（见图 1.4），然后开始绘图。如果已有 dwg 文件，也可以点击"打开文件"或"打开图纸集"（见图 1.3），按引导步骤添加所需文件即可。

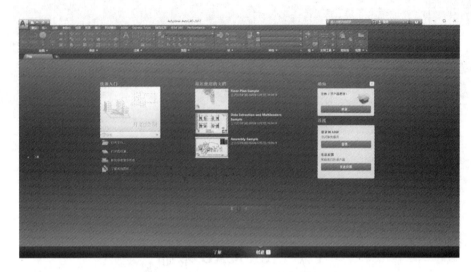

图 1.1　AutoCAD 2017 的初始界面

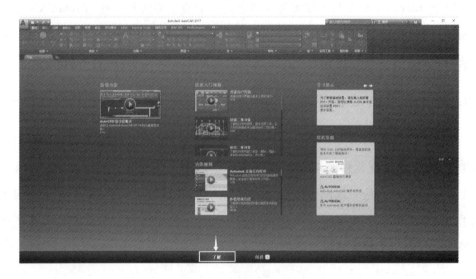

图 1.2　"了解"功能

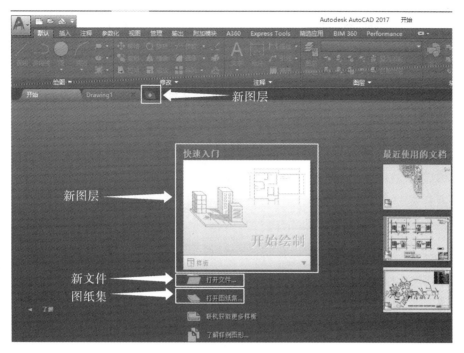

图 1.3　打开文件

　　图 1.4 的空间为"草图与注释"空间，不同工作空间下的工作界面的绘图基本功能几乎是相同的，可以在界面顶部的"快速访问工具"中进行工作空间的切换。为了方便教学，与各版本达成统一界面，我们在教学中将界面切换为"AutoCAD 经典"工作界面，如图 1.5 所示。

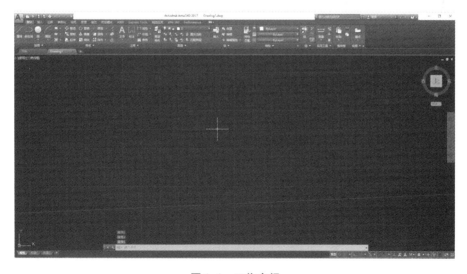

图 1.4　工作空间

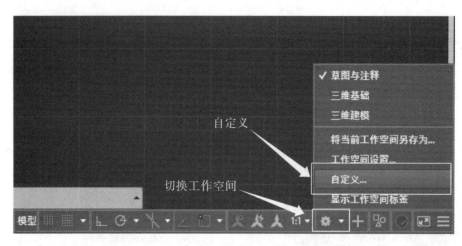

图 1.5　切换工作空间

具体切换操作如下：

①如图 1.5 所示，点击右下角工具栏中的"切换工作空间"，再点击"自定义"。

②如图 1.6 所示，选择"传输"→"新文件"→"打开"，添加已提前下载好的"acad. cuix"文件，再如图 1.7 所示，将"AutoCAD 经典"拖拽至左侧"工作空间"中，再点击"应用"→"确定"。

图 1.6　"自定义"面板

图 1.7　设置"AutoCAD 经典"模式

③点击右下角工具栏中的"切换工作空间"，再点击"AutoCAD 经典"，便切换到了经典工作界面。

设置完成的经典工作界面如图 1.8 所示，界面主要包括绘图窗口、菜单栏、基本工作栏、图层工具栏、布局选项栏、修改工具栏、坐标轴、绘图辅助工具栏等。

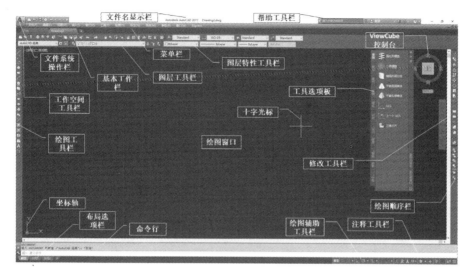

图 1.8　AutoCAD 经典工作界面

在学习绘图之前，我们先对照着工作界面对部分内容进行简单介绍。

（1）文件名显示栏。

该栏显示的是正在被编辑的文件名称，如果是新建文件，系统默认名称为 Drawing1. dwg、Drawing2. dwg 等。

（2）文件系统操作栏。

该栏是对文件进行保存、另存为、发布、打印等相关的文件输入与输出操作。

（3）绘图窗口。

绘图窗口是图形绘制工作的主要操作界面，用户所绘制的图形将在该窗口显示，滚动鼠标滚轮可对界面进行放大、缩小操作。

（4）坐标轴。

绘图窗口的左下角有一个 UCS（user coordinate system）坐标轴，坐标轴有 X 轴与 Y 轴，在三维模型中还会出现 Z 轴。用户在处理比较复杂的二维绘图和三维模型的绘制时，坐标轴的指示方向功能是非常有用的。

（5）十字光标。

十字光标是 AutoCAD 的定点指示工具，类似 Windows 系统的鼠标箭头，十字光标大小可根据用户偏好进行调节。

（6）工作空间工具栏。

通过工作空间工具栏，用户可根据绘图习惯，选择草图与注释、三维空间建模等多种工作空间模式，或自定义新的空间模式。

（7）绘图工具栏。

绘图工具栏有绘图所需要用到的各类直线、曲线、形状、文字等工具，用户可根据绘图需要单击工具，即可在绘图窗口进行图形绘制。

（8）菜单栏。

菜单栏包括了 AutoCAD 各类命令，并将它们按功能进行了分类，用户可以通过点击各分类菜单选取详细的各类命令，常用菜单栏如图 1.9 所示。

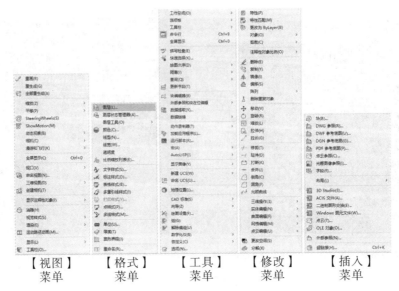

| 【视图】 | 【格式】 | 【工具】 | 【修改】 | 【插入】 |
| 菜单 | 菜单 | 菜单 | 菜单 | 菜单 |

图 1.9　常用菜单栏

（9）图层工具栏。

图层工具栏可对图层运行建立、冻结、锁定等工作命令，方便用户在作图时对复杂多样的图像进行分层编辑。

（10）图层特性工具栏。

用户可利用图层特性工具栏控制图层颜色、线宽等，方便进行工程图的绘制。

（11）绘图辅助工具栏。

绘图辅助工具栏提供对象捕捉、正交等绘图的辅助工具，可方便用户快速找到图形对象和绘图线的参考等。

（12）命令行。

命令行用于用户输入操作命令。AutoCAD 将根据用户所输入的命令做出指令反应，便于熟练的用户进行绘图操作。

（13）布局选项栏。

用户可利用布局选项栏对所绘制的模型进行布局，在各"布局"界面中形成不同"窗口"，方便进行出图排版。

（14）工具选项板。

工具选项板将不同的图形、图例、图案等绘图工具进行分类，用户可根据不同需要，在工具选项板里选取所需绘图工具。

（15）修改工具栏。

用户可利用修改工具栏调整线条与图形。

在 AutoCAD 的工作界面中，除选择工作空间模式之外，用户也可以根据自己的习惯和偏好，对空间的各个工具面板进行移动或增减。用户使鼠标左键拖动工具栏，可把工具栏拖动到自己习惯的工作空间位置。被拖动到绘图窗口的浮动工具栏中，在其右上角有一个"×"按键，可以关闭浮动工具栏。被关闭的浮动工具栏，也可以从菜单栏里重新找出，用户可根据工具栏类别进行选择，选择其在绘图窗口中可见。例如，我们在工作界面中先关掉"修改工具栏"，再次将其列入工作界面中时，选择菜单栏界面的"工具"→"工具栏"→"AutoCAD"→"修改"，此时，"修改工具栏"便会出现在上一次被关闭的位置（见图 1.10）。

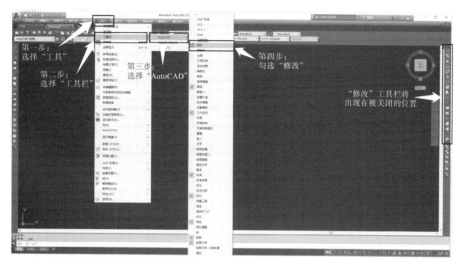

图 1.10　修改工具栏

### 1.1.3　练习题

（1）打开 AutoCAD 2017，了解其工作空间及各工具栏内容。
（2）对工作空间进行切换，了解不同工作空间的功能与区别。
（3）切换至"AutoCAD 经典"工作空间，并设置一个属于自己的工作空间。

# 1.2　AutoCAD 入门

## 1.2.1　AutoCAD 命令输入

使用软件制图时，用户要尽量做到快和准，即在绘制图形时缩短作图时间和提高制图的准确性。在使用 AutoCAD 进行绘图时，影响快和准的一个重要影响因素便是基础输入操作，即命令的调用方法。在 AutoCAD 中，通常的命令输入方式有三种，以下对这三种输入方式进行介绍。

### 1.2.1.1　通过菜单栏进行命令调用

AutoCAD 的菜单栏几乎包括了所有的绘图命令，用户可以通过顶部的菜单栏找到自己所需要的命令进行使用。菜单栏除了能调用绘图命令以外，所有的设置选项面板也能在其中找到并能被调用。但是此方法在进行命令输入时速度慢，效率不高，因此在绘图时并不常用（一些设置选项除外）。

### 1.2.1.2　直接选择工具条上的相应工具

AutoCAD 的工具条中包含了绘图时需要使用到的大部分工具，用户通过鼠标单击相应的图标即可直接调用。在"AutoCAD 经典"工作空间中，工具条以缩略图的形式存在于界面的左、上、右方；而在"草图与注释"工作空间中，常用的工具则以分栏的形式陈列于界面的上方，并且每个图标旁注明了其名称，方便用户使用。此方法适合初学者使用。

### 1.2.1.3 通过键盘输入对应的命令

该方法是 AutoCAD 中最具效率的命令输入方式，用户通过在命令行中输入对应命令的相应英文或者英文缩写进行命令调用。例如，执行直线命令时可输入"LINE"或"L"。对应命令的英文字母不区分大小写。此输入方式是效率最高的命令输入方式。

通过键盘输入命令时，输入完成后，用户需要使用"空格"键或"回车"键进行命令执行的确定。无论用户采用哪种命令输入方式，最终的命令调用结果都是相同的。在执行相关的指令后命令提示行都会自动出现与该命令相关的提示和选项，这些提示和选项为用户的进一步操作提供了指导和帮助。例如，在执行"圆（C）"的命令后，命令行会出现如图 1.11 所示的相关信息。

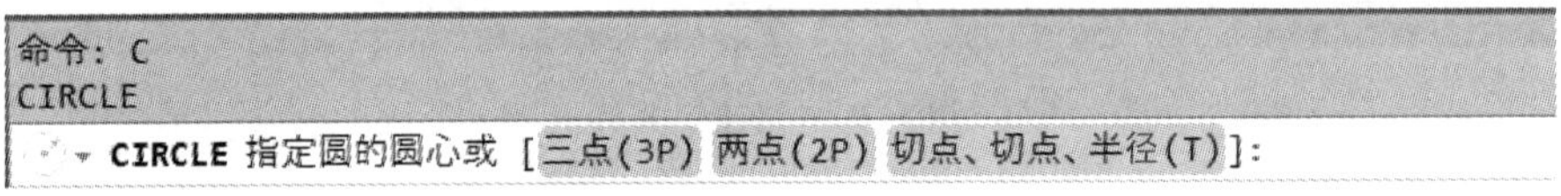

```
命令: C
CIRCLE
CIRCLE 指定圆的圆心或 [三点(3P) 两点(2P) 切点、切点、半径(T)]:
```

图 1.11 "圆（C）"的命令行

在得到图 1.11 所示的提示后，用户可以根据绘图的需要，直接在屏幕上指定圆心进行绘制，或者输入其他命令，使用其他方式进行圆的绘制（如需要利用三点进行圆的绘制，可使用鼠标点击"三点（3P）"选项，或继续在命令行中键入"3P"，确认命令后进行绘制）。

（1）AutoCAD 中的重复命令。AutoCAD 支持对上一个命令进行重复执行，并且不论上一命令是否完成，均可再次调用。有以下两种方式可以实现：

①用户在完成上一命令后直接按"空格"键或"回车"键，即可重复上一命令。

②在绘图空间中右击鼠标，在弹出的快捷菜单中选择"重复"或"最近的输入"来实现命令的重复。

（2）AutoCAD 中的撤销命令。在命令执行的任何时候用户都可以取消或终止命令。有以下方式可以实现：

①按快捷键 Esc 或 Ctrl+Z。

②单击菜单栏中的"编辑"→放弃。

③单击菜单栏上方工具栏中的"放弃"按钮，并且可以在下拉菜单中选择放弃到哪一步命令。

（3）AutoCAD 中的重做命令。该功能可以对撤销的命令进行恢复，并且可以恢复到第一个撤销的命令处。有以下方式可以实现：

①按快捷键 Ctrl+Y。

②单击菜单栏"编辑"→重做。

③单击菜单栏上方工具栏中的"重做"按钮，并且可以在下拉菜单中选择重做到哪一步命令。

（4）AutoCAD 中的透明命令。在 AutoCAD 中，一些命令可以在不影响正在执行的命令的情况下进行调用。因此将该类命令称之为透明命令。有以下方式可以实现：

①通过命令行进行命令输入。

②单击工具栏中的相应按钮。

③选择相应的菜单命令。

### 1.2.2　AutoCAD 基本设定

在正式绘图之前用户需要进行一些基本设定，如十字光标、绘图单位、绘图辅助工具、对象捕捉模式等。事先做好基础设定，可以提高正式制图的效率，降低错误发生率。用户可以根据绘图的需要在绘图过程中调整设置，也可以随时改变设置的状态。但绘图单位（尤其是长度单位）需要在绘图开始时就设置好，否则会影响之后的绘图。

（1）十字光标调整。

在 AutoCAD 中，用户可以根据喜好对十字光标进行相关的调整。具体操作如下：

①点击菜单栏中的"工具"→"选项"（或键入命令"OP"），然后提示框显示 OP（OPTIONS），使用空格键、回车键确定，或鼠标左键点击确定。打开选项窗口，如图 1.12 所示。

**图 1.12　选项窗口**

②"显示"→"十字光标大小"→输入数值或拖动滑条调整光标大小→"应用"→"确定"，即可调整十字光标的大小（见图 1.13）。

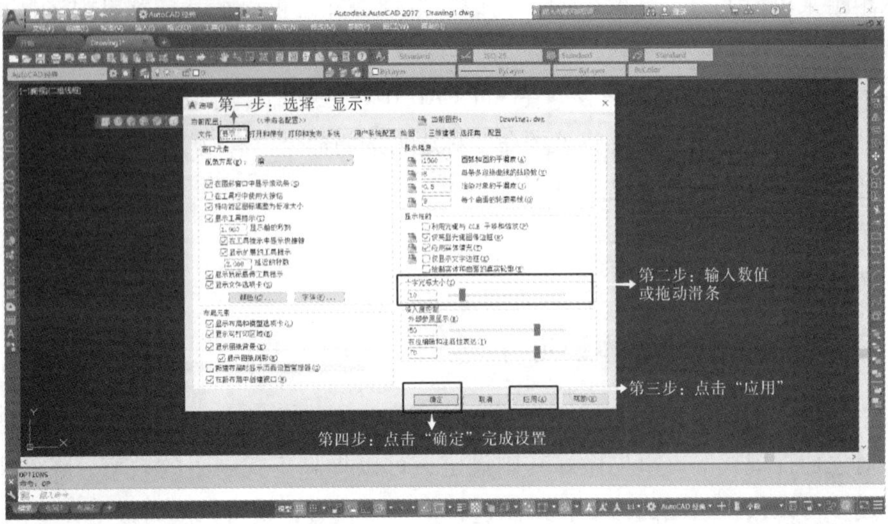

图 1.13　调整光标大小

③设置十字光标中心靶框大小：点击选项中的"绘图"→找到靶框大小设置选项位置并拖动滑条进行调整→"应用"→"确定"（见图 1.14）。

图 1.14　设置十字光标中心靶框大小

设置十字光标的目的是方便用户绘图，提高用户制图效率。用户可以根据绘图需要实时对十字光标进行更改。

（2）绘图单位调整。

绘图单位对绘图有着重要的影响，用户应在绘图之前将绘图单位设置好，在 Auto-CAD 中绘图单位的设置包括长度单位设置、角度单位设置、精度设置和角度方向设置四个方面。具体操作如下：

①设置长度和角度。点击菜单栏选项"格式"→"单位"（或键入命令"UN"），然后提示框显示 UN（UNITS），打开图形单位对话框，如图 1.15 所示。

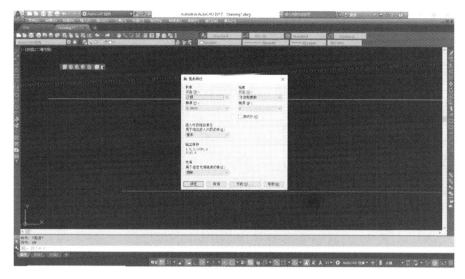

**图 1.15 图形单位对话框**

②设置长度类型。单击长度→"类型"的对话框，会弹出"分数""工程""建筑""科学""小数"五个选项，选择自己所需要的单位。按照我国的标准，长度单位应当选择"小数"。

③设置长度的精度。单击长度→"精度"的对话框，会弹出 0 到 0.000 000 00 共 9 种选择，根据绘图需要选择即可。

④设置角度类型。单击角度→"类型"的对话框，会弹出"百分度""度/分/秒""弧度""勘测单位""十进制度数"五个选项，选择自己所需要的单位。

⑤设置角度的精度。角度的精度设置与长度的精度设置相同，按绘图需要选择即可。

⑥设置插入时的缩放单位。下拉选项栏中有"毫米""厘米""米"等多种长度单位，一般根据自己绘图所使用的单位进行选择。例如，以毫米为单位作图，则选择"毫米"；以米为单位作图，则选择"米"。

⑦光源的单位可使用默认的"国际"。

⑧设置角度方向。点击图像单位对话框中的"方向……"，打开方向控制对话框（见图 1.16），可在对话框中选择"东""北""西""南""其他"五个选项。选择"其他"，则需要在"角度"文本框中输入一个角度，作为 0°的起点，或者单击 ，在屏幕上指定零角度的起点和方向。角度方向的设置会影响 AutoCAD 测量角度的起点和测量方向。例如，默认的设置是坐标轴"东"为 0°，逆时针方向为正方向；如果选择"西"，则是以正西为 0°，逆时针方向为正方向。

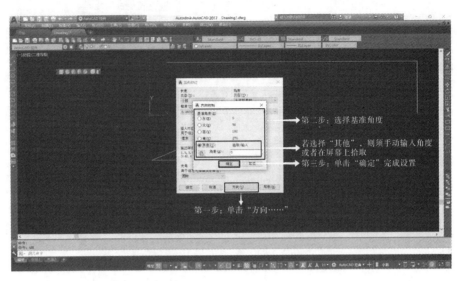

图 1.16　设置角度方向

（3）绘图辅助工具设置。

AutoCAD 的绘图辅助工具能够为我们的高效率绘图提供巨大的帮助，合理地利用绘图辅助工具能让我们事半功倍。常见的辅助工具有栅格、捕捉、正交等。AutoCAD 中的绘图辅助工具栏在命令提示框的下方，如图 1.17 所示。

图 1.17　辅助工具栏

图 1.17 中的图形按钮从左到右依次为：十字光标当前位置的坐标、切换模型/布局空间、栅格显示、捕捉模式、推断约束、动态输入、正交模式、极轴追踪、等轴侧草图、对象捕捉追踪、对象捕捉、显示/隐藏线宽、显示/隐藏透明度、选择循环、三维对象捕捉、开启/关闭动态 UCS、过滤对象选择、显示/隐藏小控件、注释可见性、自动缩放、注释比例、切换工作空间、注释监视器、单位、快捷特性、锁定用户界面、隔离对象、硬件加速、全屏显示、辅助工具自定义栏。

①十字光标当前位置的坐标。从左到右依次是 X、Y、Z 坐标值，显示的是十字光标当前所在位置的坐标。

②模型切换/布局空间。点击该按钮，即可从模型空间快速切换到布局空间，单击后该按钮变为图纸，同时工作界面变为布局空间，切换后的布局空间如图 1.18 所示。在该界面中，再次单击图纸按钮，会变回为模型，但是不会切换回正常的模型空间，而是会进入"布局空间中的模型空间"，即只能在该视口下对图纸进行操作。若要返回正常的模型空间状态，则需要单击界面左下角的"模型"。有关布局空间的使用会在后面的章节中进行详细介绍。

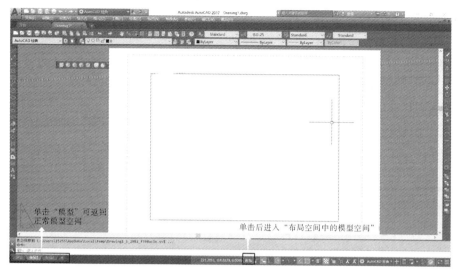

图 1.18　布局空间

③▦栅格显示。栅格的作用与手工绘图使用的方格纸的作用相似，栅格只会显示在屏幕上，并不会在打印时存在。可以打开栅格，也可以关闭栅格，在默认状态下栅格是关闭的，打开栅格可使用以下方法：

a. 按快捷键 F7 键。

b. 单击辅助工具栏中的▦。

c. 输入命令 GRID→输入 ON/OFF（打开/关闭）→确定，完成设置。

d. 使用组合键 Ctrl+G。

栅格的间距默认为 10，当图形界限过大时，栅格因过于密集会自动关闭且无法打开。此时则需要改变栅格的大小，方法如下：

a. 输入命令 GRID→输入数值→确定，完成设置。

b. 鼠标右键点击辅助工具栏中的▦，弹出"草图设置"窗口（见图 1.19）→在"捕捉和栅格"选项卡的"栅格间距"中进行设置。

c. 输入命令 SE，在弹出的如图 1.19 所示的窗口进行设置。

④▦▾捕捉模式。捕捉模式能够帮助绘图者在绘图区进行精准的定位，其原理可以简单理解为在绘图区生成了一个隐形的捕捉栅格，该模式能约束光标只落在栅格的某一点上，使绘图者能够精确地选择和捕捉这一点位。打开或关闭捕捉模式可以使用以下方式：

a. 按快捷键 F9 键。

b. 单击辅助工具栏中的▦。

c. 输入命令 SN（SNAP）→输入 ON/OFF（打开/关闭）→确定，完成设置。

在 AutoCAD 中，捕捉模式有"栅格捕捉"与"极轴捕捉"两种，单击▦▾右侧下拉菜单符号，在弹出的选项栏中进行两种模式选择。

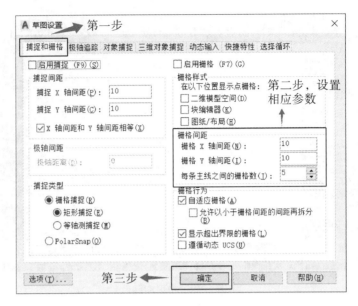

图 1.19　设置栅格间距

⑤栅格捕捉。栅格捕捉是指按照正交位置捕捉位置点。栅格显示提供了绘图的参考背景，栅格捕捉则约束了光标的移动。栅格捕捉又分为"矩形捕捉"和"等轴测捕捉"两种。在"矩形捕捉"中，栅格以标准的正交形式显示；在"等轴测捕捉"中，十字光标和栅格不再互相垂直，而是呈现绘制等轴测图时的特殊角度，方便绘制等轴测图。用户可在草图设置（见图 1.19）中切换"矩形捕捉"或"等轴测捕捉"。

⑥极轴捕捉。用户可以根据设置的任意极轴角捕捉位置点。打开极轴模式（PolarSnap）时，在指定起点后，光标将沿着"极轴追踪"选项卡上相对于极轴追踪起点设置的极轴对齐角度进行捕捉。

⑦▣推断约束。推断约束，可以理解为当绘图或编辑图形时，如果操作符合某些捕捉或约束的条件，系统就推断我们应该使用相关的约束，并应用到图形上，具有智能化作图的概念。与 CONSTRAIN 命令相似，约束只在对象符合条件时才会应用。推断约束后不会重新定位对象。推断约束的打开或关闭可使用以下方式：

a. 单击辅助工具栏中的▣。

b. 单击菜单栏中的"参数"→"约束设置"，在"约束设置"对话框勾选/取消勾选"推断几何约束"（见图 1.20）。

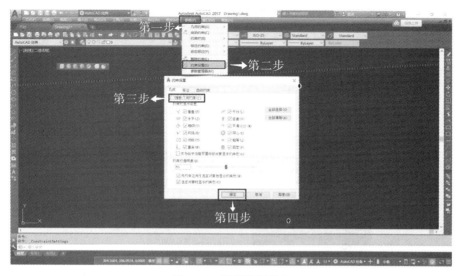

图 1.20　设置推断约束

用户在创建几何图形时，打开"推断约束"，对象捕捉将用于推断几何约束，但是不支持交点、外观交点、延长线和象限点这几类对象捕捉，也无法推断平滑、同心、共线、等于、对称和固定这几个约束。推断约束启动后，在用直线、多段线、矩形、圆角、倒角、移动、复制和拉伸命令绘图时系统自动推断几何约束，如图 1.21 所示。图 1.21 中的▣表示该段运用了相关的约束，用户可以进行查看。在对存在约束的图形进行编辑时，图形会保留约束。

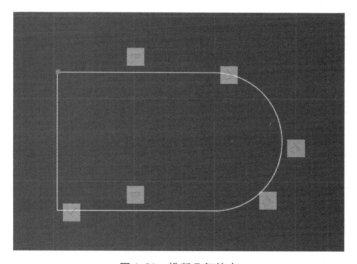

图 1.21　推断几何约束

⑧▬动态输入。当"动态输入"打开时，AutoCAD 系统会在十字光标旁为绘图者提供一个命令界面，该命令界面会随着光标的移动而动态跟随，从而始终存在于十字光标旁。动态输入适用于输入命令，对命令提示进行响应并输入相关数值。打开或关闭动态输入可用以下方式：

a. 按快捷键 F12。

b. 单击辅助工具栏中的▬。

c. 通过输入命令 SE（DSETTINGS）打开草图设置，选择"动态输入"选项卡，勾选/取消勾选"启用指针输入"，确定设置（见图 1.22）。

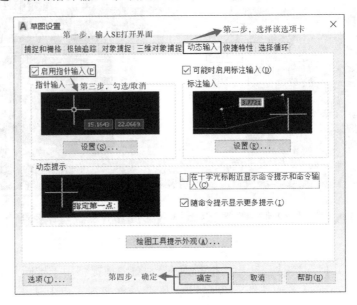

图 1.22　设置动态输入

当动态输入模式开启时，进行任何命令，操作光标旁都会出现一个窗口，此时该窗口将会显示操作提示信息和相关的数值。在输入命令时，窗口显示的是操作者键入的字符，命令输入完毕（输入命令后按"回车"键或"空格"键），处于下一步操作的等待状态时，窗口显示操作提示信息和坐标数值（在未确定第一点时，数值均为光标所在点的坐标）。此时可以输入进一步的指令或者输入有关的数值（在输入数值时按"Tab"键可以切换到下一个字符框并且锁定当前字符框），如图 1.23 所示。

图 1.23　动态输入展示

⑨正交模式。正交模式为绘制标准的水平直线和垂直直线提供了方便。同时正交模式在将图形进行水平或者垂直的移动时也能使图形严格地按照水平或垂直方向移动，其原理类似于手绘中的丁字尺与三角板。正交模式也可以通过旋转坐标系来绘制相对位置（平行或垂直于坐标轴）的垂直线与水平线。打开或关闭正交模式可以使用以下方式：

a. 按快捷键 F8。

b. 单击辅助工具栏中的。

c. 输入命令 ORTHO→ON/OFF（开启/关闭）。

⑩极轴追踪。在绘图或编辑图形的过程中，极轴追踪能够帮助绘图者将光标自动捕捉到预先设置的角度方向上。打开或关闭极轴追踪可用以下方式：

a. 按快捷键 F10。

b. 单击辅助工具栏中的 。

c. 通过输入命令 SE 打开草图设置，选择"极轴追踪"选项卡，勾选/取消勾选"启用极轴追踪"选项。

在 AutoCAD 中，极轴追踪和正交模式不能同时被启用，当启用正交模式时，极轴追踪会自动关闭；当启用极轴追踪时，正交模式会被自动关闭。因此，在进行绘图时用户可以分情况灵活运用这两种模式。例如，在需要绘制垂直或水平的直线时使用正交模式，绘制一般角度直线时使用极轴追踪。

在使用极轴追踪前，用户通常可以根据绘图的需要对追踪角度进行设置，方法如下：

a. 单击辅助工具栏中极轴追踪图标旁的下拉菜单符号（或直接右键单击），在弹出的选项栏中选择所需要的追踪角度，如图 1.24 所示。

b. 在"草图设置"中找到极轴追踪选项卡（通过输入命令 SE 打开；右键点击时在下拉菜单中选择"正在追踪设置"），在"极轴角设置"的"增量角"一栏中的列选框中进行设置，如图 1.25 所示。

图 1.24　设置追踪角度 1

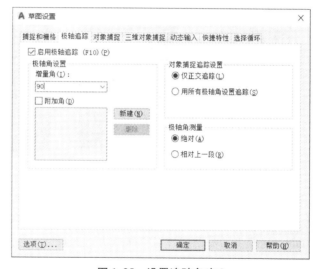

图 1.25　设置追踪角度 2

"增量角"的下拉列表中有 90、45、30 等常用角度，也可以自行输入所需要的角度值。在启用极轴追踪时，系统将按照该角度的整数倍的方向进行追踪。如果勾选"附加角"选项，在点击"新建"后，用户可以在左侧窗口中设置除了增量角之外的任意附加角度。保存设置，用户在绘图时系统将追踪该角度，但是不会追踪该角度的整数倍角度。

⑪ 等轴测草图。等轴测草图为绘制等轴测图像提供了巨大的帮助，操作方式如下：

a. 单击辅助工具栏中的 。

b. 输入命令 ISODRAFT→选择所需要的轴测方向。

等轴测草图模式需要与栅格显示和栅格捕捉一起使用。在需要使用等轴测草图模式时，用户应将栅格捕捉的捕捉类型改为"等轴测捕捉"。AutoCAD 提供了"左等轴测平面""顶部等轴测平面""右等轴测平面"三种视图选择，在栅格开启的情况下使用等轴测草图栅格时系统会根据选择的轴测视图进行变化。等轴测草图模式开启时，按快捷键 F5，可在这三种模式间相互切换。

⑫ ✍ 对象捕捉追踪。对象捕捉追踪是指，当捕捉到特殊位置点后，以该点为基点，按照指定的极轴角或极轴角的倍数对齐要指定点的路径。因此"对象捕捉追踪"需要配合"对象捕捉"一起使用。打开或关闭对象捕捉追踪可以用以下方法：

a. 按快捷键 F11。

b. 单击辅助工具栏中的 ✍。

c. 输入命令 OS，打开"草图设置"中"对象追踪"的选项卡，勾选/取消勾选"启用对象捕捉追踪"。

在进行对象捕捉追踪时，我们将光标放在特殊点（如中点、交点等对象捕捉中存在的特殊点）上，将光标按照"极轴追踪"所设置的追踪角度进行大致符合相关角度的移动，便可以发现特殊点捕捉标记依然存在，并且屏幕上出现了绿色虚线（极轴追踪的参考线），如图 1.26 所示。在 AutoCAD 中用户可以同时进行多个点的对象捕捉追踪，从而达到使用交点的目的，如图 1.27 所示。

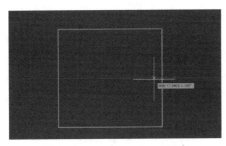
图 1.26　极轴追踪的参考线

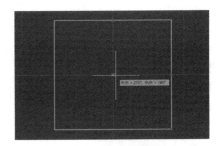
图 1.27　交点捕捉

⑬ ▭ 对象捕捉。使用 AutoCAD 绘图时，我们经常需要用到一些比较特殊的点，如交点、中点、圆心等。但是想使用光标对这些特殊点进行精准定位是比较困难的，因此 AutoCAD 提供了辅助用户对特殊点进行选择的"对象捕捉"工具。打开或关闭该模式可用以下方式：

a. 按快捷键 F3。

b. 单击辅助工具栏中的 ▭。

c. 输入命令 OS，打开"草图设置"，在"对象捕捉"选项卡中勾选/取消勾选"启用对象捕捉"，确定设置。

d. 按住 shift 键并单击鼠标右键，选择"对象捕捉设置"，勾选"启用对象捕捉"。

AutoCAD 的对象捕捉模式为用户提供了 14 种捕捉类型，如图 1.28 所示。每个类型都有其代表符号（见图 1.28 中捕捉类型名称前面的符号），这些符号在用户进行捕捉操作时会出现在对应的点上，以便用户操作。勾选相应的捕捉类型后，当光标靠近特殊点时系统会自动提示该点的捕捉类型。捕捉类型也可以通过右击辅助工具栏中的 ▭ 后在弹出的选项栏中进行增减的操作。

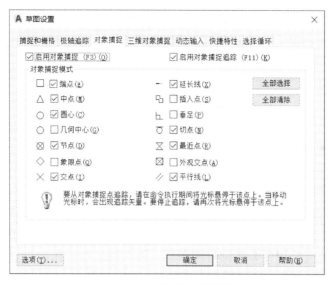

**图 1.28　14 种对象捕捉类型**

上述捕捉方式为"自动对象捕捉方式",即在绘图过程中一直保持着对象的捕捉状态,除非用户主动关闭该模式。在 AutoCAD 中对象捕捉的方式还有"临时对象捕捉方式",即用户在绘图过程中有使用捕捉点的需求时进行捕捉操作。临时捕捉只能使用一次,当需要再次捕捉时用户必须重新操作,方法如下:

a. 绘图过程中,按住 Shift 键并单击鼠标右键,会弹出如图 1.29 所示的窗口,在其中选择需要捕捉的类型即可。

b. 绘图过程中,在输入绘制命令后(如输入直线命令 L 后,在命令提示框提示指定起点时),再在命令行中输入需要使用的捕捉类型的快捷命令。表 1.1 列出了捕捉类型快捷命令。

**图 1.29　捕捉的类型**

**表 1.1　捕捉类型快捷命令**

| 捕捉类型 | 快捷命令 |
| --- | --- |
| 端点 | END |
| 中点 | MID |
| 交点 | INT |
| 外观交点 | APP |
| 延长线 | EXT |
| 圆心 | CEN |
| 象限点 | QUA |
| 切点 | TAN |
| 垂直 | PER |
| 平行线 | PAR |
| 节点 | NOD |
| 插入点 | INS |
| 最近点 | NEA |

⑭ 显示/隐藏线宽。在 AutoCAD 中用户能够根据需要设置线条的宽度。"显示/隐藏线宽"功能为用户提供了显示或者隐藏线宽的选择，打开或关闭线宽显示可以用以下方式：

a. 单击辅助工具栏中的 。

b. 输入命令 LW，在显示的"线宽设置"面板中勾选/取消勾选"显示线宽"，完成设置。

c. 选择菜单栏中的"格式"→"线宽"，在"线宽设置"中勾选/取消勾选显示线宽。

在绘图的过程中，用户在绘图时设置了线宽，最后却发现所有的线宽都是一样的。第一种原因是没有开启显示线宽；第二种原因是设置的线宽的宽度不够，AutoCAD 只能显示 0.3 mm 以上线宽，如果线宽低于 0.3 mm，则无法显示。由于在模型空间中不能确定绘图完成后需要用什么比例打印图纸，因此在绘图时用户可以用不同颜色的线条代表不同的线宽，在进行图纸输出时将颜色与线宽关联，比如用红线表示 0.3 mm 宽的线条，黄线表示 0.4 mm 的线条。

⑮ 显示/隐藏透明度。在 AutoCAD 中，用户能够为图层或者特定的图形（如填充）设置透明度，透明度的值为 0~90，即从完全不透明到完全透明。显示或隐藏透明度的方法为单击辅助工具栏中的 。

⑯ 选择循环。用户在绘图时需要选择两个重合或者几乎重合地图形时很难准确的选择其中一个，选择循环能够辅助用户进行精确的选择。打开或关闭选择循环可以用以下方式：

a. 单击辅助工具栏中的 。

b. 输入命令 SE，在"草图设置"中选择"选择循环"选项卡，勾选/取消勾选"允许选择循环"。

开启"选择循环"后，用户在选择重合图形时光标附近会出现一个会话框，如图 1.30 所示。该会话框列出了所有重合的图形对象，用户可以在其中选择想要的图形对象。

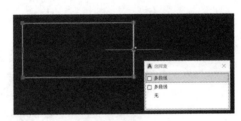

图 1.30　选择重合图形

⑰ 三维对象捕捉。三维对象捕捉可以对三维对象的一些特殊点进行捕捉，如中心、顶点等。打开或关闭三维对象捕捉可用以下方式：

a. 按快捷键 F4。

b. 单击辅助工具栏中的 。

c. 输入命令 SE，在"三维对象捕捉"选项卡中勾选/取消勾选"启用三维对象捕捉"（见图 1.31）。

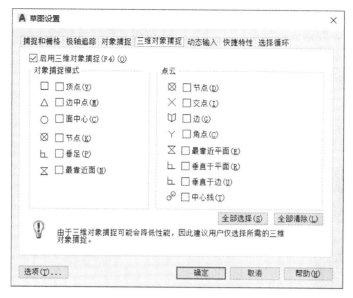

图 1.31　三维对象捕捉

⑱开启/关闭动态 UCS。动态 UCS 使坐标系按照绘图的需要临时改变为对齐空间面，以便用户在空间面上作图及定位，用于三维建模中。打开或关闭动态 UCS 可用以下方法：

a. 按快捷键 F6。

b. 单击绘图辅助工具栏中的。

⑲过滤对象选择。开启过滤对象选择后，按住 Ctrl 键并选择对象时仅针对特定类型的子对象，用户在使用此功能时需要指定子对象类型，如顶点、边、面和三维实体历史记录。打开或关闭过滤对象选择的操作方式为：单击辅助工具栏中的。

⑳显示/隐藏小控件。AutoCAD 的小控件为旋转、调整交点等提供辅助作用。小控件有移动小控件、旋转小控件、缩放小控件三种，打开或关闭小控件的操作方式为：单击辅助工具栏中的。

㉑注释可见性。关于模型空间或布局视口，可以显示所有注释性对象，也可以仅显示支持当前注释比例的对象。这样就减少了对使用多个图层来管理注释的可见性的需求。默认情况下，注释可见性处于打开状态。注释可见性处于打开状态时，系统显示所有的注释性对象。注释可见性处于关闭状态时，系统仅显示支持当前注释比例的对象。打开或关闭注释可见性的操作方式为：单击辅助工具栏中的。

㉒自动缩放。开启该功能，用户在更改注释比例时系统会自动将比例添加到注释性对象。打开或关闭自动缩放的操作方式为：单击辅助工具栏中的。

㉓注释比例。注释比例是指注释性对象，如尺寸标注等在图形中显示的换算比例。在把相应的注释比例添加给注释对象后，如果我们原本将尺寸标注的文字按照 1∶1 的比例设置高度为 10，注释比例切换成 1∶2 后，实际显示的标注文字的高度是 20。切换注释比例的操作方式为：单击辅助工具栏中的，在如图 1.32 所示的窗口中进行比例切换。

1 AutoCAD 基础绘图操作

㉔ 快捷特性。打开该功能后，在选择对象的旁边会出现一个包含着被选择对象基本信息的窗口，即快捷特性窗口，如图 1.33 所示。用户可以通过快捷特性窗口对选择对象进行编辑。打开或者关闭快捷特性可用以下方式：

a. 单击辅助工具栏中的■。

b. 输入命令 SE，打开草图设置面板，在"快捷特性"选项卡中勾选/取消勾选"启用快捷特性选项板"。在该面板中，用户可以对快捷特性显示窗口进行设置。

c. 使用组合按键"Ctrl+Shift+P"。

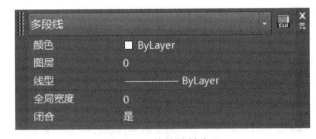

图 1.32　比例切换　　　　　　　　　图 1.33　快捷特性窗口

㉕ ■锁定用户界面。该操作可以锁定或者解锁各种面板或者工具栏的窗口，锁定后的工具栏或者面板不能被拖动。锁定或解锁用户界面的操作方法为：右击辅助工具栏中的■，在弹出的选项栏中选择需要进行锁定或解锁操作的面板，单击选择。

㉖隔离对象、硬件加速、全屏显示按钮的作用及操作方法如下：

a. ■是隔离对象按钮，单击该按钮后会弹出"隔离对象""隐藏对象"两个选项，用户可根据需要选择命令，再去选择图像，从而达到相应目的。

b. ■是硬件加速按钮，右击它后，单击选项"图像性能"，会出现"图像性能"面板，用户可以在该面板中根据需要调节计算机硬件性能。该工具主要针对显示和渲染，需要计算机的硬件支持。

c. ■是全屏显示按钮，单击该按钮，工作空间改变为全屏显示。

㉗■辅助工具自定义。单击该按钮后，用户可以在弹出的选项栏中改变每种辅助工具在辅助工具栏中的显示状态。

### 1.2.3　AutoCAD 基本图形绘制

AutoCAD 的基本绘图命令包括直线类命令、点命令、平面图形类命令和曲线类命令，所有的图形最终都由这些绘图命令组合而成，下面将分别对这些绘图命令进行介绍。

### 1.2.3.1 直线类命令

直线类命令包括了直线、构造线、多段线。

（1）直线。

直线是 AutoCAD 中一种基本的图形单元，连续的直线能够组成折线，并且直线也能够与圆弧线等组合成多种图形。绘制直线可用以下方式：

①单击绘图工具栏中的█。

②输入命令 L。

③选择菜单栏中的"绘图"→"直线"命令。

在执行直线命令后，系统会提示"指定第一个点"，即指定直线的起点，这里可以使用鼠标进行点位的选择或者通过输入坐标进行定位。例如，在系统提示指定第一点时，输入 0，0（注意："，"必须是英文的逗号），则直线的第一点将定位在坐标为 X = 0，Y = 0 的位置。在第一点确定后，在不追求精度或者有接点的情况下，用户仍可以通过鼠标进行第二点的定点。如果对直线有长度或角度的相关要求，用户可通过输入数值的方式进行绘图，此时有以下几种操作方式：

①在提示指定下一点时，输入 @ 50，50，则该点将在上一点的基础上 X 坐标增加 50，Y 坐标增加 50，即如果上一点坐标为（0，0），则该点坐标为（50，50），如图 1.34 所示。

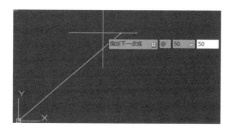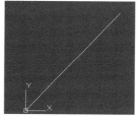

**图 1.34　直线绘制方式 1**

②在提示指定下一点时，将光标移动到需要绘制直线的方向上，然后输入直线需要的长度，即可绘制出标准长度的直线。用户可结合正交和极轴追踪等辅助工具绘制出多种直线（见图 1.35）。

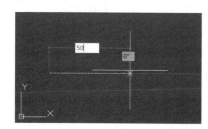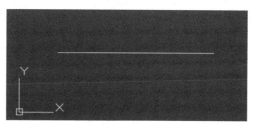

**图 1.35　直线绘制方式 2**

③在提示指定下一点时，如果需要绘制指定长度和角度的直线，则可以在输入长度后按"Tab"键，再输入所需要的角度，即可绘制出所需要的直线（见图 1.36）。

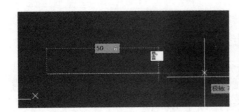

图 1.36 直线绘制方式 3

在绘制完一条直线后，系统会默认继续执行直线命令，并且下一条直线的起点为上一条直线的端点，以此来构成多段线。若在绘制完成后不再需要执行直线命令，我们可按"空格"键、"回车"键、"ESC"键进行取消。

（2）构造线。

构造线是无穷长度的直线，即两端无限长的直线。构造线常常作为辅助线被使用，并且在图形输出时可以不被输出。因此一些教材也将其称为参考线。绘制构造线可用以下方式：

①单击绘图工具栏中的■。

②输入命令 XL。

③选择菜单栏中的"绘图"→"构造线"命令。

在执行构造线命令后，用户可以根据提示进行相关的操作，构造线命令给予了指定点、水平（H）、垂直（V）、角度（A）、二等分（B）、偏移（O）6 类命令选项（见图 1.37），执行不同的命令，所能画出的构造线也不同，具体区别如下：

**XLINE** 指定点或 [水平(H) 垂直(V) 角度(A) 二等分(B) 偏移(O)]:

图 1.37 构造线命令行

①指定点命令，即指定任意两点，绘制出通过这指定的两点的构造线。用户使用该命令连续绘制的构造线的交点只有一个，若需要指定其他的交点，则需要在退出命令后再次执行该命令（见图 1.38）。

图 1.38 连续绘制构造线

②水平（H）命令，即绘制水平的构造线，每条线只须指定一点（见图 1.39）。

图 1.39 水平构造线

③垂直（V）命令，即绘制垂直的构造线，每条线只须指定一点（见图 1.40）。

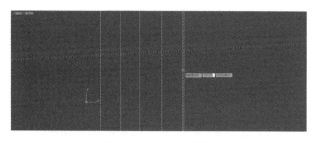

图 1.40　垂直构造线

④角度（A）命令，即绘制指定角度或者方向的构造线。用户可以在执行"角度 A"命令后输入所需要的角度（见图 1.41），或者使用鼠标确定两点；在需要参照某物进行角度构造线的绘制时，在执行"角度 A"命令后再次输入"R"（参照命令），即可在选择参照对象后进行相对于参照对象的角度构造线绘制（见图 1.42）。

图 1.41　指定构造线角度

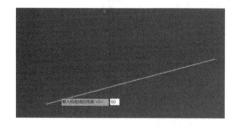

图 1.42　参照绘制构造线

⑤二等分（B）命令，即绘制能够平分由指定 3 点所构成的角的构造线（见图 1.43）。

图 1.43　二等分构造线

⑥偏移（O）命令，即绘制与指定直线平行的构造线。用户在执行"偏移 O"命令后，通过输入数值或者通过鼠标指定偏移距离，进行构造线的偏移操作。用户也可

以在执行"偏移 O"命令后输入"T"，选择直线后用鼠标指定构造线的偏移位置（见图 1.44）。

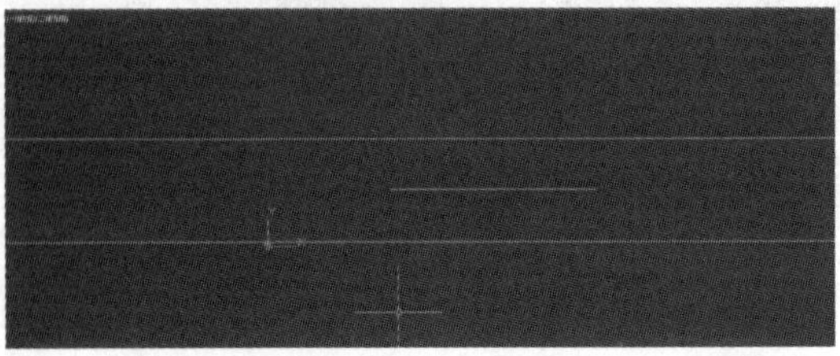

图 1.44　偏移构造线

（3）多段线。

多段线可以由多条直线段组成，可以由多条弧线段组成，也可以由直线段和弧线段组合而成。该组合线段作为一个整体，可以是任意的开放或者封闭的图形。多段线和普通线段的区别在于：多段线是一个整体，在绘制后可以对其进行整体的操作；而普通线段虽然构成了线段组，但是它们的每个单体是独立的，用户在对其进行编辑时只能对单体进行编辑。如图 1.45 所示的调整线宽操作，左侧为普通线段组，右侧为多段线。绘制多段线可以使用以下方式：

①单击绘图工具栏中的 ![图标]。

②输入命令 PL。

③选择菜单栏中的"绘图"→"多段线"命令。

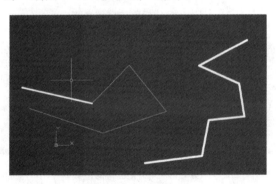

图 1.45　绘制多段线

在指定了第一点后，系统会给出进一步的提示信息以便用户操作，如图 1.46 所示。绘图者如果不需要对多段线进行进一步的设置，即可使用绘制直线的方法对多段线进行连续绘制操作，在绘制完成后可使用"空格"键、"回车"键、"ESC"键完成绘制。在绘制的过程中，绘图者也可以使用如图 1.46 所示的命令对将要绘制的多段线进行调整。

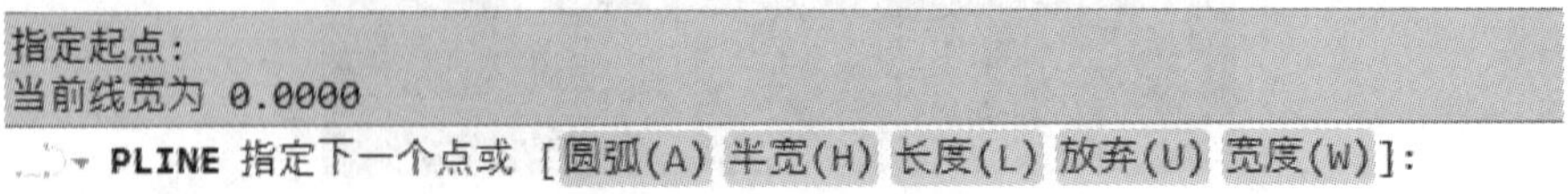

指定起点：
当前线宽为 0.0000

PLINE 指定下一个点或 [圆弧(A) 半宽(H) 长度(L) 放弃(U) 宽度(W)]：

图 1.46　多段线命令行

图 1.46 中的"当前线宽 0.000 0"说明了当前的线宽为多少，指定下一个点是在屏幕上拾取多段线的下一点。在指定第二点后，命令提示栏中的"圆弧（A）"后面

将出现"闭合（C）"命令，如图 1.47 所示。下面分别对圆弧（A）、闭合（C）、半宽（H）、长度（L）、放弃（U）、宽度（W）指令进行介绍：

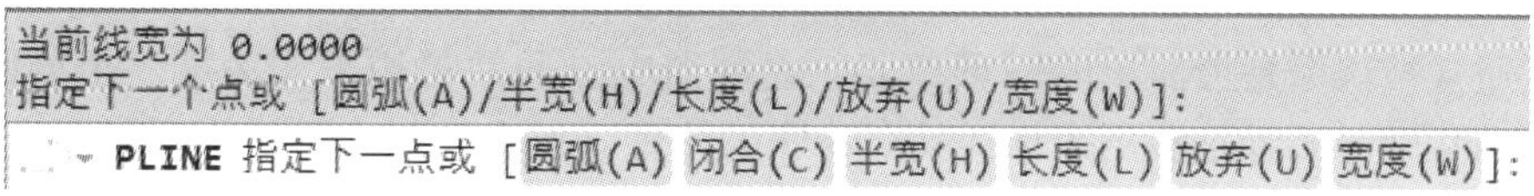

```
当前线宽为 0.0000
指定下一个点或 [圆弧(A)/半宽(H)/长度(L)/放弃(U)/宽度(W)]:
  ▾ PLINE 指定下一点或 [圆弧(A) 闭合(C) 半宽(H) 长度(L) 放弃(U) 宽度(W)]:
```

①圆弧（A）。输入此命令后，再绘制的多段线将由直线转变为圆弧线，在处于圆弧状态时，通过按住 Ctrl 键可以切换圆弧的方向。命令提示栏中将增加与圆弧相关的设置命令"角度（A）、圆心（CE）、方向（D）、半径（R）、第二个点（S）"，并且将出现"直线（L）"这一命令，如图 1.48 所示。"直线（L）"命令与"圆弧（A）"命令的作用一样，即将再绘制的多段线变为直线段。

```
指定圆弧的端点(按住 Ctrl 键以切换方向)或
  ▾ PLINE [角度(A) 圆心(CE) 方向(D) 半宽(H) 直线(L) 半径(R) 第二个点(S) 放弃(U) 宽度(W)]:
```

图 1.48　多段线-圆弧命令行

②闭合（C）。该命令能够辅助绘图者对使用多段线绘制的图形进行闭合处理，即将多段线的起点与终点连接起来。

③半宽（H）。该命令能够对多段线的半线宽进行设定。例如，需要绘制线宽为 10 的线，则线段的起点半宽和端点半宽都应设置为 5。同时，绘图者可以利用半宽绘制首位宽度不等的线条，如图 1.49 所示。

图 1.49　利用半宽绘制线条

④长度（L）。该指令用于指定下一线段的长度，从而达到绘制精确线段的目的。

⑤放弃（U）。该指令用于取消前一个拾取的点，可以进行连续操作。

⑥宽度（W）。该命令用于从当前拾取点设置整条线段的宽度，命令持续生效并且可通过再次设置进行更改，如图 1.50 所示。需要注意的是，我们使用该指令设置多段线宽度时，在图形绘制完成后，该设置仍存在，若再次使用该命令时，我们需要将线宽改至需要的宽度。

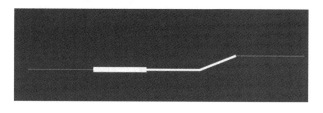

图 1.50　利用宽度绘制线条

#### 1.2.3.2 点命令

点命令包括了点、定数等分、定距等分。

（1）点。

点通常被认为是最简单的图形单元，在制图中点通常被用来作为某一个绘制步骤的起点和基础，或者是被用来标注某个特殊的位置。点在几何中是没有形状和大小的，根据制图的需要，AutoCAD 给点赋予了形状和大小。绘图者点击菜单栏中的"格式"→"点样式"，打开如图 1.51 所示的窗口，可以设置点的形状和大小。绘制点可以使用以下方式：

①单击绘图工具栏中的■。

②输入命令 PO。

③选择菜单栏中的"绘图"→"点"命令。

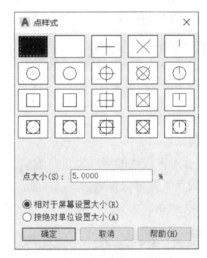

图 1.51 点样式窗口

（2）定数等分。

定数等分命令能够将线按照指定的份数进行等分。在设置了点样式的基础上，在进行等分的地方将显示等分点。被等分的线不会被切割，其仍然为一条完整的线，如图 1.52 所示。用户可以根据需要对等分点进行删除。还需要注意的是等分数的范围为 2~32 767。进行定数等分可以使用以下方式：

①输入命令 DIV，选择需要等分的对象，输入需要等分的段数，完成等分。

②选择菜单栏中的"绘图"→"点"→"定数等分"，选择对象，输入数据，完成等分。

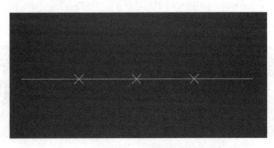

图 1.52 定数等分

在选择需要进行定数等分操作的图形后，命令提示栏中将出现"块（B）"选项，该选项的功能是以图块来等分对象，在绘制园林设计图时该选项经常被使用。

（3）定距等分。

定距等分和定数等分类似，该命令的作用是将线按照指定的长度进行等分。定距等分与定数等分的区别在于定距等分是按照指定长度将线进行等分，因此等分的段数会有变化，并且因长度的关系会出现"尾数"。例如，50 长的直线按 20 进行定距等分，则会出现 10 的尾数，如图 1.53 所示。"尾数"段在哪一头取决于点选等分对象时偏向哪一头，"尾数"段会出现在离点选位置较远的一头。进行定距等分可以使用以下方式：

①输入命令 ME，选择等分对象，输入等分长度，完成等分。

②选择菜单栏中的"绘图"→"点"→·"定数等分"，选择对象，输入数据，完成等分。

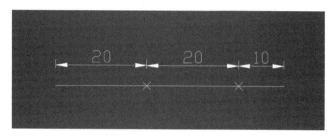

图 1.53　定距等分

### 1.2.3.3　平面图形类命令

平面图形类命令包括了多边形、矩形。

（1）多边形。

在 AutoCAD 中用户可以通过多边形命令绘制任意边数的正多边形。绘制多边形可以使用以下方式：

①点击绘图工具栏中的 。

②输入命令 POL。

③选择菜单栏中的"绘图"→"多边形"命令。

执行正多边形命令后按以下提示操作：输入边数，指定正多边形中心点，选择内切/外接于圆，指定圆的半径，完成绘制，如图 1.54 所示。

在"确定输入边数"后命令提示栏会出现"边 E"提示，选择该命令后系统将按边长绘制正多边形，此操作可精确定义正多边形边长。

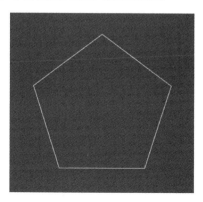

图 1.54　绘制正多边形

（2）矩形。

矩形是比较简单的封闭直线图形，在 AutoCAD 中绘制矩形可以使用以下方式：

①单击绘图工具栏中的▨。

②输入命令 REC。

③选择菜单栏中的"绘图"→"矩形"命令。

在执行矩形命令后命令提示栏中将出现如图 1.55 所示的选项，下面对相关的选项进行介绍：

| ⌄ | RECTANG 指定第一个角点或 [倒角(C) 标高(E) 圆角(F) 厚度(T) 宽度(W)]: |

图 1.55　矩形命令行

①指定第一个角点，即指定矩形的一个起始角点，在指定角点后用户可以通过拖动鼠标指定另一个角点来完成矩形的绘制，也可以通过输入矩形的长宽数值进行绘制。

②倒角（C）。在执行该命令后用户可以输入数值，绘制出的矩形会带有倒角，如图 1.56 所示。每个角两边的倒角可以相同也可以不同。其中，"第一个倒角距离"是指角点逆时针方向倒角距离，"第二个倒角距离"是指角点顺时针方向倒角距离（见图 1.57）。该命令会对后续绘制的矩形生效。若不需要倒角，用户应把数值修改回初始值。

图 1.56　矩形倒角类型 1

图 1.57　矩形倒角类型 2

③标高（E）。标高命令可以用来指定矩形的标高（Z 坐标），即把矩形放置在与 XOY 面平行的平面上。标高可以理解为绘制出来的矩形离开 XOY 面的高度，设定值实际上就为 Z 轴的坐标值。该命令对后续绘制的矩形生效。

④圆角（F）。圆角命令可以用来绘制带圆角的矩形，与倒角类似（见图 1.58）。

⑤厚度（T）。该命令主要运用在三维制图中，能够绘制出带有厚度的矩形，使绘制出的矩形是立体的（见图 1.59）。

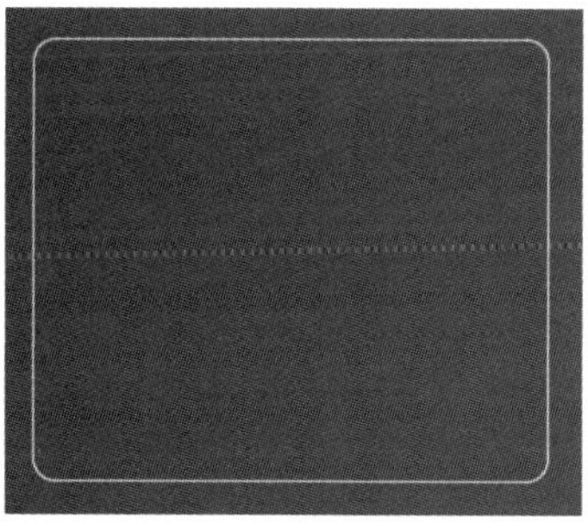

图 1.58 圆角矩形

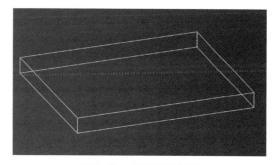

图 1.59 带厚度的矩形

⑥宽度（W）。宽度命令用于指定矩形的线宽（见图 1.60）。

在指定第一个角点后，命令提示栏中的命令将变为"面积（A）、尺寸（D）、旋转（R）"，如图 1.61 所示。在使用这三项命令时，前面的倒角等设置依然会生效。下面对这三个选项进行介绍：

a. 面积（A）。执行该命令后，用户可以通过指定矩形的面积及一条边的长度或宽度来绘制矩形。在指定了长度或宽度后，系统将自动计算另一个维度，从而绘制出矩形。

b. 尺寸（D）。执行该命令后，用户可以通过指定矩形的长和宽来创建矩形，在完成数值的指定后，用光标确定矩形的方向。

c. 旋转（R）。执行该命令后，所绘制的矩形会旋转一定的角度。在一般的情况下执行矩形命令时，系统只能绘制出与坐标轴平行的矩形；执行该命令后，系统可绘制任意倾斜角度的矩形。角度可以通过输入数值确定，也可以利用光标确定。

图 1.60 矩形的线宽

`RECTANG 指定另一个角点或 [面积(A) 尺寸(D) 旋转(R)]:`

图 1.61 矩形追加命令行

#### 1.2.3.4 曲线类命令

曲线类命令包含了圆弧、圆、圆环、修订云线、样条曲线、椭圆和椭圆弧。

（1）圆弧。

圆弧是圆的一部分，制图中的流线型就可以理解为圆弧造型。绘制圆弧可以使用以下方式：

①单击绘图工具栏中的 。

②输入命令 A。

③选择菜单栏中的"绘图"→"圆弧"命令。

在 AutoCAD 中绘制圆弧有 11 种方式，输入快捷命令和单击工具栏图标所使用的方式都为默认的三点绘制圆弧的方式，这 11 种方式可在菜单栏中"绘图"→"圆弧"命令的拓展菜单中查看并选择使用，如图 1.62 所示。

**图 1.62　圆弧命令**

　　这 11 种绘制弧线的方式如其命令的字面意思一样，用户可通过影响弧线的相关因素来绘制弧线。"继续"命令则是使下一圆弧的起点为上一圆弧的终点，该命令在绘制连续弧线时常被用到。在绘制弧线的过程中用户可以使用 Ctrl 来改变圆弧的方向。另外，使用半径值绘制圆弧时，如果半径值不合理，将无法形成弧线。

　　（2）圆。

　　圆是 AutoCAD 中最简单的封闭曲线，在制图中被用到的频率很高。绘制圆可以使用以下方式：

　　①单击绘图工具栏中的 ◎。

　　②输入命令 C。

　　③选择菜单栏中的"绘图"→"圆"命令。

　　在 AutoCAD 中绘制圆形的方式有 6 种，通常使用的方式是"圆心，半径"这种方式，其余绘制方式可根据需要在菜单栏中"绘图→圆"命令的拓展栏中查看，如图 1.63 所示。

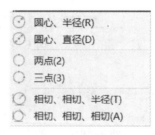

**图 1.63　绘制圆形**

　　（3）圆环。

　　圆环可以看作两个同心圆，在 AutoCAD 中通过圆环命令可以快速绘制出圆环，绘制圆环可以使用以下方式：

　　①输入命令 DO。

　　②选择菜单栏中的"绘图"→"圆环"命令。

　　在执行圆环命令后，根据提示，用户需要依次进行指定圆环的内径、指定圆环的外径、指定圆环的中心点等一系列命令。在指定圆环中心点后系统将绘制出圆环图形，并且可以连续绘制，如果要退出命令，则可按"空格"键、"回车"键、"ESC"键或单击鼠标右键。在绘制的过程中，如果指定的内外半径不等，用户绘制出的圆为填充圆环；如果圆环的内径为0，用户绘制出的圆为实心填充圆；如果圆环的内外径相等，用户绘制出的圆为普通形状的圆。用户也可以使用 FILL 来控制圆环是否被填充。

（4）修订云线。

执行修订云线命令，系统能够快速地绘制出由圆弧组成的连续的多段线。在检查图纸时，修订云线会提醒用户注意图形的某个部分；在园林绘图中，修订云线常常被用来绘制成片栽植的乔木或者灌木，乔木与灌木的区别可以通过设置圆弧的大小来区分。绘制修订云线可以使用以下方式：

①单击绘图工具栏中的 ![icon]。

②输入命令 REVCLOUD。

③选择菜单栏中的"绘图"→"修订云线"命令。

在执行修订云线命令后，命令提示栏将出现如图 1.64 所示的信息和选项。其中第一行中的"最小弧长、最大弧长、样式、类型"为当前云线的状态，用户可以通过执行命令提示栏中的选项来修改云线的相关设置。下面对这些选项进行简单的介绍：

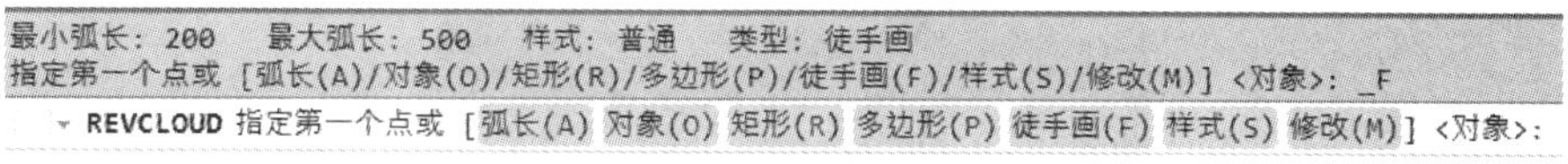

```
最小弧长: 200   最大弧长: 500   样式: 普通   类型: 徒手画
指定第一个点或 [弧长(A)/对象(O)/矩形(R)/多边形(P)/徒手画(F)/样式(S)/修改(M)] <对象>: _F
 ▾ REVCLOUD 指定第一个点或 [弧长(A) 对象(O) 矩形(R) 多边形(P) 徒手画(F) 样式(S) 修改(M)] <对象>:
```

**图 1.64　修订云线命令行**

①指定第一个点。执行该命令，系统按当前的参数直接绘制云线。确定第一点后用户可直接移动光标绘制云线，在靠近起点时将自动闭合。光标移动速度的快慢会影响圆弧的大小，如图 1.65 所示。

**图 1.65　绘制云线**

②弧长（A）。执行该命令，系统会改变云线的最小弧长及最大弧长。

③对象（O）。执行该命令，系统将已存在的图形转换成修订云线（见图 1.66）。

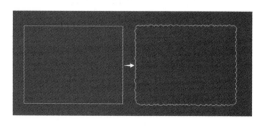

**图 1.66　将图形转换成修订云线**

④矩形（R）。执行该命令，系统可绘制出整体轮廓为矩形的云线（见图1.67）。

图 1.67　绘制轮廓为矩形的云线

⑤多边形（P）。执行该命令，依次在屏幕上指定点，系统可绘制出整体轮廓为多边形的云线（见图1.68）。

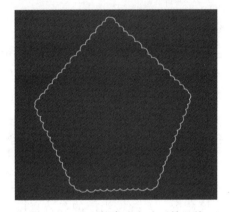

图 1.68　绘制轮廓为多边形的云线

⑥徒手画（F）。执行该命令，系统可自由绘制直线。

⑦样式（S）。执行该命令，系统将更改云线的样式，有普通、手绘两种样式（见图1.69）。

图 1.69　更改云线的样式

⑧修改（M）。执行该命令，系统将对已有的图形进行修改，将其一部分线条改为云线并且删除云线替换的线条（见图1.70）。

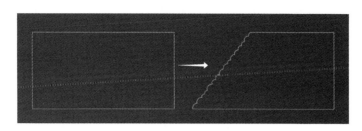

**图 1.70　将图形部分线条改为云线**

（5）样条曲线。

样条曲线可以用于绘制形状不规则的曲线，AutoCAD 使用的是一种称为非一致有理 B 样条曲线（NURBS）的特殊样条曲线类型，简答来说，其是一种通过给定一系列定点而确定的光滑曲线。绘制样条曲线可以使用以下方式：

①单击绘图工具栏中的 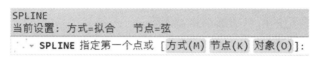。

②输入命令 SPL。

③选择菜单栏中"绘图"→"样条曲线"命令。

在执行样条曲线命令后，命令提示栏会出现如图 1.71 所示的选项，下面对这些选项进行简单的介绍：

```
SPLINE
当前设置：方式=拟合    节点=弦
SPLINE 指定第一个点或 [方式(M) 节点(K) 对象(O)]:
```

**图 1.71　样条曲线命令行**

①指定第一个点。指定样条曲线开始的第一点，该点是第一个拟合点或者第一个控制点。

②方式（M）。执行该选项后，命令提示栏中将变为"拟合（F）、控制点（CV）"两个选项，即指定创建样条曲线的两个方式。拟合（F）：通过指定样条曲线必须经过的拟合点来创建 3 阶 B 样条曲线；控制点（CV）：通过指定控制点来创建样条曲线。用户可使用此方法创建 1 阶（线性）、2 阶（二次）、3 阶（三次）直到最高为 10 阶的样条曲线，通过移动控制点可以调整样条曲线的形状。

③节点（K）。节点用来确定样条曲线连续拟合点之间的零部件曲线如何过渡。

④对象（O）。对象将二维或者三维的二次、三次样条曲线的拟合多段线转换为等价的样条曲线，然后删除该条拟合多段线。

（6）椭圆和椭圆弧。

椭圆是一种典型的封闭曲线图形，在 AutoCAD 中绘制椭圆可以使用以下方式：

①单击工具选项栏中的 。

②输入命令 EL。

③选择菜单栏中的"绘图"→"椭圆"命令。

椭圆与圆类似，绘制椭圆可以使用指定"轴、端点"的方式进行绘制，即确定椭圆的一条轴线的轴长和另一轴线的半轴长，或者使用"中心点"的方式进行绘制。绘制椭圆弧，即在执行命令后先绘制椭圆，在进行椭圆的确定后再进行椭圆弧的确定；

如果用输入命令的方式绘制，需要在执行椭圆命令后在确定第一点之前执行"圆弧（A）"的命令。

### 1.2.4 简单编辑命令

用户使用 AutoCAD 绘图时，仅依靠基本图形往往不能绘制出想要的图形，还需要对基本图形进行编辑。AutoCAD 常用的简单的编辑命令有"删除、复制、镜像、偏移、阵列、移动、旋转、缩放、拉伸、修剪、延伸、打断于点、打断、合并、倒角、圆角、分解"。修改工具栏位于绘图界面的右侧。下面对这些命令进行分别介绍。

（1）删除。

在绘图的过程中删除命令可以用于删除多余的图形或文字。执行删除命令可用以下方式：

①单击修改工具栏中的 ◢ 。

②输入命令 E。

③选择菜单栏中"修改"→"删除"命令。

在执行删除命令后，用户使用光标选择需要删除的图形或文字，然后确定操作即可。使用键盘上的 Delete 键也可以执行删除命令，使用该键进行操作时需要先选择好要删除的图形。注意：删除命令将删除所有被选中的图形。若要删除的对象属于某个对象组，那么该对象组的所有图形都将被删除。

（2）复制。

在需要将同一个图形进行多次绘制时，如树、座凳等，图形可能大量出现，这时用户可以使用复制命令进行操作，可以节约大量的绘制时间。执行复制命令可以使用以下方式：

①单击修改工具栏中的 ❀ 。

②输入命令 CO 或 COPY。

③选择菜单栏中的"修改"→"复制"命令。

进行复制操作时，可以在输入指令后选择需要复制的图形，也可以选择图形后再输入指令。在执行命令后，系统将提示"指定基点"，即指定一个点作为复制对象的基点，该点可以在图形上也可以在图形外。此时可以通过输入坐标的方式对图像进行复制。例如，在指定基点后该点将被当作复制位移的起始点，输入（5，5），原图形在 X 轴上移动 5 个单位，在 Y 轴上移动 5 个单位，即被复制的图形的位置。

在执行复制命令后有以下三个子命令：

①位移（D）。直接输入位移值进行移动。

②模式（O）。该命令可以选择复制的模式是单个或者多个。选择"单个"，在完成图形的一次复制移动后将结束命令；选择"多个"，在完成图形的一次复制移动后，还可以继续操作该图形进行更多的复制移动，即进行连续的复制。

③阵列（A）。可以指定在线性阵列中排列的副本数量。

在 AutoCAD 中用户可以在选择了图形后使用"Ctrl+C"和"Ctrl+V"组合键进行复制和粘贴。该操作可以进行跨文件操作，即将图形从一个绘图文件复制到另一个绘图文件中。

（3）镜像。

镜像可以将选择的图形通过一条对称轴进行镜像操作，镜像图形与原图形对称，其实质也是复制（见图 1.72）。执行镜像命令可以使用以下方式：

a. 单击修改工具栏中的 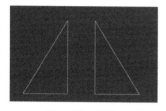。

b. 输入命令 MI。

c. 选择菜单栏中的"修改"→"镜像"命令。

在指定了镜像的对称线后，用户可以选择是否保留原图形。镜像命令对绘制对称的图形非常有用，用户可以先绘制半个图形，然后通过镜像操作的方式完成整个图形的绘制，从而节约制图的时间。

注意：对文字进行镜像操作时，镜像不会反转或者倒置，其文字的对齐和对正方式与源文字前后保持一致，如图 1.73 所示。如果需要反转文字，则需要将 MIRRTEXT 系统变量设置为 1（默认值为 0）。

图 1.72　镜像

图 1.73　文字镜像

（4）偏移。

偏移命令可将线对象（直线、弧线、圆、椭圆、多边形、多段线、样条曲线）向指定的一侧复制一个相似形，即复制出的图像将保持所选择对象的形状，如图 1.74 所示。

执行偏移命令可以使用以下方式：

①单击修改工具栏中的 。

②输入命令 O。

③选择菜单栏中的"修改"→"偏移"命令。

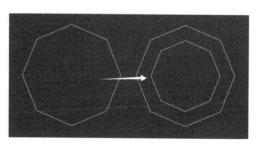

图 1.74　偏移

在执行偏移命令后，系统将提示"指定偏移距离"，同时命令提示栏中将出现"通过（T）、删除（E）、图层（L）"三个子命令：

①指定偏移距离。输入需要图形偏移的距离，或者使用光标指定一个距离，在此之后选择需要偏移的图形并将光标向想要偏移的方向移动，偏移图像将出现在指定距

离的位置，最后确定命令即可。

②通过（T）。执行该命令后，指定偏移对象的通过点，在操作完成后，系统将根据指定的通过点绘制出偏移对象。

③删除（E）。执行该命令后命令栏中将出现"要在偏移后删除源对象吗？［是（Y）/否（N）］<否>:"，输入"Y"，则以后执行偏移时都会删除原来的对象。

④图层（L）。该命令可以将偏移对象创建在当前的图层上或者源对象的图层上。

（5）阵列。

阵列是将对象规则地进行多次重复的排列，通常有矩形排列、环形排列和路径排列三种，即矩形阵列、环形阵列和路径阵列三种方式。执行阵列命令可以使用以下方式：

①单击修改工具栏中的■。

②输入命令 AR。

③选择菜单栏中的"修改"→"阵列"命令。

在执行阵列命令时，通过单击修改工具栏中的阵列图标，用户可以选择默认的阵列方式为矩形阵列。通过菜单栏的命令，用户可以任意选择阵列方式。通过输入命令 AR 的方式执行阵列命令，将弹出如图 1.75 所示的窗口。在该窗口中，用户可以对阵列进行相关设置。在设定好相关的数值后，单击选择对象按钮◆；该窗口将暂时关闭，在选择好阵列对象后窗口将再次打开。此时可进行阵列的确定操作。

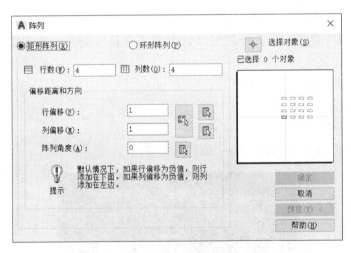

图 1.75　阵列命令窗口

（6）移动。

移动命名可以在选择对象后将其进行移动操作，对象的位置发生改变，其大小和方向都不发生变化，通常结合坐标、对象捕捉等进行使用，也可以通过直接输入距离的方式移动对象。执行移动命令可以使用以下方式：

①单击修改工具栏中的✥。

②输入命令 M。

③选择菜单栏中的"修改"→"移动"命令。

（7）旋转。

旋转命令可以将图形在保持其原本形状不变的情况下以一个点为中心进行转动操作。执行旋转命令可以使用以下方式：

①单击修改工具栏中的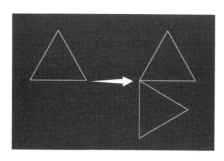。

②输入命令 RO。

③选择菜单栏中的"修改"→"旋转"命令。

在指定旋转的基点后，用户可以通过光标指定旋转角度或者输入角度的方式进行图像的旋转。同时在指定旋转基点后，命令提示栏中将出现"复制（C）、参照（R）"两个子命令：

①复制（C）。在执行该命令后，旋转对象的同时将保留原来的图形，如图 1.76所示。

②参照（R）。执行该命令后，可以使图像与绝对角度对齐。

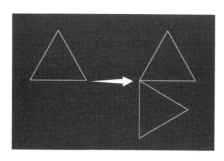

**图 1.76　复制旋转**

（8）缩放。

缩放命令可以将图形按照一定的比例进行放大和缩小。执行缩放命令可以使用以下方式：

①单击修改工具栏中的□。

②输入命令 SC。

③选择菜单栏中的"修改"→"缩放"命令。

进行缩放操作时，用户需要指定基点和比例因子。在指定缩放基点后，可以通过移动光标的方式来确定缩放的大小，缩放图像会随着光标的移动而改变大小，在基点和光标之间出现的线段的长度即为比例因子。执行缩放的子命令中的"复制"将保留原图像。子命令"参照"可以将图像以参照一条直线的长度的形式进行缩放，如图1.77所示。具体操作如下：

键入 SC 命令→选择图像并确定缩放基点→输入参照命令"R"→指定图像上要参照的两点→键入 P 命令→选择直线的两点→确定操作，完成参照缩放。

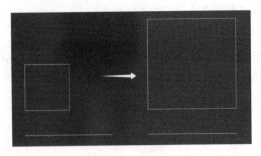

图 1.77　参照缩放

（9）拉伸。

拉伸命令可以通过对目标图形的顶点或节点进行拖拉操作来改变图形的形状，在使用拉伸命令时可以结合捕捉等辅助工具进行操作。执行拉伸命令可以使用以下方式：

①单击修改工具栏中的▨。

②输入命令 S。

③选择菜单栏中的"修改"→"拉伸"命令。

在使用拉伸命令时，用户必须使用交叉窗口（反选窗选）的方式进行选择，并且必须同时选择图形需要拉伸的点，在选择多个点执行拉伸时所有点将一起进行，如图 1.78 所示。如果选中了图形的所有点，那么拉伸将变成移动。另外，圆形不能被拉伸。

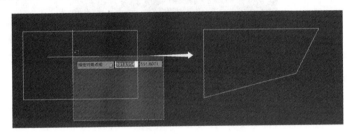

图 1.78　拉伸

（10）修剪。

修剪命令可以将图形中超出边界的多余部分删除，可以进行很精确的切断。修剪命令与橡皮擦的作用相似。执行修剪命令可以使用以下方式：

①单击修改工具栏中的▨。

②输入命令 TR。

③选择菜单栏中的"修改"→"修剪"。

在执行修剪命令后，用户可以通过框选、点选等常规方式进行选择，在修剪边界时，当执行修剪命令后，系统会出现提示"选择对象或<全部选择>"，再次按空格键，此时系统将把图中所有的图形作为编辑对象，用户可以修剪图中的任意对象，此方法省略了选择修剪边界的操作，可以提高制图效率。修剪命令有以下几个子命令：

①在选择要修剪的对象时，如果按住 Shift 键，那么"修剪"将变成"延伸"命令。

②边（E），即可以选择对象的修剪方式，有延伸和不延伸两种。延伸：延伸边界进行修剪，在该方式下，如果剪切的边界没有与要修剪的对象相交，系统会延伸剪切边，与要修剪的对象相交，然后再修剪。不延伸：系统不会延伸修剪对象边界，只修

剪与剪切边相交的对象。

③栏选（F）。系统将以栏选的方式选择被修剪对象。

④窗交（C）。系统以窗交的方式选择被修剪的对象。

（11）延伸。

延伸命令可以将一个对象延伸至另一个对象的边界线上。

执行延伸命令可以使用以下方式：

①单击修改工具栏中的 ➡ 。

②输入命令 EX。

③选择菜单栏中的"修改"→"延伸"命令。

在使用延伸命令时，延伸边界可以是某条线的延长线，即要延长的对象不一定要与延长边界有交集，如图 1.79 所示。但是在执行延伸命令后，命令提示栏中的信息"当前设置：投影 = UCS，边 = 延伸"中的"边 = 延伸"被修改时便不能达到该效果，需要在选择延伸边界后输入延伸的子命令"边（E）"，选择"延伸"，确定后才能使用该操作。

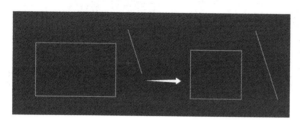

图 1.79　延伸命令

（12）打断。

打断命令可以在两点之间创建间隔，使打断处存在间隙。可以简单理解为：使用打断命令后可以删除图形线的一部分，如图 1.80 所示。

执行打断命令可以使用以下方式：

①选择修改工具栏中的 ▣ 。

②输入命令 BR。

③选择菜单栏中的"修改"→"打断"。

打断命令可以打断直线、多段线、矩形、圆等，利用辅助工具也可以实现精确位置打断。在执行打断命令后命令提示栏里会出现一个子命令"第一点（F）"，执行该命令可以取消指定的打断的第一点，进行重新指定打断起点的操作。打断命令不能作用在"块、标注、多线和面域"上。

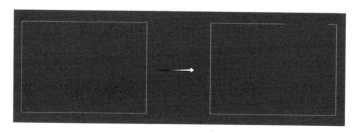

图 1.80　打断命令

（13）打断于点。

该命令与打断命令类似，可以将对象在某一点处进行打断，在打断处不会有间隙。该命令不能打断圆。执行该命令的方式：单击修改工具栏中的■。

（14）合并。

合并命令将直线、圆弧、椭圆弧等独立的对象合并为一个对象，如可以把多段线和直线段合并成一条多段线。执行合并命令可以使用以下方式：

①单击修改工具栏中的■。

②输入命令 J。

③选择菜单栏中的"修改"→"合并"命令。

对直线、圆弧等图像使用合并命令时有一定的条件限制，下面进行分别说明：

①直线段。需要合并的直线段必须共线，即位于同一无限延长的直线上。但是直线段之间可以存在间隙。如果直线段的特性不同，合并后的直线段以最先选择的直线段为准，如图 1.81 所示。

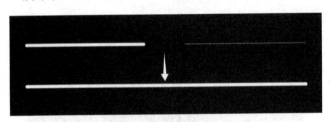

**图 1.81 合并直线段**

②多段线。多段线的合并对象之间不能有间隙，即必须要首尾相连。合并对象可以是直线、多段线和圆弧，但是至少有一个是多段线，且选择时必须先选择多段线。

③圆弧。圆弧的合并对象必须位于同一个圆上，圆弧之间可以有间隙，在合并圆弧时，将从逆时针方向以源对象为起点开始合并。

④椭圆弧。椭圆弧的合并条件与圆弧类似。

⑤样条曲线。样条曲线必须位于同一平面内并且首尾相连。

（15）倒角。

倒角是指用斜线将两个不平行的线型对象连接起来，可以简单理解为，当图像有角时，对当前的角进行处理，如图 1.82 所示。

执行倒角可以使用以下方法：

①单击修改工具栏中的■。

②输入命令 CHA。

③选择菜单栏中的"修改"→"倒角"命令。

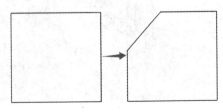

**图 1.82 倒角**

执行倒角命令后，命令提示栏中将出现倒角命令的子命令，下面对这些子命令进行简单的介绍：

①多段线（P）。该命令的作用是对整个二维多段线进行倒角处理，系统将对多段线的所有顶点进行倒角处理。

②距离（D）。执行该命令可以选择倒角的两个斜线距离，该距离指的是从被连接的对象与斜线的交点到被连接的两个对象的可能的交点之间的距离。两个斜线距离可以相等也可以不相等，当两个斜线距离的值都为 0 时，则不进行倒角操作，并且会把两个对象延伸至相交。

③角度（A）。执行该命令，通过输入第一条线的角度和倒角距离来进行倒角操作。

④修剪（T）。该命令可以选择在倒角完成后是否剪切源对象。

⑤方式（E）。该命令可以选择是用距离来进行倒角还是使用角度进行倒角。

⑥多个（M）。该命令可以对多个对象进行倒角操作。

（16）圆角。

圆角命令与倒角命令类似，圆角是用一段圆弧将两个对象连接起来，如图 1.83 所示。执行圆角命令可以用以下方式：

①单击修改工具栏中的 。

②输入命令 F。

③选择菜单栏中的"修改"→"圆角"命令。

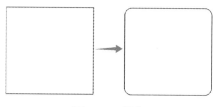

图 1.83　圆角

（17）分解。

分解命令可以将组合对象进行拆分，如多段线、组等。执行分解命令可以使用以下方式：

①单击辅助工具栏中的 。

②输入命令 X。

③选择菜单栏中的"修改"→"分解"命令。

在进行分解对象的操作时，用户可以选择多个对象进行同时分解。

以上内容介绍了 AutoCAD 的功能、基础设置和基本的二维绘图命令。用户可正式进行绘图了。

### 1.2.5　练习题

（1）绘制如图 1.84 所示的线条，再利用延伸、打断、修剪、倒角命令使得线条如图 1.85 所示。

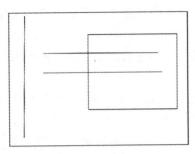

图1.84　线条Ⅰ

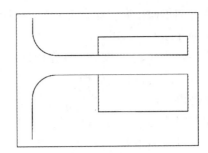

图1.85　线条Ⅱ

（2）利用圆形、方形、复制、偏移等命令绘制一个如图1.86所示的图形，并将其进行镜像处理，形成如图1.87所示的图形。

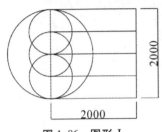

图1.86　图形Ⅰ

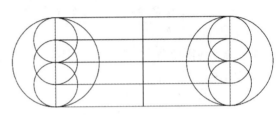

图1.87　图形Ⅱ

（3）按照图1.88所示的比例尺寸，绘制一个等比例的廊架，再通过镜像命令绘制一个翻转效果的廊架。

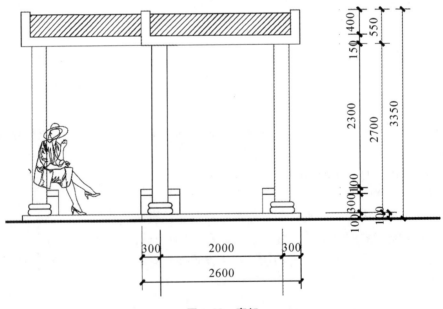

图1.88　廊架

# 2

# AutoCAD 辅助绘图操作

## 2.1 查询

本节主要介绍获取图形信息的功能。为了便于用户及时了解和快速查询图像的基本信息，AutoCAD 2017 可以执行多个查询命令，如长度、面积、角度、列表、坐标、图形状态等。

### 2.1.1 长度测量

AutoCAD 2017 可查询图形对象的距离和长度，启用查询长度命令时，建议打开对象捕捉开关，可以便捷地查询两点之间的距离。

常用查询方法如下：

①单击菜单栏中的"工具栏"，选择"测量工具"，打开"测量工具栏" ，具体界面如图 2.1 所示。然后再点击测量工具，点击需要测距的两点，便可在命令窗口上方查询距离数据。

②在命令窗口输入"DIST/DI"，并按空格键确认。然后点击需要测距的两点，便可在命令窗口上方查询距离数据。

测量长度的具体操作如下：

①打开需要测量长度的文件，点击实用工具中的距离测量工具，在绘图区捕捉需要测量长度的第一个端点。

②滑动鼠标，捕捉需要测量长度的第二个端点。

③在命令窗口上方查看测量结果。

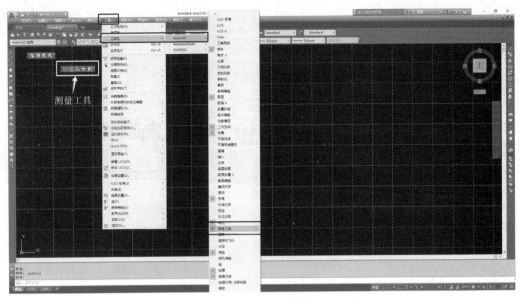

图 2.1　测量工具栏界面

## 2.1.2　面积测量

AutoCAD 2017 可查询选定的对象和定义区域里的面积。

常用查询方法如下：

①打开"测量工具栏" ，选择测量工具里的面积选项 ，根 据 命 令 栏 的 显 示，点 击 需 要 测 量 面 积 的 对 象 的 第 一 个 点 `指定第一个角点或 [对象(O)/增加面积(A)/减少面积(S)/退出(X)] <对象(O)>:` ，再按照命令栏中的提示点击

需要测量的对象的各个端点 ，点击到面积围合的最后一个端点时 ，按下空格键，即可在命令栏上方查询面积与周长。

②在命令窗口输入"AREA/AA"，并按空格键确认。根据命令栏的显示，点击需要测量面积的对象的第一个点 `指定第一个角点或 [对象(O)/增加面积(A)/减少面积(S)/退出(X)] <对象(O)>:` ，

再按照命令栏中的提示点击需要测量的对象的各个端点 ，点击到面积围合的

最后一个端点时 ，按下空格键，即可在命令栏上方查询面积与周长。

命令行中各选项的含义如下：

（1）指定角点。

用户指定角点，使系统计算由指定点所定义的面积。执行该操作的前提是所有点均位于同一个平面，且必须至少指定 3 个点才能定义多边形；如若是未闭合的多边形，则计算的面积为指定的第一个点和最后一点连成的直线所形成的多边形。

（2）对象。

对象，即需要测量的面域或者多段线围合而成的区域的面积。

（3）增加面积/减少面积。

点击"增加面积"，在测量多块面积时，数据会一直累加；点击"减少面积"，即从总面积中减去指定的区域面积。

注：该命令除能进行面积测量外，还可进行半径、角度、体积的测量。

面积测量的具体操作如下：

①打开需要测量面积的对象 。

②调出"测量工具栏"，选择测量工具里的面积选项。

③在命令栏输入"O"，再选择要测量面积的对象。

④在命令栏上方查询测量结果。

### 2.1.3 角度测量

角度测量的功能为测量选定对象的角度值。

常用查询方法如下：

①调出"测量工具栏"，选择测量工具里的角度测量选项，依次选择围合角度的线段，在命令栏上方查询测量结果。

②在命令栏输入"MEASUREGEOM \ MEA"，按空格键确认，然后选择"A"选项，依次选择围合角度的线段，在命令栏上方查询测量结果。

角度测量的具体操作如下：

①打开需要测量面积的对象。

②调出"测量工具栏"，单击测量工具里的角度测量选项。

③依次选择需要测量角度的起始边与终止边。

④在命令栏上方查询测量结果。

### 2.1.4 列表

用户可以使用列表（LIST）来查看选定对象的特性，且可以将其复制到文本的文件中。

列表（LIST）功能查询的文本窗口可以查询对象类型、对象图层、对象坐标，以及具体的位置（模型空间和图纸空间）。

常用查询方法如下：

①点击"默认"工具栏中的"特性"，再点击面板中的"列表"功能。

②点击"工具"中的"查询"，再点击选项里的"列表"命令。

③在命令栏中输入"LIST \ LI"命令，按空格键确认。

列表查询的具体操作如下：

①打开需要查询的定义对象。

②在命令栏中输入"LI"，并按下空格键启动列表查询命令，在绘图区选择要查询的对象，可在命令栏上方查询对象结果。

③如若继续按空格键，还可查询图形中其他结构的信息。

### 2.1.5　状态

查询后系统显示图形统计信息、模式和范围。

"状态"查询功能的常用方法：

①点击"工具"中的"状态"命令。

②在命令栏中输入"STATUS"，并按空格键确认。

状态查询的具体操作如下：

①打开需要查询的定义对象。

②点击"工具"下的状态命令，确定后弹出"AUTOCAD"窗口，即可查询图纸状态。

③按空格键继续查询。

### 2.1.6　坐标

坐标查询功能主要用于查询指定位置的 UCS 坐标值。ID 会列出指定点的 X、Y、Z 值，并且会把指定点的坐标存为最后的一点的坐标。在要求输入点的下一个提示时用户可以用"@"来引用最后的一个点。

坐标查询常用的方法如下：

①点击"默认"选项卡里的"使用工具"，再点击"点坐标"命令。

②在命令栏输入"ID"命令，按空格键确认。

坐标查询的具体操作如下：

①打开需要查询的坐标文件。

②在命令栏中输入"ID"，按空格键确认，然后进行坐标点的捕捉。

③在命令栏上方查询结果。

## 2.2　图案

图案填充一般是指将图案或者颜色填满选定的区域，用以表示该区域的特性。例如，在建筑图中填充不同的图案，那么就表示这些区域分别用了什么样的材料。同时，图案填充也可通过创建区域覆盖对象方式使区域空白。

### 2.2.1　图案填充命令

#### 2.2.1.1　边界的定义

进行图案填充的时候，先要确定填充的边界。定义的边界对象只有构造线、直线、多段线、射线、样条曲线、圆弧、椭圆、椭圆弧、圆等或者用这些对象定义的块，并且作为边界的对象在屏幕上必须全部可见。

每种图案都包含一种或者多种按照特定角度和间隔构成的线。线可以是各种点划线，也可以是连续的实线。为了能准确地确定指定区域。一般来讲，AutoCAD 把各种线段构成的图案组成内部图块。当设计者不喜欢在某个区域绘制的图案时，可以很便捷地删除该区域所有的填充图案。

构成的图形区域边界的实体必须在它们线端点处相交，否则可能会产生错误的填充。在右上角不封闭的情况下，用户在填充时会出现如图 2.2 所示的警告框。而如图 2.3 所示的是封闭图案，就可以填充。

如果构成边界线的实体为有宽度的线时，AutoCAD 使用线段的中心线为边界，从而忽略其线段宽度。

在选择边界时，外界区域内部如果有边界目标，AutoCAD 会有 3 种不同的处理方法。

图 2.2　错误警告框

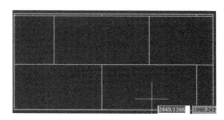

图 2.3　封闭图案

### 2.2.1.2　图案填充的 3 种方式

AutoCAD 用户允许用户以下面三种方式填充图案：

（1）普通方式。如图 2.4 所示，其方式是从外部边界向内填充，直到遇到另一个边界线。在填充过程中假如遇到内部边界，填充将会关闭。

（2）外部方式。如图 2.5 所示，其方式是从外部边界向内填充，到下一个边界线停止，同时不再继续填充。

（3）忽略方式。如图 2.6 所示，其方式是忽略边界内的对象，内部结构都被图案覆盖。

图 2.4　普通方式

图 2.5　外部方式

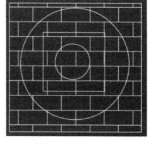

图 2.6　忽略方式

### 2.2.1.3　常用的图案填充方法

在 AutoCAD 2017 中，用户可以对图形进行图案填充，图案填充是在"图案填充和渐变色"对话框中进行的，如图 2.7 所示。

打开"图案填充和渐变色"对话框，主要有以下3种方法：

①在命令行中输入"BHATCH"命令。

②选择菜单栏中的"绘图"，点击"图案填充"命令。

③单击"绘图"工具栏中的"图案填充"命令或"渐变色"命令。执行命令后，系统打开"图案填充和渐变色"对话框。

图 2.7 图案填充和渐变色对话框

## 2.2.2 图案编辑操作

### 2.2.2.1 各选项组和命令

（1）类型。

类型选项，用于确定填充图案的类型及图案。单击设置区中的小箭头，弹出一个下拉列表。在该列表中，"用户定义"选项表示用户要临时定义填充图案，与命令行方式中的"U"选项作用一样；"自定义"选项表示选用 ACAD.PAT 图索文件或其他图案文件（.PAT 文件）中的图案填充，"预定义"选项表示选用 AutoCAD 标准图案文件（ACAD.PAT 文件）中的图案填充。

（2）图案。

图案选项，用于确定标准图案文件中的填充图案。用户可从中选取填充图案。选择所需要的填充图案后，在"样例"选项的图像框内会显示该图案。用户只有在"类型"下拉列表框中选择"预定义"选项，此项才以正常亮度显示，即允许用户从自己定义的图案文件中选取填充图案。如果选择的图案类型是"其他预定义"，单击"图案"下拉列表框右边的按钮，系统会弹出"填充图案选项板"对话框，该对话框中显示所选类型所具有的图案，用户可从中确定所需要的图案，如图 2.8 所示。

（3）样例。

样例选项，用于给出一个样本图案。在其右面有一方形图像框，显示当前用户所选用的填充图案。用户可以通过单击该图像的方式迅速查看或选取已有的填充图案。

（4）自定义图案。

自定义图案选项，用于选取用户自定义的填充图案。只有在"类型"下拉列表框中点击"选用自定义"选项后，该项才以正常亮度显示，即允许用户从自己定义的图案文件中选取填充图案。

（5）角度。

角度选项，用于确定填充图案时的旋转角度。每种图案在定义时的旋转角度为零，用户可在"角度"文本框内输入所需要的旋转角度。

（6）比例。

比例选项，用于确定填充图案的比例值。每种图案在定义时的初始比例为 1，用户可以根据需要放大或缩小图案，方法是在"比例"文本框内输入相应的比例值。

（7）双向。

双向选项，用于确定用户临时定义的填充线是一组平行线，还是相互垂直的两组平行线。只有在"类型"下拉列表框中选择"用户定义"选项时，该项才可以使用。

（8）相对图纸空间。

相对图纸空间选项，相对于图纸空间单位确定填充图案的比例值。选中该复选框，可以按适合版面布局的比例方便地显示填充图案。该选项仅适用于图形版面编排。

（9）间距。

间距选项，用于指定线之间的间距，在"间距"文本框内输入值即可。只有在"类型"下拉列表框中选择"用户定义"选项时，该项才可以使用。

（10）笔宽。

笔宽选项，确定笔宽与 ISO 有关的图案比例。只有选择了已定义的 ISO 填充图案后，用户才可确定图案的内容。

（11）图案填充原点。

图案填充原点选项，用于控制填充图案生成的起始位置。有些图案填充（如砖块图案）需要与图案填充边界上的一点对齐。默认情况下，所有图案填充原点都对应于当前的 UCS 原点，也可以选择"指定的原点"及下面一级的选项重新指定的原点。

### 2.2.2.2 "渐变色"选项卡

渐变色是指从一种颜色到另一种颜色的平滑过渡。渐变色能产生光的效果，可为图形添加视觉效果，如图 2.9 所示。

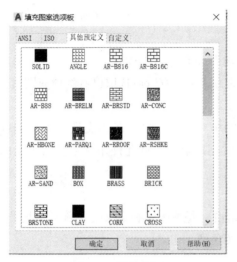

图 2.8　图案选择

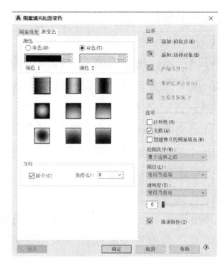

图 2.9　渐变色选择

选择该选项卡后，其中各选项的含义如下：

（1）"单色"单选按钮。

系统应用所选择的单色对所选择的对象进行渐变填充。其右边的显示框显示了用户所选择的真彩色，单击右边的小方钮，系统将打开"选择颜色"对话框，如图 2.10 所示。

（2）"双色"单选按钮。

系统应用双色对所选择的对象进行渐变填充。填充颜色将从颜色 1 渐变到颜色 2。颜色 1 和颜色 2 的选取与单色选取类似。

（3）"渐变方式"样板。

"渐变色"选项卡的下方有 9 个"渐变方式"样板，分别表示不同的渐变方式，包括线形、球形和抛物线等方式。

（4）"居中"复选框。

该复选框决定渐变填充是否居中。

（5）"角度"下拉列表框。

在该下拉列表框中选择角度，此角度为渐变色倾斜的角度，如图 2.11 所示。

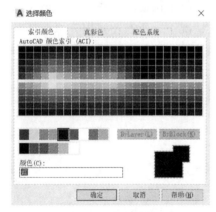

图 2.10　颜色选择

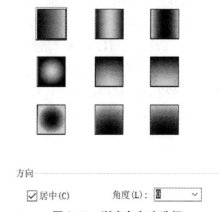

图 2.11　渐变色角度选择

#### 2.2.2.3 "边界"选项组

"边界"选项组的各命令含义如下：

（1）"添加：拾取点"命令。

该命令以点取点的形式自动确定填充区域的边界。在填充的区域内任意取一点，系统会自动确定出包围该点的封闭填充边界，并且高亮度显示。

（2）"添加：选择对象"命令。

该命令以选取对象的方式确定填充区域的边界。用户可以根据需要选取构成区域的边界。同样，被选择的边界也会以高亮度形式显示。

（3）"删除边界"命令。

该命令从边界定义中删除以前添加的任何对象。

（4）"重新创建边界"命令。

该命令围绕选定的图案填充或填充对象创建多段线或面域。

（5）"查看选择集"命令。

该命令用于观看填充区域的边界。单击该命令，AutoCAD 临时切换到作图屏幕，将所选择的作为填充边界的对象以高亮度方式显示。用户只有通过"添加：拾取点"命令或"添加：选择对象"命令选取了填充边界，才可以使用"查看选择集"命令。

#### 2.2.2.4 "选项"选项组

"选项"选项组中各选项的含义如下：

（1）关联。

该选项用于确定填充图案与边界的关系。如果选中该复选框，那么填充的图案与填充边界保持着关联关系，即填充图案后，当用钳夹功能对边界进行拉伸等编辑操作时，AutoCAD 会根据边界的新位置重新生成填充图案。

（2）创建独立的图案填充。

当指定了几个独立的闭合边界时，该选项可以创建单个图案填充对象，或是创建多个图案填充对象。

（3）绘图顺序。

该选项指定图案填充的绘图顺序。例如，图案填充可以放在其他对象之后，可以放在其他对象之前，可以放在边界之后，可以放在边界之前。

（4）继承特性。

此选项可选用图中已有的填充图案作为当前的填充图案。

#### 2.2.2.5 "孤岛"选项组

"孤岛"选项组中各选项的含义如下：

（1）孤岛显示样式。

该选项用于确定图案的填充方式。用户可以从中选取所要的填充方式，默认的填充方式为"普通"，用户也可以在右键快捷菜单中选择填充方式。

（2）孤岛检测。

该选项用于确定是否检测孤岛。

#### 2.2.2.6 "边界保留"选项

该选项指定是否将边界保留为对象，并确定应用于这些对象的类型是多段线还是面域。

#### 2.2.2.7 "边界集"选项组

此选项组用于定义边界集。当单击"添加：拾取点"命令，根据某一指定点的方式确定填充区域时，有两种定义边界集的方式：一种是将包围所指定点的最近的有效对象作为填充边界，即"当前视口"选项，这是系统默认的方式；另一种是用户自己选定一组对象构造边界，即"现有集合"选项，通过其上面的"新建"命令实现对象的选定，单击该命令后，AutoCAD 临时切换到作图屏幕，并提示用户选取作为构造边界集的对象。此时若选择"现有集合"选项，AutoCAD 会根据用户指定的边界集中的对象来构造一个封闭边界。

#### 2.2.2.8 "允许的间隙"选项

对象用作图案填充边界时，该选项用于设置可以忽略的最大间隙。默认值为 0，此值指定对象必须封闭区域，且没有间隙。

#### 2.2.2.9 "继承"选项

使用"继承特性"创建图案填充时，该选项用于控制图案填充原点的位置。

### 2.2.3 园林铺装填充

铺装填充的具体操作如下：

①打开需要填充的对象，把"填充图层"设置为当前层，然后点击"默认"菜单栏，选择"绘图"功能中的"图案填充"命令。

②选择 SACNCR 材质，在特性栏中对铺装的比例及角度进行调整。

③用鼠标点击需要填充的区域即可。

注：在 2017 版本的 AutoCAD 中，图案填充编辑器的选项卡需要在选择了图案填充命令后才会出现。

## 2.3 尺寸与文字标注

### 2.3.1 尺寸标注（标注样式、标注命令、标注编辑）

尺寸标注是设计图或者工程图中必不可少的一部分。在有些时候，尺寸标注比制图更加重要。因为在我们绘制设计图的实际过程中，作图误差是不可避免的，特别是在手绘图纸时，其影响更大。此时对于尺寸的标注就不能出现错误，否则将会在实际的生产过程中产生损失。尺寸标注描述制图中各对象的实际大小和相对应的位置，在AutoCAD 中尺寸标注采用半自动方式，系统会按照图形的测量值和标注样式进行标注。

#### 2.3.1.1 标注样式

（1）建立标注样式。

输入快捷命令"d"，页面弹出标注样式管理器，如图 2.12 所示。

（2）标注样式管理器。

①当前标注样式。显示当前正在使用的尺寸标注样式。

②样式。显示的是已设置过的图形中的标注样式。

③预览。显示的为列表框中选中的样式标注的图形效果，下面的"说明"是指对选中的样式标注的文字说明。

④列出。该列表框可以设置控制"样式"里显示样式的过滤条件，单击所有样式右边的向下的箭头符号，里面有两个过滤条件：一是所有样式，二是正在使用的样式。

⑤置为当前。单击该按钮后，可将列表框中选定的标注样式设置为当前的尺寸标注样式。

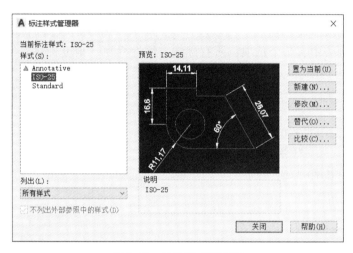

**图 2.12　标注样式管理器**

⑥新建。创建一个新的尺寸标注样式。

⑦修改。修改已经定义的尺寸标注样式。单击该按钮后，弹出"修改标注样式"对话框，用来修改在"样式"列表中选中的尺寸标注样式，如图 2.13 所示。

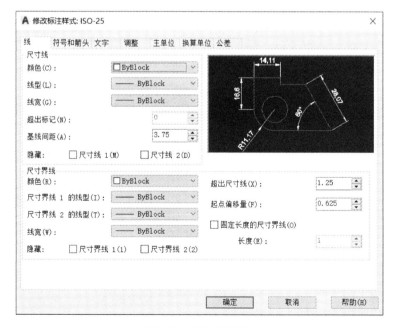

**图 2.13　修改标注样式**

⑧替代。覆盖某一尺寸的标注样式，即重新创建该尺寸标注样式。

⑨比较。比较两种尺寸样式标注的差别。单击该按钮后，会弹出"比较标注样式"对话框，用来比较已经定义过的两种尺寸标注样式之间的差别。

### 2.3.1.2　标注编辑

标注编辑操作如下：

（1）打开标注样式管理器对话框中的"新建"按钮，将会出现"创建新标注样式"对话框，用户可以在"新样式名"中输入合适的名称。

（2）在"基础样式"列表中可以选择新的样式并继承所设置的参数的老样式名。"用于（u）"列表中有7个选项：所有标注、线性标注、角度标注、半径标注、直径标注、坐标标注、引线和公差。具体如图2.14所示。

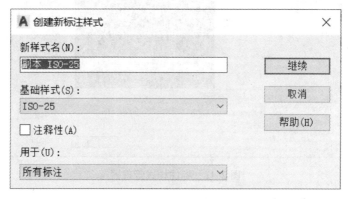

图 2.14　创建新标注样式

（3）单击"继续"按钮，之后打开"新建标注样式"对话框，该对话框共有7个选项，分别用于设置尺寸标注样式的7个方面：直线、符号和箭头、文字、调整、主单位、换算单位、公差。具体如图2.15所示。

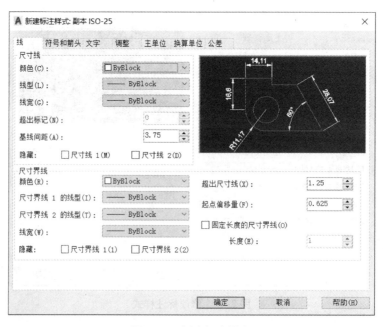

图 2.15　新建标注样式

在"新建标注样式"编辑界面中，各编辑栏的功能如下：

（1）线。设置与尺寸线和尺寸界限相关的样式属性。"尺寸线"框中选项功能如下：

①"颜色"列表框用来显示和确定尺寸线的颜色。若要选取其他颜色，则需要单击"选择颜色"，可打开"选择颜色"对话框。

②"线型"列表框用来显示和确定尺寸线的线型。缺省线型为"ByBlock"，单击下拉列表，表中会列出两个逻辑线型和"Continuous"以及"其他"，供用户选择，单击"其他"按钮可以加载其他的线型，如图2.16所示。

**图2.16　线性选择**

③线宽。列表框显示和确定尺寸线的线宽。缺省线宽为"ByBlock"，单击下拉列表后，表中将会列出各种线宽和两个逻辑线宽，供用户选择。

④超出标记。当使用倾斜、建筑标记、积分和无标记时，系统会标记尺寸线超出尺寸界限的距离。

⑤基础间距。定义基线标注时尺寸线之间的距离。

⑥隐藏。设置是否要显示第一尺寸线和第二尺寸线。当选中"尺寸线1"复选框，会隐藏第一尺寸线；当选中"尺寸线2"复选框，不会显示第二尺寸线（见图2.17）。

**图2.17　尺寸界限**

⑦超出尺寸线。定义尺寸界限超出尺寸线的距离。

⑧起点偏移量。设置尺寸界线的实际起始点与用户定义尺寸界线起始点之间的偏移量。

⑨固定长度的尺寸界线。设置尺寸界线的总长度。

（2）符号和箭头。设置箭头、圆心标记、弧长符号和半径标注折弯的格式和位置，如图2.18所示。

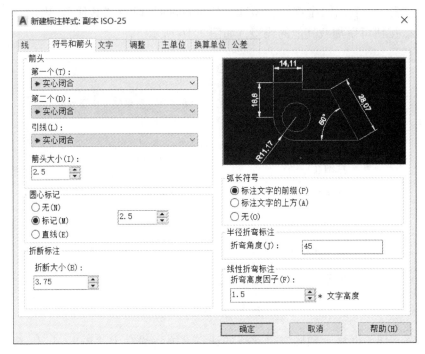

图2.18　符号和箭头选择

在"箭头"框中设置尺寸箭头或者引线开头的样式和尺寸。在"第一项"或者"第二项"下拉列表中可以设置第一个或者第二个尺寸箭头样式，用户可以使用系统本身提供的样式，也可以使用自定义的箭头样式。这里需要注意系统允许第一个和第二个箭头样式不同。

①引线。下拉列表中选择引线的箭头样式，在"箭头大小"中设置箭头的大小。

②圆心标记。用户可以设置"圆心标记"的样式和大小，但这主要是针对圆或者圆弧而言的。

③弧长符号。控制弧长标注中的圆弧符号的显示。默认单选"标注文字的前缀"。用户也可以选择"无"，表示不出现"弧长符号"。

④半径标注折弯。控制折弯（z字形）半径标注的显示，折弯半径标注通常是在圆心点位于页面外时所创建。"折弯角度"用于确定折弯半径标注中尺寸线的横向线段的角度。

⑤折断标注。用于设置折断标注时间隙的大小，系统默认为"3.75"。

（3）文字。设置尺寸文本的格式和位置，如图2.19所示。

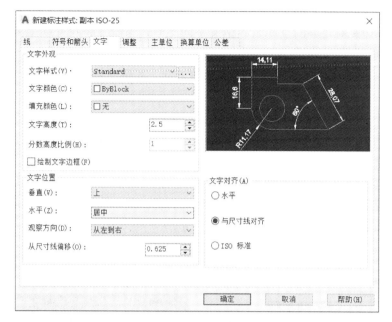

图 2.19　文字框

用户可以在"文字外观"框中设置尺寸文本样式，单击下拉箭头，有已经设置的文本样式供选择，单击右边的"…"按钮，可以添加新的文字样式。

①文字颜色。在这里面可以定义标注文字的颜色。

②填充颜色。设置标注中的文字背景的颜色，单击下拉箭头，可以选择文字背景的颜色。

③文字高度。定义尺寸文本的字高，系统默认为"2.5"。

④分数高度比例。设置相对于标注文字的分数比例，只能在"主单位"选项卡上选择"分数"作为"单位格式"时，此选项才能被用。在此处输入的值乘以文字高度，可以确定标注分数相对于标注文字的高度。

⑤绘制文字边框。选中该项，可以标注基准尺寸，即在尺寸文本的四周加上了一个矩形框。

"文字位置"框中的选项如下：

①垂直，控制尺寸文本在垂直方向上的位置。单击下拉箭头，弹出下拉列表框，有选项供选择。其中，"置中"表示的是尺寸文本位于尺寸线的中间；"上"表示的是尺寸文本位于尺寸线的上方；"外部"表示的是尺寸文本位于远离尺寸线的上方；"JIS"表示的是满足 JIS 标注（日本工业标注）。

②水平，控制尺寸文本在水平方向的位置。单击下拉箭头，弹出下拉列表框，有选项供选择。其中，"居中"表示的是尺寸文本位于尺寸线的中间；"第一条尺寸界线"表示的是尺寸文本靠近第一条尺寸线；"第二条尺寸界线"表示的是尺寸文本靠近第二条尺寸界线；"第一条尺寸线上方"表示的是尺寸文本放在第一条尺寸线界线上；"第二条尺寸线上方"表示的是尺寸文本放在第二条尺寸界线上。

③从尺寸线偏移，设置当前文字的间距，文字间距是指当尺寸线段以容纳标注文字时标注文字周围的距离，此数值也用作尺寸线段所需的最小长度。只有当生成的线

段至少与文字间隔同样长时，系统才会将文字放置于尺寸界线内侧。只有当箭头、标注文字以及页边距有足够的空间来容纳文字间距时，系统才将尺寸线上方或者下方的文字置于内侧。

"文字对齐"框用于设置尺寸文本的放置方向，其选项如下：

①水平。选中该单选框，尺寸文本水平放置。

②与尺寸线对齐。选中该单选框，尺寸文本沿尺寸线方向放置。

③ISO 标准。选中该单选框，尺寸文本按照 ISO 标准放置。当文字在尺寸界线内时，文字与尺寸线对齐；当文字在尺寸界线外时，文字水平排列。

（4）调整。当尺寸界线的距离比较近时，该选项用于调整尺寸文本和箭头的位置。尺寸界线的距离较近，不能容纳尺寸文本和箭头时，用户可以在"调整选项"框中定义尺寸文本和箭头的布置方式，如图 2.20 所示。

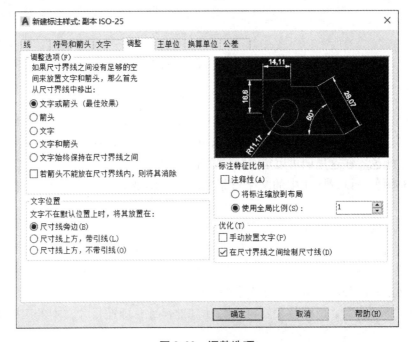

图 2.20　调整选项

①文字或箭头（最佳效果）。选中该单选框，当尺寸界线内区域不能容纳尺寸的文本和箭头时，AutoCAD 尽量将其中的一个放在尺寸界线内。

②箭头。选中该单选框，优先考虑将箭头放在尺寸界线内。

③文字。选中该单选框，优先考虑将尺寸文本放在尺寸界线内。

④尺寸线旁边。选中该单选框，尺寸文本标注在尺寸界线以外时标注在尺寸线旁边。

⑤尺寸线上方，不带引线。选中该单选框，尺寸文本标注在尺寸界线以外时标注在尺寸线之上，并带一条引线。

⑥尺寸线上方，不带引线。选中该单选框，尺寸文本标注在尺寸界线以外时标注在尺寸线之上，但不会带引线。

⑦标注特征比例。用户可以设置尺寸标注的比例。

⑧使用全局比例。选中该单选框，文本框显示的比例为全局比例的系数，即对整个尺寸标注都适用（为保证输出的图形与尺寸大小相匹配，用户可以将全局的比例系数设置为图形输出比例的倒数）。

⑨将标注缩放到布局。选中该单选框，文本框中显示的比例系数是当前模型空间和图纸空间的比例，该比例只在图纸空间中起作用。

⑩优化。在框中提供用于放置标注文字的其他选项。

⑪手动放置文字。选中该选项，在标注尺寸时手动确定文本放置的位置。

⑫在延伸线之间绘制尺寸线。选中该选项，在标注尺寸时系统一直会在尺寸界线之间绘制尺寸线。

（5）主单位。"主单位"框用于设置线性尺寸的格式和精度，如图 2.21 所示。

**图 2.21　单位调整**

"线性标注"框中的选项如下：

①单位格式。设置尺寸单位的格式，有科学记数、十进制小数、工程单位、建筑单位、分数表示（小数部分用分数表示）、Windows 桌面 6 个选项。系统默认是十进制小数。

②精度。设置尺寸单位的精度，用户可以根据自己的需求在此选择小数点位数。

③分数格式。设置分数格式，只有在"单位格式"内选"分数"时，"分数格式"才可以被使用。格式分为水平、对角、非堆叠 3 种，如图 2.22 所示。

④小数分隔符。设置小数分隔符，有"逗点""句点"格式。

⑤舍入。为角度以外的标注类型设置标注测量值的舍入规则。如果将其设置为"0.25"，则所有标注距离都会以 0.25 为单位进行舍入。如果输入"1.0"，则所有标注距离都将舍入为最接近的整数。

⑥"前缀"和"后缀"。设置标注尺寸的前缀和后缀。

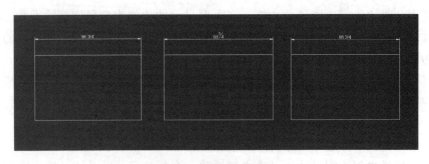

图 2.22　分数格式设置

"测量单位比例"框中的选项如下：

①比例因子。设置尺寸测量的比例因子。如果画一条 200 单位长度的直线，把"比例因子"设定为"2"，则标注出的尺寸是"400"；把"比例因子"设定为"0.5"，则标注出来的尺寸为"100"。

在这里如果勾选到"仅应用到布局标注"，表示的就是"比例因子"只用在布局尺寸中。

②在"清零"框中设置"零抑制"，情况如下：

a. 前导。选中该复选框，抑制尺寸文本的小数点前的"0"，如尺寸为"0.300 0"，抑制后则会变为".300 0"。

b. 后续。选中该复选框，抑制尺寸文本的数字尾部的"0"，如原尺寸为"0.300 0"，抑制后则会变为"0.3"。

在"角度标注"中，框中的内容设置方法和上面讲的基本相似。

（6）换算单位。指定标注测量值中换算单位的显示方式并设置其精度和格式，如图 2.23 所示。选中"显示换算单位"复选框，表示使用换算单位。

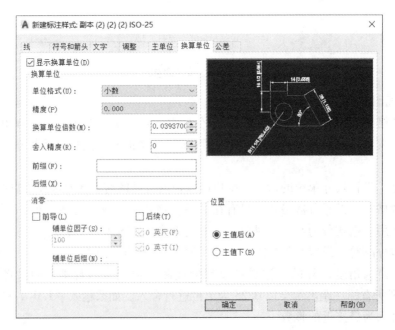

图 2.23　换算单位

（7）公差。设置尺寸公差的标注和标注格式，如图 2.24 所示。

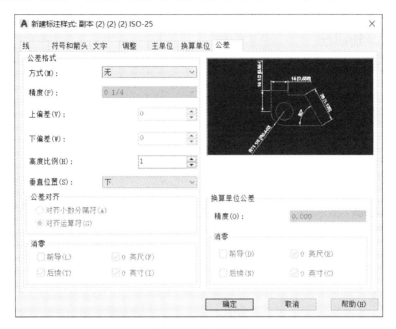

**图 2.24　公差设置**

"公差格式"框用于设置公差的标注格式，其选项如下：

①方式。设定尺寸公差的标注形式。其中有 5 个选项供用户选择，分别是不标注公差、标注对称公差、标注极限偏差、标注极限尺寸、标注基本尺寸。前面所举的例子全都是"不标注公差"。

②换算单位公差。用户要在"换算单位"选项卡中勾选复选框"显示换算单位"，从而激活该用户。

#### 2.3.1.3　标注命令

用户将标注样式"A"置为当前，然后关闭"标注样式管理器"对话框。具体操作如下：

①输入命令：dli。

②指定第一条尺寸界线原点或者选择对象：捕捉左边第一条直线上的上端点。

③指定第二条尺寸界线原点：捕捉左边第二条直线上的上端点。

④指定尺寸线位置或者在图形的上方大约 5 个单位处点击。

### 2.3.2　文字标注（样式、输入文字、编辑文字、建立表格）

文字是工程图中不可缺少的一部分，如尺寸标注文字、材料说明、标题、注释等，文字和图形一起表达了完整的设计思想。AutoCAD 提供了强大的文字处理功能，并且支持 TrueType 字体与扩展的字符和格式等。

#### 2.3.2.1　操作方式

文字样式有以下 3 种操作方式：

（1）下拉式菜单：选择"格式"，然后点击"文字样式"。

（2）命令行输入命令：STYLE（也可以输入简化命令"ST"，按回车键）。

（3）工具栏：默认界面的右上侧有样式工具栏，点击"文字样式"按钮。

#### 2.3.2.2　编辑文字

（1）样式名。

左侧方框列出了已经定义过的样式名。选择所需要的样式，然后执行"置为当前"，就可以将其定义为当前样式。默认的情况下，系统以标准样式"Standard"为当前样式，如图 2.25 所示。

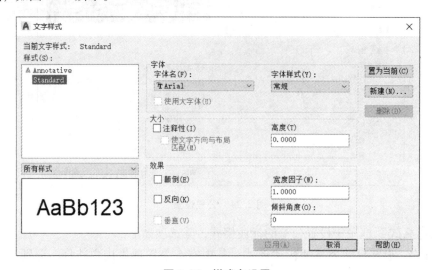

**图 2.25　样式名设置**

（2）新建。

新建，即创建新的文字样式，单击该按钮，然后打开"新建文字样式"对话框，可以在该文本框中输入新的文字样式名称，用户可以通过它创建新的文字样式。

（3）删除。

删除，即删除所选择的文字样式。但注意，STANDARD 样式是不可被删除和更改名称的。

（4）字体。

该区域有两项列表，分别为"字体名"和"字体样式"，主要用来定义字体文件。系统默认的字体为"txt.shx"。用户点击下拉列表后可以看见可以调用的字体，如图 2.26 所示。

（5）字体样式。

该列表框一般显示常规选项，个别的会显示"Ture Type"字体、加粗、斜体等选项。

（6）高度。

高度，即用于设置标注文字的高度，默认值是为"0"。如果选取"0"值，则在标注文本时需要设置字体的高度。如果此值不为"0"，则在标注文本时不会出现"高度"的提示符，而以此值为高度进行文本的标注。建议用户在此处将默认值设置为"0"。

（7）效果。

效果，即用于设定字体的具体特征。

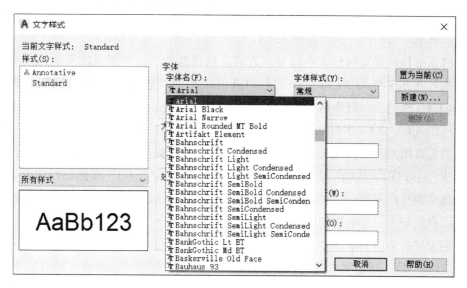

图 2.26　字体设置

### 2.3.2.3　输入文字

（1）单行文字标注。

执行单行文字标注命令主要有以下 3 种方法：

①在命令行中输入"TEXT"命令。

②先后选择菜单栏中的"绘图""文字""单行文字"命令。

③单击"文字"工具栏中的"单行文字"命令。

执行上述命令后，根据系统提示指定文字的起点或选择选项。

执行命令后，命令行提示的主要选项的含义如下：

① 指定文字的起点。在此提示下直接在作图屏幕上单击一点作为文本的起始点，输入一行文本后按 Enter 键，AutoCAD 继续显示输入文字提示，可继续输入文本，待全部输入完后，直接按 Enter 键，则退出 TEXT 命令。

②对齐（J）。用来确定文本的对齐方式，对齐方式决定文本的哪一部分与所选的插入点对齐。执行此选项，根据系统提示选择选项作为文本的对齐方式。当文本水平排列时，AutoCAD 为标注文本定义了顶线、中线、基线和底线。

（2）多行文字标注。

调用多行文字标注命令主要有以下 3 种方法：

①在命令行中输入"MTEXT"命令。

②先后选择菜单栏中的"绘图""文字""多行文字"命令。

③单击绘图工具栏中的多行文字命令或单击文字工具栏中的多行文字命令。

执行上述命令后，根据系统提示指定矩形框的范围，创建多行文字。

使用多行文字命令绘制文字时，命令行提示的主要选项的含义如下：

①指定对角点。直接在屏幕上单击一个点作为矩形框的第二个角点，AutoCAD 以这两个点为对角点形成一个矩形区域，其宽度作为将来要标注的多行文本的宽度，并且第一个点作为第一行文本顶线的起点。响应后 AutoCAD 打开"多行文字"编辑器，用户可以利用此对话框与编辑器输入多行文本并对其格式进行设置。

②对正（J）。确定所标文本的对齐方式。选择此选项，根据系统提示选择对齐方式，这些对齐方式与 TEXT 命令中的各对齐方式相同，选取一种对齐方式后按 Enter 键，AutoCAD 回到上一级提示。

③行距（L）。确定多行文本的行间距，这里所说的行间距是指相邻两文本行的基线之间的垂直距离。根据系统提示输入行距类型，在此提示下有两种方式确定行间距，即"至少"方式和"精确"方式。在"至少"方式下，AutoCAD 根据每行文本中最大的字符自动调整行间距；在"精确"方式下，AutoCAD 赋予多行文本一个固定的行间距。可以直接输入一个确切的间距值，也可以输入"nx＊"。其中 n 是一个具体数，表示行间距设置为单行文本高度的 n 倍，而单行文本高度是本行本字符高度的 1.66 倍。

④旋转（R）。确定文本行的倾斜角度。用户可以根据系统提示输入倾斜角度。

⑤样式（S）。确定当前的文本样式。

⑥宽度（W）。指定多行文本的宽度。用户可在屏幕上选取一点与前面确定的对角点组成的矩形框的宽作为多行文本的宽度；也可以输入一个数值，精确设置多行文本的宽度。

（3）字段。

在多行文字绘制区域，单击鼠标右键，系统打开右键快捷菜单，该快捷菜单提供标准编辑命令和多行文字特有的命令。菜单顶层的命令是基本编辑命令，如剪切、复制和粘贴等，后面的命令则是多行文字编辑器特有的命令。主要选项的含义如下：

①插入字段。选择该命令，打开"字段"对话框，从中可以选择插入文字中的字段。关闭该对话框后，字段的当前值将显示在文字中，如图 2.27 所示。

②符号。用户可以在光标位置插入符号或不间断空格，也可以手动插入符号。

③段落对齐。设置多行文字对象的对正和对齐方式。"左上"选项是默认设置。在一行的末尾输入的空格也是文字的一部分，并会影响该行文字的对正情况。文字根据其左右边界可进行置中对正、左对正、右对正对齐设置。文字根据其上下边界可进行中央对齐、顶对齐、底对齐设置。

④段落。用于指定制表位和缩进，可以控制段落对齐方式、段落间距和段落行距。

⑤项目符号和列表。显示用于编号列表的选项。

⑥改变大小写。改变选定文字的大小写，可以选择"大写"或"小写"。

⑦自动大写。将所有新输入的文字转换成大写。

⑧字符集。显示代码页菜单，用于选择一个代码页并将其应用到选定的文字中。

⑨合并段落。将选定的段落合并为段并用空格替换每段的回车符。

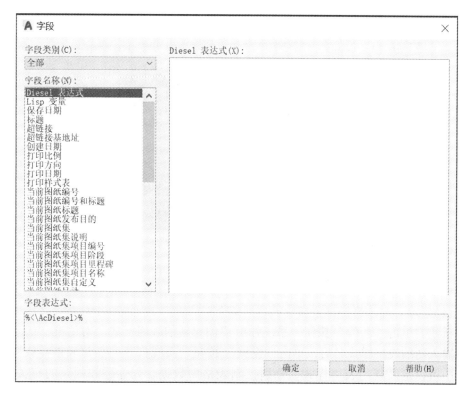

**图 2.27　字段设置**

⑩背景遮罩。用设定的背景对标注的文字进行遮罩。选择该命令，系统将弹出"背景遮罩"对话框。

⑪删除格式。清除选定文字的粗体、斜体、下划线等格式。

⑫编辑器设置。显示"文字格式"工具栏的选项列表。

### 2.3.2.4　建立表格

（1）设置表格样式。

调用表格样式命令主要有以下 3 种方法：

①在命令行中输入"TABLESTYLE"命令。

②先后选择菜单栏中的"格式""表格样式"命令。

③单击"样式"工具栏中的"表格样式管理器"命令。

执行上述命令后，AutoCAD 打开"表格样式"对话框，如图 2.28 所示。

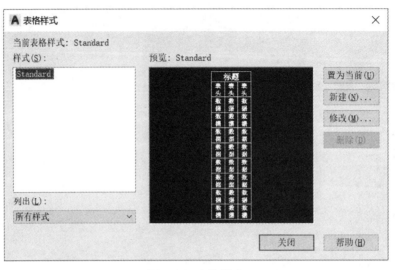

图2.28　表格样式

"表格样式"对话框中部分命令的含义如下：

①新建。单击"新建"按钮，系统弹出"创建新的表格样式"对话框，如图2.29所示。输入新的表格样式名后，单击"继续"按钮，系统打开"新建表格样式"对话框，从中可以定义新的表格样式，分别控制表格中数据、列标题和标题的有关参数，如图2.30所示。

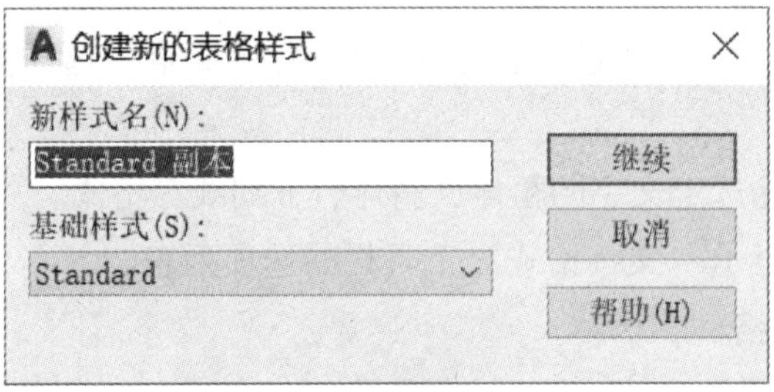

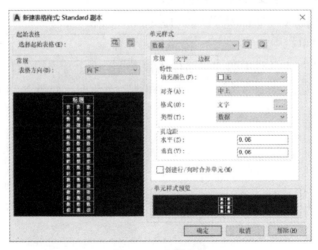

图2.29　创建新表格样式

图2.30　设置参数

②修改。单击"修改"按钮，用户可对当前表格样式进行修改，其方式与"新建表格样式"相同。

（2）创建表格。

调用创建表格命令主要有以下3种方法：

①在命令行中输入"TABLE"命令。

②先后选择菜单栏中的"绘图""表格"命令。

③单击"绘图"工具栏中的"表格"命令。

执行上述命令后，AutoCAD打开"插入表格"对话框，如图2.31所示。

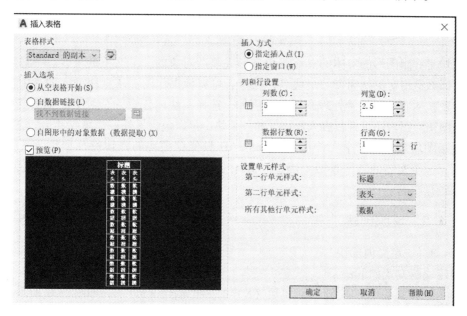

**图2.31　插入表格对话框**

对话框中的各选项的含义如下：

①表格样式。用户可以在下拉列表框中选择一种表格样式，也可以单击后面的"启动表格样式对话框"命令新建或修改表格样式。

②插入方式。选中"指定插入点"单选按钮，用户可以指定表左上角的位置。用户可以使用定点设备设置位置，也可以在命令行输入坐标值设置位置。如果将表的方向设置为由下而上读取，则插入点位于表的左下角。选中"指定窗口"单选按钮，可以指定表的大小和位置，可以使用定点设备设置，也可以在命令行输入坐标值设置。此时，行数、列数、列宽和行高取决于窗口的大小以及列和行的设置。

③列和行设置。用来指定列和行的数目以及列宽与行高。

在上面的"插入表格"对话框中进行相应设置后，单击"确定"按钮，系统在指定的插入点或窗口自动插入一个空表格，并显示多行文字编辑器。用户可以逐行逐列输入相应的文字或数据，在插入后的表格中选择某一个单元格，单击后出现钳夹点，通过移动钳夹点可以改变单元格的大小。

（3）编辑表格文字。

调用文字编辑命令主要有以下3种方法：

①在命令行中输入"TABLEDIT"命令。

②在快捷菜单中选择"编辑文字"命令。

③在表格单元内双击鼠标左键。

执行上述命令后，系统打开多行文字编辑器，用户可以对指定表格单元的文字进行编辑。

# 2.4 块

## 2.4.1 块的概述

图块是一组图形的实体的总称，块是形成复杂对象的一个对象的集合。一旦对象组成块，那么这组对象就拥有一个块名，操作者可以依据作图需求把块插入图片中任意指定的位置，从而进行相关处理和操作。例如，选择图块内任意一个对象，就相当于选中了整个图块。图块还可进行嵌入操作，如一个块中可以包含另外一个块或者几个块。

由于图块是作为一个实体插入，AutoCAD 只保存图块的整体特征参数，不保存图块中的每一个实体的特征参数。因此，在绘制相对复杂的图形时，使用图块还可以大大节省磁盘空间。

## 2.4.2 块的创建

### 2.4.2.1 定义内部块

创建块的方式如下：

（1）下拉式菜单："绘图"→"块（K）"→"创建（M）"，如图 2.32 所示。

（2）命令行：输入 BLOCK（或者使用快捷键"B"，再按回车键 Enter）。

（3）工具栏：点击默认界面左侧的绘图工具栏，点击"创建块"选项 ■ 。

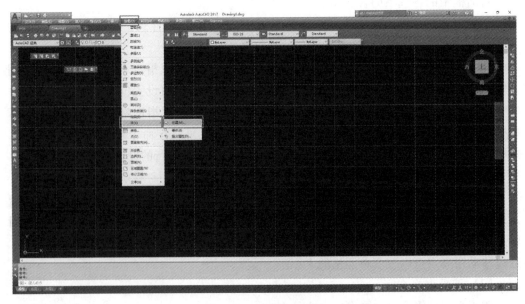

**图 2.32　创建块工具栏**

#### 2.4.2.2 操作步骤

输入创建块的命令后，AutoCAD 操作界面会弹出如图 2.33 所示的对话框。

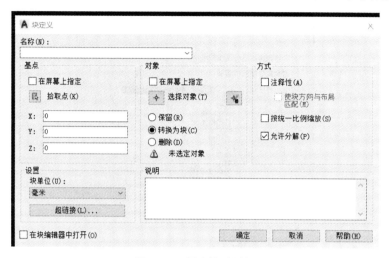

**图 2.33 创建块对话框**

名称框、基点栏、对象栏的含义如下：

（1）名称框。为图块定义一个名称。名称最多可以包含 31 个字符，包括字母、数字、空格及汉字等。图块名称可以是中文。

（2）基点栏。用于指定图块的插入基点，在插入时可以当作参考点，或者是在插入时与光标距离为"0"的点；若未指定基点，系统将其默认为坐标原点。

（3）对象栏。单击"选择对象"按钮，选择定义图块的对象，对话框暂时消失，用户可以在图上进行选择，选择完成后屏幕会再次弹出对话框。

对象栏的各选项含义如下（见图 2.34）：

①保留。当创建图块后保留原对象，即不改变定义图块原对象的任何参数。

②转换为块。当创建图块后，将原对象自动转换为图块。

③删除。与"保留"相反，当创建图块后，该选项用于自动删除原对象。

**图 2.34 对象栏**

"选择对象"右边是"快速选择"的按钮，单击此按钮，会出现如图 2.35 所示的对话框。

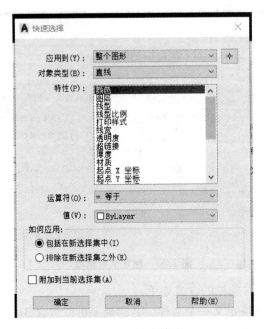

**图 2.35　快速选择**

设置栏的各选项含义如下：

①块单位。指定块参照插入单位，通常为毫米，也可以用其他单位。

②超链接。单击"超链接"，系统弹出对话框"插入超链接"，为定义的图块设定一个超链接，如图 2.36 所示。

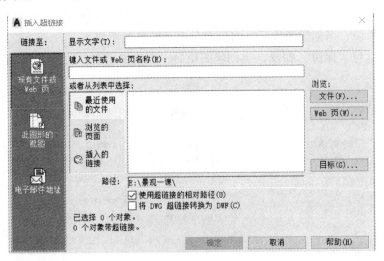

**图 2.36　超链接对话框**

方式栏用于指定块的行为，包括下列几个选项：

①注释性。选择该项，系统创建注释性块参照。注释性块参照和属性支持插入它们时的当前注释比例。

②使块方向与布局匹配。指定在图纸空间视口中的块参照的方向与布局的方向匹配。如果未选择"注释性"选项，则该选项不可用。

③允许分解。用于确定是否可用"分解"命令来分解图块，如不选该项，生成的图块将不能被分解。

④说明。用于给图块添加说明信息，一般也可不做说明。

⑤在块编辑器中打开。创建块后，用于确定是否在块编辑中打开图块进行编辑。

#### 2.4.2.2 定义外部块

外部块一般会用文件形式导入磁盘（文件后缀为.dwg）。用户一般用"WBLOCK"命令把图形的部分或者全部导入磁盘，这样其他文件也可用该块，这是外部块与内部块的一个重要区别。

（1）命令输入方法。

在命令输入栏中输入命令"WBLOCK"（也可使用快捷键"W"）。按回车键，系统将弹出"写块"菜单栏，其显示如图 2.37 所示。

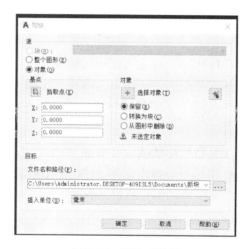

图 2.37 写块对话框

（2）"源"的作用。

对话框中的"源"区是用来定义外部块对象和插入点的。

①块。代表选择一个已经定义好的内部块要作为外部块内容。

②整个图形。代表整个图形成为一个外部块。

③对象。代表有选择地把对象作为外部块的内容，此操作与内部块的定义方法相同。

④目标。用户可以决定外部块的储存文件名称、路径、插入单位。

### 2.4.3 块的插入

此功能可以把定义好的图块（外部块和内部块）插入图形中，插入时可以同时改变图形的比例和旋转角度。

#### 2.4.3.1 插入外部或内部图块

（1）命令输入方法。

①在菜单栏中的"插入"命令中选择"块"的命令，其显示如图 2.38 所示。

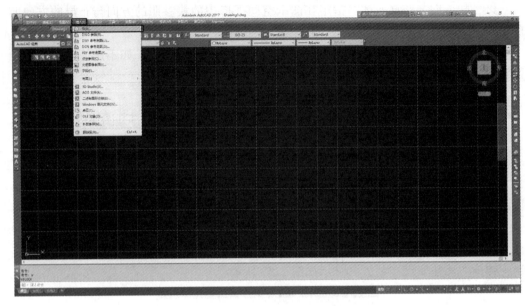

图 2.38　插入块工具栏位置

②在命令栏输入命令"INSERT"（也可使用快捷键命令"I"），按回车键。使用"INSERT"命令后每次可插入单个图块，还可为图块指定插入点、缩放比例和旋转角度等参数。执行"INSERT"命令后，系统将打开"插入"对话框，通过对话框的设置可将图块插入绘图区中。

③点击菜单栏左侧"工具栏"中的插入块按钮。

执行插入命令之后，操作界面会弹出如图 2.39 所示的对话框。选取要插入的块，然后点击"确定"。

图 2.39　插入块对话框

（2）"插入"对话框中选项的含义。

①名称。用户可以从列表中选择当前图形中已经定义的图块名，或者通过"浏览"按钮插入图块文件。

②路径。列出插入图块的路径。

③插入点。系统默认为"在屏幕上指定"，用户也可以直接输入坐标的绝对位置。

④缩放比例。系统默认为"在屏幕上指定",即在插入图块时通过命令栏输入缩放比例。用户也可以通过输入 X、Y、Z 的数值来指定不同方向上的缩放比例。若选定"统一比例"复选框,则可对图块进行整体比例缩放。

⑤旋转。系统默认为"在屏幕上指定",即在插入图块时通过命令栏输入旋转角度,也可以直接在"角度"文本框中输入旋转角度。

⑥分解。选中该复选框,则插入的图块将被分解。

### 2.4.3.2 图块以矩形阵列形式多重插入

命令输入方法:在命令栏中输入"MINSERT",按回车键。

输入命令后,命令栏将提示输入图块名称。若之前没有使用过插入图块,那么尖括号内将呈现问号;若之前使用过,那么系统会自动记录最近插入过的图块名称。如要阵列插入这个图块,则可以按回车键"Enter";若不是此情况,那么可以直接输入问号之后按两次回车键,系统会排列出全部的内部图块并给出一定的提示。图块的名称确定好后,系统的提示与一般插入的是一样的,不会再次重复提示。

注:使用"MINSRT"命令的阵列的图块不能使用"Explode"进行分解。因为图块是作为一个整体存在的,所以不能对阵列中的某一部分或者图块进行单独的编辑,但是却节省了储存空间。虽然系统不可以重复储存块的信息,但是系统可以储存图块插入的行数、列数、行间距、列间距等信息。

## 2.4.4 块的编辑

### 2.4.4.1 创建编辑块的方法

创建编辑块的方法如下:

①在菜单栏中选择"绘图",在下拉菜单栏中选择"块",再选择"定义属性",如图 2.40 所示。

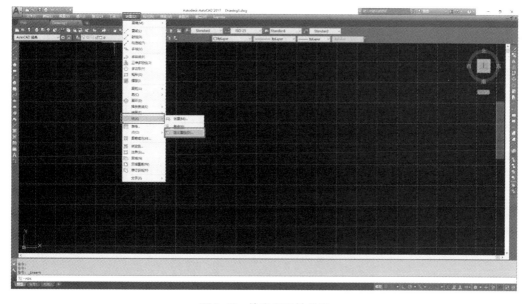

**图 2.40 块定义属性位置**

②在命令栏中输入"ATTDEF"（也可以使用快捷键"ATT"），按回车键。

### 2.4.4.2 "块"的属性定义

进行上述操作后，系统界面会弹出如图2.41所示的对话框。该对话框中选项的含义如下：

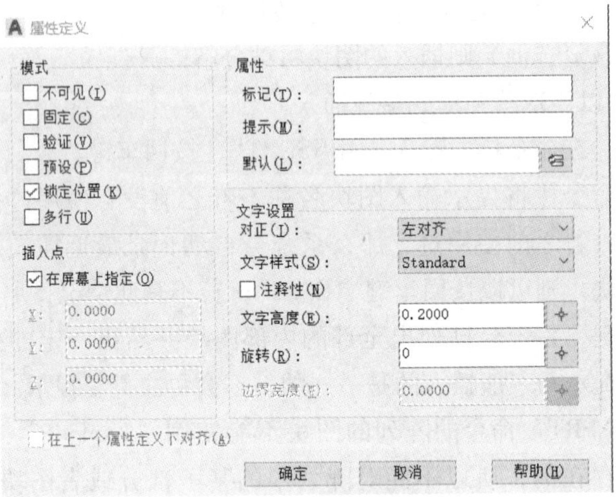

**图 2.41　块属性定义对话框**

（1）模式。

模式栏用于确定模式的属性。用户可以通过"不可见""固定""验证""预设"中的开关来确定属性是否采用可见、固定、验证、预设方式。

（2）属性。

属性栏用于确定属性的标记、提示及缺省值。用户可以在"标记"编辑框内输入属性标记，在"提示"编辑框内输入属性提示，在"值"编辑框内输入属性的缺省值。

（3）插入点。

插入点栏用于确定属性文本排列时的参考基点。用户可以用默认的方法在屏幕上指定，也可以在"X""Y""Z"所对应的编辑框内输入参考点的位置。

（4）文字设置。

文字设置栏用于确定属性文本的格式。该栏中各项的含义如下：

①对正。将文本相对于参考点的排列形式确定下来。用户可以在下拉列表中选择。

②文字样式。确定属性文本的样式。

③高度。确定属性文本字符的高度。

④旋转。确定属性文本行的倾斜角度。

# 2.5 外部参照和光栅图像

外部参照是指将其他图形链接到本图形中。将一个图形作为外部参照物插入后，插入图形会根据原图形发生改变而更新。有外部参照物的图形能反映出外部参照文件的最新的编辑情况。与块的引用相同，外部参照可作为单个对象在当前图形中显示。外部参照对于当前图形文件的大小影响较小，外部参照物不可以被分解。

光栅图像的定义是最小单位由像素构成的图，只有点的信息，其缩放时会失真，实则就是图片。

## 2.5.1 插入外部参照

### 2.5.1.1 外部参照输入操作

①在菜单栏中选择"插入"，再点击"DWG 参照（R）"，如图 2.42 所示。
②在命令栏中通过输入"XATTACH"命令插入 DWG 文件。

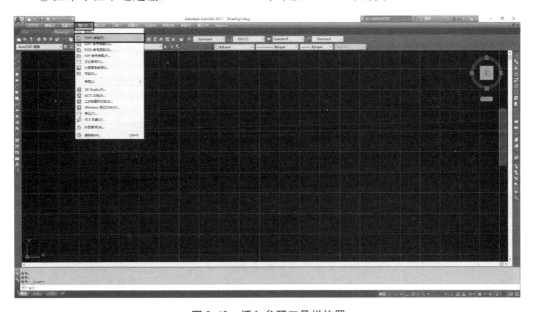

**图 2.42 插入参照工具栏位置**

用户也可以插入 DWF、DGN、PDF 格式的参考图，操作方法同上，选择"插入"中的其他"参考底图"选项即可。

### 2.5.1.2 插入参照图输入操作

①点击"DWG 参照（R）"后，会弹出如图 2.43 所示的对话框。

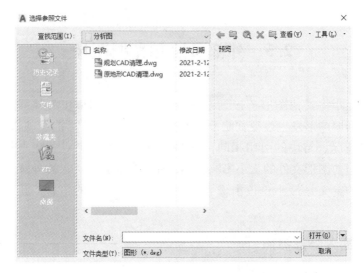

**图 2.43　选择参照文件对话框**

②选择需要插入的 DWG 文件，点击"打开"，会弹出如图 2.44 所示的对话框。

**图 2.44　选择参照文件**

③选择参照类型，点击"确定"，将外部参照图形插入窗口。

当插入外部图形时，插入坐标点为（0，0，0），用户也可通过命令"BASE"或者下拉菜单"绘图块"重新定义基点。

### 2.5.2　编辑外部参照

#### 2.5.2.1　删除外部参照物

输入命令"XFER"，在参照列表中选择要删除的外部参照物，右击选中"拆离"按钮。

#### 2.5.2.2　卸载外部参照物

输入命令"XFER"，在参照列表中选择要卸载的外部参照物，右击选中"卸载"按钮，如图 2.45 所示。

图 2.45　卸载外部参照物

注：拆离与卸载不同。外部参照拆离后，当前图形符号表会清除掉所有外部参照的信息。而卸载不是永远删除外部参照，只是抑制外部参照其定义的显示与重新生成。

#### 2.5.2.3　重载外部参照

输入命令"XFER"，在参照列表中选择要重载的外部参照物，右击选中"重载"按钮。

#### 2.5.2.4　绑定外部参照

输入命令"XFER"，在参照列表中选择要绑定的外部参照物，右击选中"绑定"按钮。系统将显示绑定对话框，选择"绑定"，单击确定按钮；若选择"插入"将会用相似于拆离与插入参照图形的方法插入当前图形。当用户将外部参照绑定到图形上时，外部参照将成为图形固有的一部分而不再是外部参照，外部参照将变为块，当更新外部参照时该部分将不随着更新，如图 2.46 所示。

图 2.46　绑定参照物

### 2.5.3　光栅图像的应用

#### 2.5.3.1　光栅图导入

（1）调用光栅图像文件。

①选择菜单栏中的"插入"，选择插入"光栅图像"，如图 2.47 所示。

②在命令栏中输入命令"IMAGEATTACH"，按回车键。

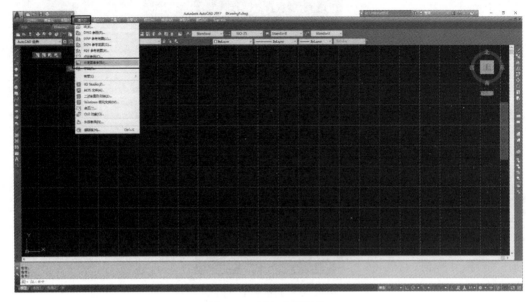

图 2.47　插入光栅图像

（2）系统将弹出如图 2.48 所示的"选择参照文件"对话框，选择所需文件，并点击"打开"。

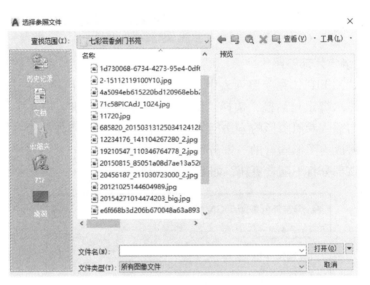

图 2.48　打开参照文件

（3）打开所需图片，弹出"附着图像"对话框（如图 2.49 所示），选择"在屏幕上指定"，点击确定。

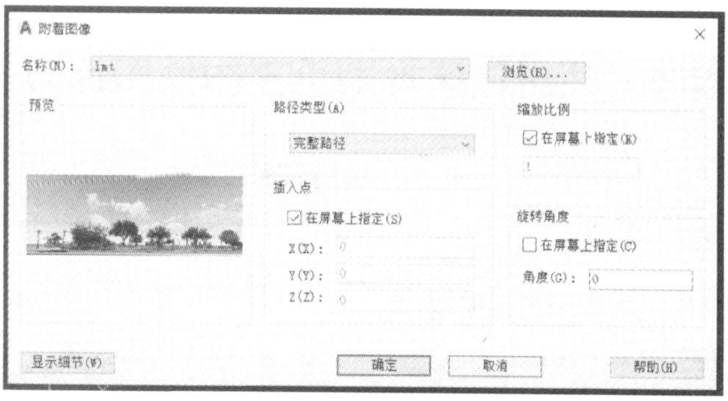

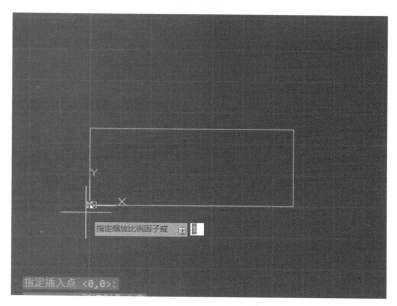

图 2.49　选择插入点

（4）在图形中指定插入点，并选择框图像的比例。用户可以根据需要设置路径类型，如图 2.50 所示。

制定插入点后，用户可拖动鼠标确定插入的图形的大小。命令栏中会显示【IMAGEATTACH 制定缩放比例因子或［单位（U）］<1>:】，输入比例数字，按回车键。系统会按照输入的比例在模型中生成光栅图像。

图 2.50　制定插入点

# 2.6 某居住区规划总平图绘图练习

## 2.6.1 绘制前准备

（1）设置图层及样式（见图 2.51）。

图 2.51 设置图层及样式

（2）设置标注样式（见图 2.52）。

图 2.52 设置标注样式

## 2.6.2 绘制图形

（1）绘制居住区红线范围（见图2.53）。

图2.53 绘制居住区红线范围

（2）绘制主要建筑及道路（见图2.54）。

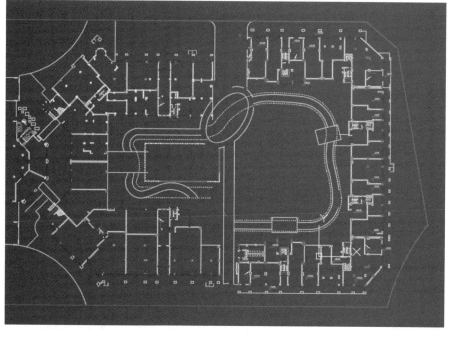

图2.54 绘制主要建筑及道路

### 2.6.3 居住区景观平面细节图绘制

（1）绘制景观细节，如水景、树池、景石、汀步、亭廊等（见图2.55）。

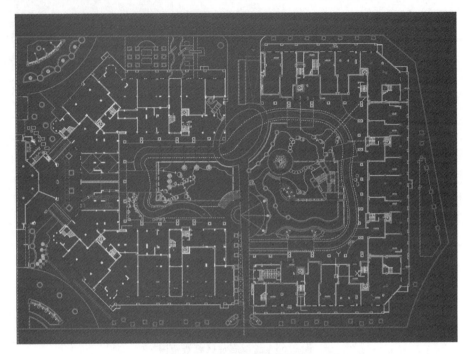

图 2.55　绘制景观细节部分

（2）绘制铺装及地形（见图2.56）。

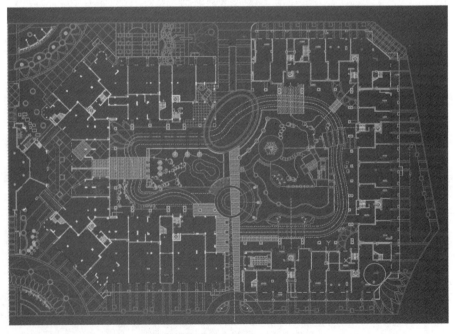

图 2.56　绘制铺装及地形

（3）添加文字及标注（见图 2.57）。

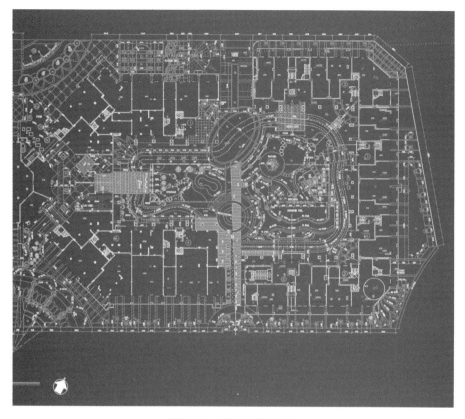

图 2.57　添加文字及标注

# 3

# 布局与输出操作

## 3.1　布局空间

AutoCAD 2017 的工作环境分为"模型"和"布局"两种空间类型，用户可以通过点击命令栏下方的"模型""布局"进行切换。通常，我们是在"模型"中绘制图形的，在模型空间中按照输入设定的 1∶1 比例进行图形绘制。在输出图像时，我们会根据施工图纸中的合适比例进行缩放，从而满足布图需求。例如，在一张 A3 图纸中，我们需要布置 1 个 1∶100 的景墙剖面，布置 3 个 1∶50 的座椅剖面，这样的情况在"模型"中的操作就会显得非常复杂，特别是在比例大小变化很多的情况下，此时利用好"布局"空间就显得尤为重要。

### 3.1.1　创建布局

"布局"（layout）是 AutoCAD 中的一种图形空间环境，用户可以将不同比例的图形布置在同一个空间中，方便打印。

一个文件可以包含多个布局空间，新建文件通常会有两个默认布局空间，用户可以根据需求创立更多新的布局空间，并重新命名。创建布局的方法一般有以下几种：

①先后选择菜单栏中的"插入"→"布局"→"新建布局"，如图 3.1 所示。

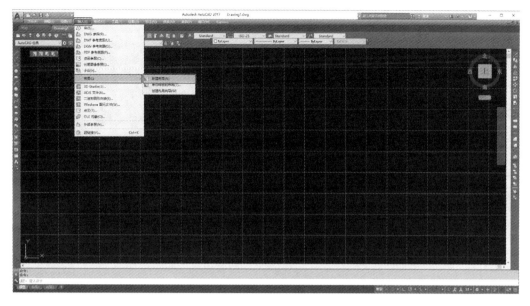

图 3.1　新建布局

②在命令输入栏中输入"LAYOUT",按回车键。

③在 AutoCAD 2017 空间切换区域用鼠标右键选择"新建布局"。

按照上述方法创建布局后,用户可以根据窗口的命令提示信息进行设置:

输入布局选项［复制（C）/删除（D）/新建（N）/样板（T）/重命名（R）/另存为（SA）/设置（S）/?］<设置>:

输入命令: NEW

新布局名 <布局 3>: 新布局的名称

在输入了新布局名称之后,用户可以看到 AutoCAD 窗口绘图区新增了一个布局窗口,流程如图 3.2 所示。

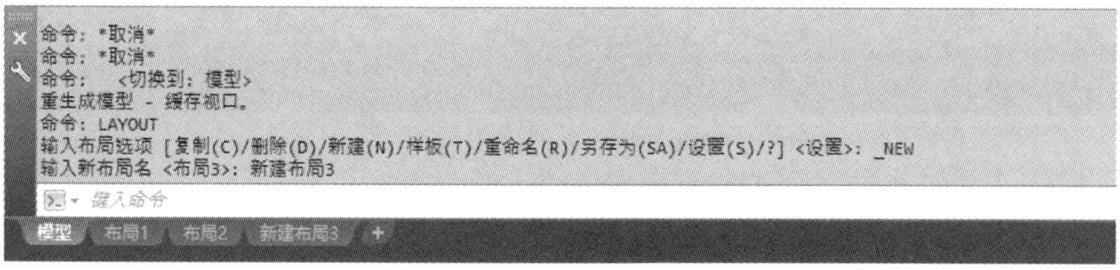

```
命令: *取消*
命令: *取消*
命令: <切换到: 模型>
重生成模型 - 缓存视口。
命令: LAYOUT
输入布局选项 [复制(C)/删除(D)/新建(N)/样板(T)/重命名(R)/另存为(SA)/设置(S)/?] <设置>: _NEW
输入新布局名 <布局3>: 新建布局3
图· 键入命令
模型　布局1　布局2　新建布局3　+
```

图 3.2　布局窗口

### 3.1.2　空间布局操作

在绘图窗口中,为了在同一布局中打印输出不同比例的图形,用户需要对空间布局。假设我们现在需要布局两张 A0 图纸大小的居住区平面图,其中一张是 A0 画幅的总平面图,另一张是多个平面节点放大图,空间布局的基本设置操作如下:

（1）打开第 2 章绘制的某居住区规划总平 CAD 图,在"模型"中的呈现效果如图 3.3 所示。

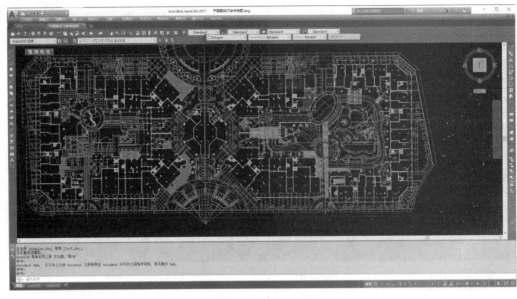

图 3.3　打开图纸

（2）单击绘图区左下方"布局 1"，画面切换至布局图纸空间，如图 3.4 所示。

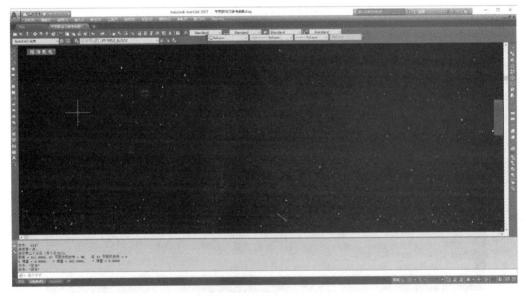

图 3.4　布局图纸空间

（3）绘制一个标准的 A0 绘图框，因图框标准会有差别，在实际绘图过程中，用户根据相关标准绘制图框即可。在此示范图框中只绘制大致框架，如图 3.5 所示。

（4）按照图纸要求，布局一张全幅的总平面图，操作方法有以下两种：

①先后点击菜单栏中的"视图"→"视口"→"一个视口"。

②在命令栏中直接输入"MVIEW"，按回车键。

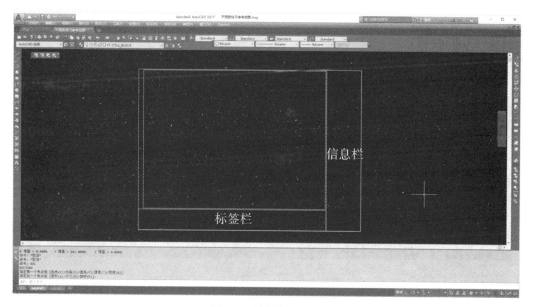

图 3.5　绘制标准图框

（5）将十字光标移动到绘图窗口时会发现，布局页面中的十字光标出现了"指定视口角点"的选项，在刚才所绘制的 A0 图框绘图区域通过点击左上角与右下角区域确定视口大小，所建立的视口将出现"模型"中所绘制的内容，画面如图 3.6 所示。

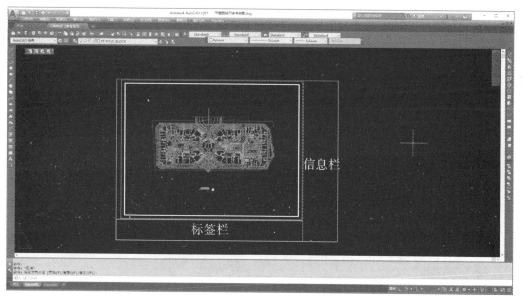

图 3.6　建立的视口

（6）"视口"是可以被编辑和删除的，双击视口中任意位置进入视口，在右下角会显示现视口中图形比例 ，用户可以根据需求将视口图形调整至合适的比例状态，如图 3.7 所示。

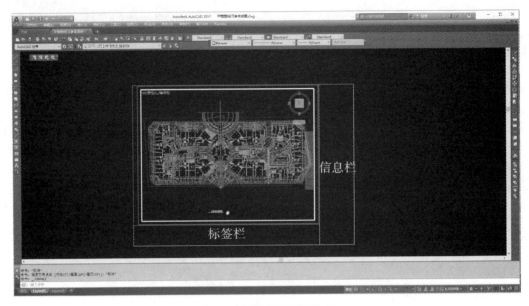

**图 3.7　调整视口图形比例**

调整视口中图形的大小有以下几种方法：

①点击右下角工具栏中"选定视口比例"，在弹出的菜单栏中选择适当的比例，如图 3.8 所示，也可以在"自定义"中设定新的比例。

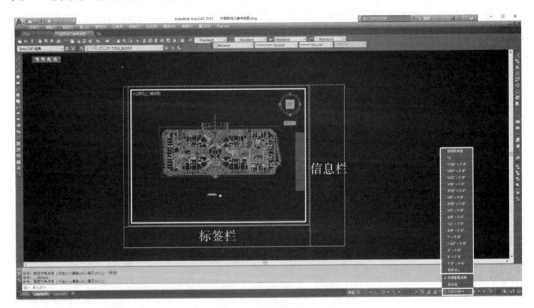

**图 3.8　选定视口比例**

②点击视口边框，边框的四个边角出现蓝色小方块时，点击右键弹出菜单栏，选择"特性"，如图 3.8 所示操作。在弹出的"特性"菜单栏中，如图 3.9 所示。用户可以对图层进行选择并编辑，点击"自定义比例"，输入所需的比例值（见图 3.10）。

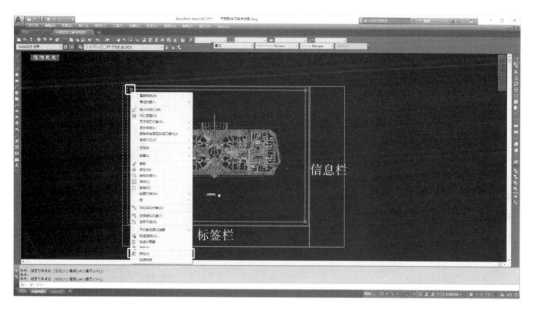

图 3.9 "特性"菜单栏

图 3.10 自定义比例

"视口"是可以被编辑的，框选"视口"，进行"复制"命令操作，即可得到一个新的相同的"视口"图，如图 3.11 所示，此时的视口是相关的，在任意一个视口中编辑图形，其他视口均会发生相同的改变。

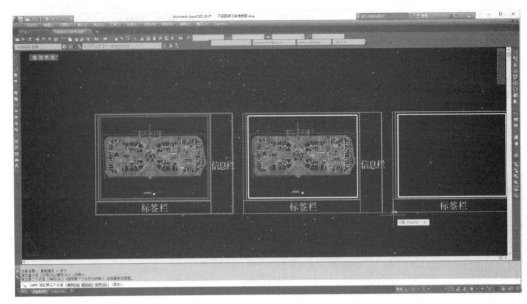

图 3.11　复制视口

在第二张 A0 图纸中，假设需要将 4 个不同比例的平面节点放大，要布局多个视口，可以通过以下操作完成：

①按第一张图中的相同操作，完成 4 个视口的操作；也可直接单击视口外框，当 4 个边角出现蓝色小方块，拖动小方块即可改变视口大小，如图 3.12 所示。

②按第一张图中的相同操作，可以在第二张 A0 图纸上按需求比例确定节点，从而放大平面图视口，如图 3.13 所示。

③选中当前"视口"图形，用"复制"（COPY）命令将视口复制出来，再重复第一张图的相同操作流程，得到如图 3.14 所示的效果图。

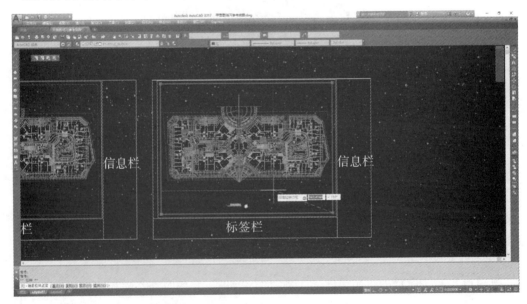

图 3.12　改变视口大小

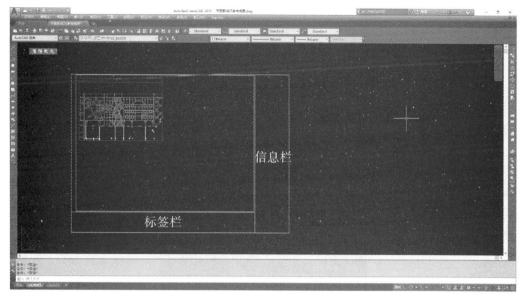

图 3.13 放大平面图视口

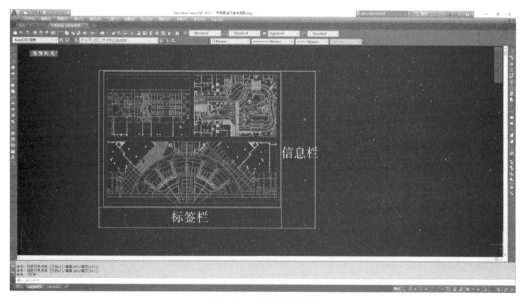

图 3.14 视口调整效果

在"视口"中，鼠标滚轮的滚动会让视口比例发生变化。如果需要固定视口比例，只放大或缩小图框内的整体图形，其操作如下：

①点击需要锁定的"视口"单元，"视口"被选择后其四角出现蓝色小方块。

②点击鼠标右键，在菜单栏中选择视口"特性"工具栏。

③在"特性"工具栏中找到"其他"栏中的"显示锁定"菜单，在下拉菜单栏中选择"是"，如图 3.15 所示，即可锁定视图比例。

图 3.15　锁定视图比例

用户在进行图纸空间布局操作时需要注意以下一些问题：

①对于需要修改的图形，在"模型"中修改，不要在"布局"中修改。

②在"布局"中如果已经确定好了视口图形，不要在模型空间中调整图形位置，否则在布局空间中的"视口"的图像也将发生变化。

③在"视口"中确定好比例之后，双击视口图像进入编辑程序后不要再滚动鼠标滚轮或使用"屏幕缩放"功能，此时的操作会打乱之前调整好的图像比例。如果进行了此类操作，需重新调整。

# 3.2　输　出

图纸绘制完成后，需要输出图纸，用于打印出图。用户也可以将其虚拟打印成图像模式（JPG、PDF、BMP 等格式），在 Photoshop 等绘图软件中进行后续操作。

## 3.2.1　输出操作

AutoCAD 图形打印的操作模式如下：

（1）先后点击菜单栏中的"文件"→"打印"，如图 3.16 所示。

（2）在工具栏中直接点击打印图标 ，如图 3.17 所示。

（3）在命令栏中输入命令"PLOT"，按回车键。

（4）同时按 Ctrl+P 键。

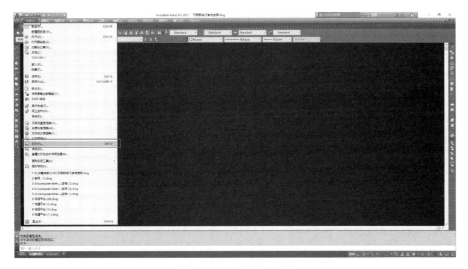

图 3.16　菜单栏-打印

图 3.17　工具栏打印

系统弹出"打印页面设置"菜单栏（见图 3.18），该菜单栏中选项含义如下：

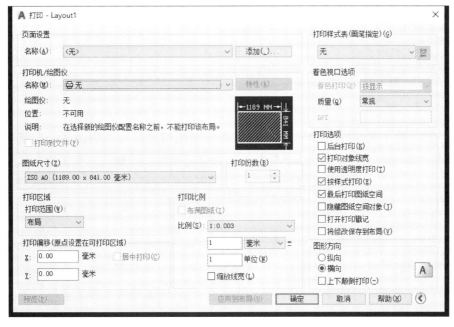

图 3.18　打印页面设置

#### 3.2.1.1 页面设置

"打印页面设置"对话框会显示当前打印的布局名称，并显示当前打印页面的各项设置，用户可以对打印要求进行调整。在页面设置栏，用户可以选择上一次打印设置的参数，直接选择"上一次打印"即可，如图3.19所示。用户也可以添加新的页面设置，点击"添加"，弹出的"添加页面设置"对话框如图3.20所示。

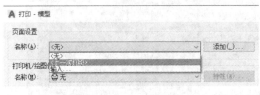

图 3.19　上一次打印

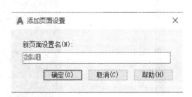

图 3.20　添加新的页面设置

#### 3.2.1.2 打印机/绘图仪

在"打印机/绘图仪"一栏中，用户可以选择打印时需要的打印设备，如图3.21所示。右侧的"特性"选项可以对所选择的打印机进行"绘图仪配置"编辑，即对定义的图纸尺寸进行校对功能选择，如图3.22所示。

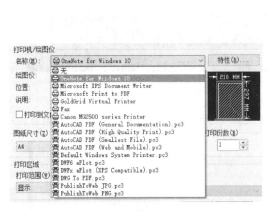

图 3.21　选择打印设备

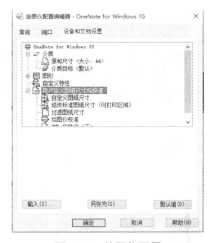

图 3.22　绘图仪配置

#### 3.2.1.3 图纸尺寸

在选择了打印机/绘图仪后，用户可以在"图纸尺寸"一栏中选择打印纸张的尺寸，如图3.23所示。用户应根据实际情况选择合适尺寸，以避免发生图纸打印不全等情况。"打印份数"一栏则可以调整所需要打印图纸的份数，当选择打印到文件时，此选项不可用。

#### 3.2.1.4 打印区域

用户可以在"打印区域"栏中选择需要打印的图纸的范围，打印范围有显示、窗口、范围、图形界限4种，默认的打印范围为"显示"。若需要更改，则在下拉菜单中单击对应选项即可，如图3.24所示。"显示"，即打印区域为当前图形窗口显示的内容；"窗口"，即需要框选一个范围作为打印区域，该范围可以进行更改；"范围"，即打印所有图形；"图形界限"，即LIMITS设置的范围。

图 3.23　图纸尺寸

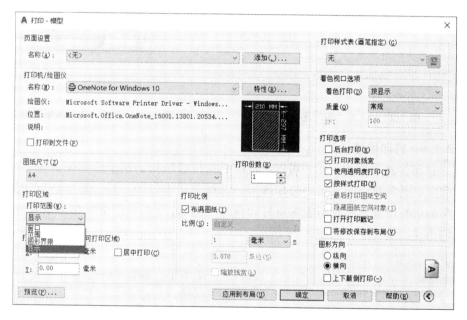

图 3.24　打印范围

### 3.2.1.5　打印比例

用户可以在"打印比例"栏中对图纸的打印比例进行设置和调整。勾选"布满图纸"选项时，系统将自动根据图形的打印范围把图形布满纸张，但此时的图纸比例为系统自动确定的，用户不能对比例进行调整（见图 3.25 和图 3.26）。如果对比例有要求，用户需要取消"布满图纸"的选择，根据需要自定义图纸比例（见图 3.27 和图 3.28）（注：图 3.26 和图 3.8 中最外围的红色边框为视口框，隐藏视口框的操作如下：新建图层命名为"视口"，将视口框选中，放入"视口"图层，冻结"视口"图层）。

"缩放线宽"选项用于控制线宽是否按打印比例缩放。一般情况下，打印时图形中的各实体按图层中指定的线宽来打印，不随打印比例缩放。

3

布局与输出操作

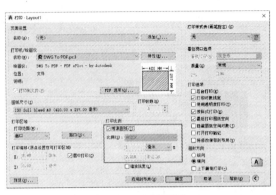

图 3.25 布满图纸

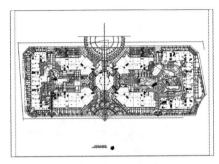

图 3.26 布满图纸效果

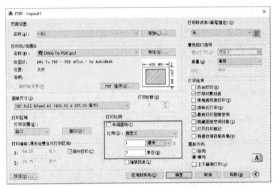

图 3.27 取消"布满图纸"

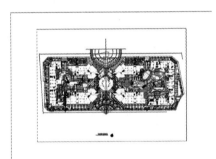

图 3.28 取消"布满图纸"效果

### 3.2.1.6 打印偏移

在"打印偏移"栏中，用户可以设置图纸在打印纸张上基于原点在 X 轴、Y 轴上的偏移程度。通常我们选择居中打印即可，选择"居中打印"后，系统将自动把图形放在纸张的中心位置，此时不能编辑打印偏移中的 X、Y。在图纸偏移出纸张范围时，预览区将出现红线提醒，如图 3.29 所示。

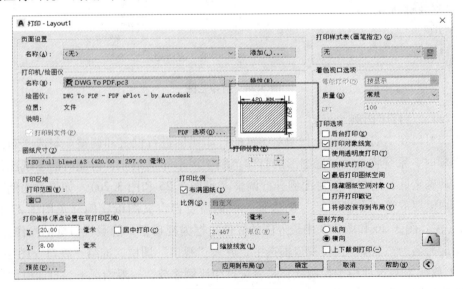

图 3.29 打印偏移

#### 3.2.1.7 预览

在设置好打印的各项参数后，用户可以通过打印面板左下角的"预览"查看图纸，确定无误后即可点击预览空间右上角工具栏中的 ![img] 进行打印；若需要修改，则可点击 ![img] ，回到打印设置面板进行修改。

## 3.2.2 图纸输出

### 3.2.2.1 虚拟打印机设置

AutoCAD 的虚拟打印可以生成供图像处理软件（Photoshop 等）使用的图像文件，进行该操作需要使用输出图像文件的虚拟打印机，下面将介绍如何在 AutoCAD 中设置虚拟打印机。

（1）单击菜单栏中的"文件"→"绘图仪管理器"，则会打开如图 3.30 所示的窗口，双击其中的"添加绘图仪向导"。

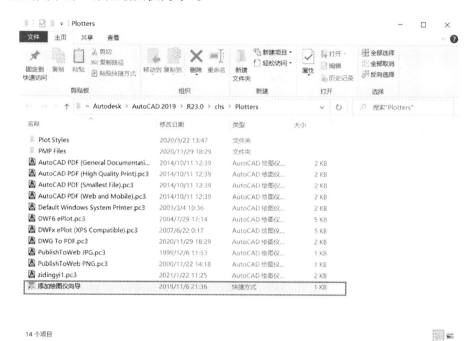

**图 3.30 添加绘图仪向导**

（2）双击"添加绘图仪向导"后，弹出如图 3.31 所示的对话框，点击下一步，进入如图 3.32 所示的对话框。在该对话框中选择"我的电脑"选项，然后单击"下一步"，进入下一个窗口。

图 3.31　添加绘图仪向导对话框

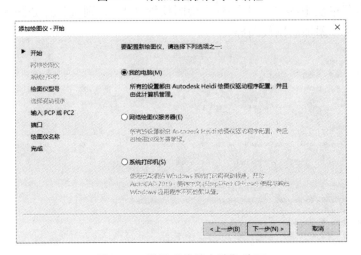

图 3.32　选择"我的电脑"选项

（3）进入如图 3.33 所示的窗口后，在"生产商（M）"窗口中选择"光栅文件格式"，然后在"型号（O）"窗口中选择"TrueVision TGA Version 2（非压缩）"。用户也可以根据自己的实际需要选择相关的图像文件格式。检查无误后单击"下一步"，进入下一个窗口。

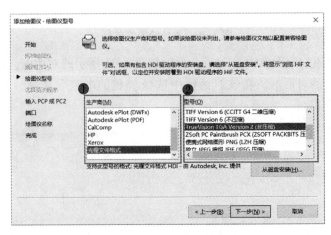

图 3.33　选择图像文件格式

（4）进入如图 3.34 所示的窗口后，单击"下一步"，进入下一个对话框，如图 3.35 所示。在该对话框中选择"打印到文件"，然后单击"下一步"，进入下一个对话框。

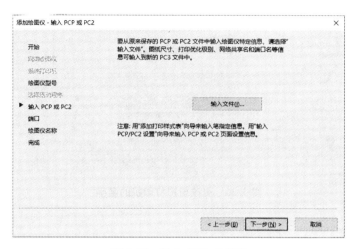

**图 3.34　输入 PCP 或 PC2**

**图 3.35　打印到文件**

（5）进行如图 3.36 所示的窗口后，可以在"绘图仪名称"的输入框中更改虚拟打印机的名字，以便进行识别和选择，设置好后单击"下一步"，进入下一窗口。

（6）进入如图 3.37 所示的窗口中后，单击"编辑绘图仪配置"选项，会弹出如图 3.38 所示的命令窗口，在"设备和文档设置"中单击"图形"左边的"+"号，选择展开选项中的"矢量图形<颜色：256 级灰度><分辨率：100 DPI><抖动：不可用>"，将颜色深度选择为"单色（M）"，结果如图 3.39 所示。另外，单色模式的设置很重要，在使用 Photoshop 处理图形时不易处理彩色线条图，因此不需要导出彩色底图；在导出比较复杂的图纸时，彩色图形的导出会比较耗时间。

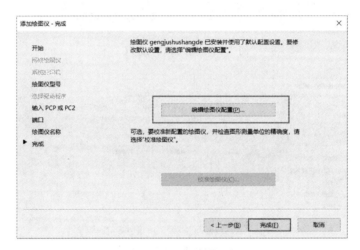

图 3.36　更改虚拟打印机的名字

图 3.37　编辑绘图仪配置

图 3.38　设备和文档设置

图 3.39　选择颜色深度

（7）完成上一步设置后，继续在窗口中选择"自定义图纸尺寸"，如图 3.40 所示，然后在弹出的如图 3.41 所示的窗口中选择"创建新图纸"，单击"下一步"，进入下一窗口。

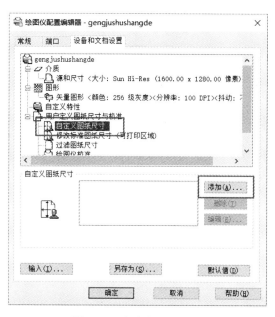

图 3.40　自定义图纸尺寸

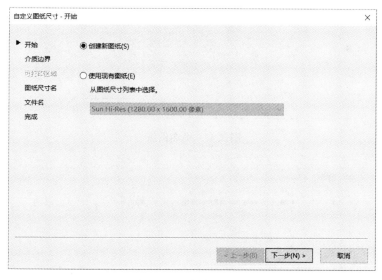

图 3.41　创建新图纸

（8）进入如图 3.42 所示的窗口后，将宽度、高度分别设置为 8 000，然后将单位设为"像素"。设置好后单击"下一步"，进入下一个窗口，如图 3.43 所示。在该窗口中用户可以对图纸尺寸进行命名，通常使用默认名称即可。单击"下一步"，进入如图 3.44 所示的窗口。继续单击"下一步"，进入如图 3.45 所示的窗口。单击"完成"按钮，返回绘图仪配置编辑器窗口。

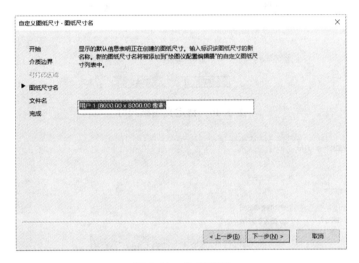

**图 3.42   设置宽度、高度**

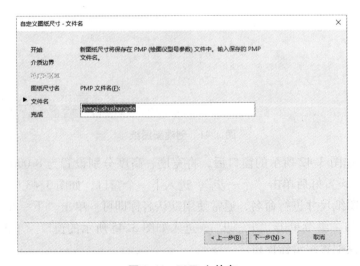

**图 3.43   命名图纸**

**图 3.44   PMP 文件名**

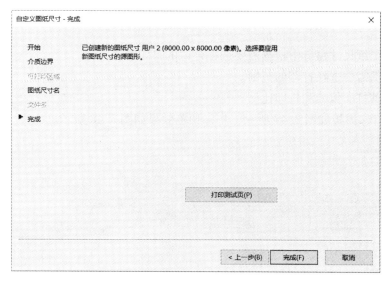

图 3.45  完成图纸尺寸编辑

（9）回到如图3.46所示的"绘图仪配置编辑器"中，用户可以在"自定义图纸尺寸"的列表中看到我们刚添加的尺寸。

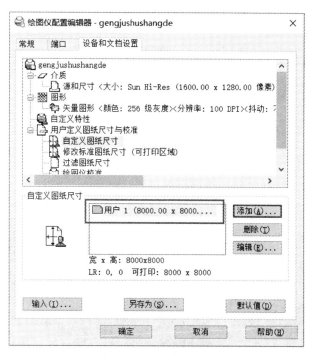

图 3.46  绘图仪配置编辑器

（10）确认设置无误后，单击"绘图仪配置编辑器"上的"确定"按钮，回到"添加绘图仪—完成"窗口，单击"完成"按钮，用户可以看到刚才命名的"打印机"。此时虚拟打印机设置完成。

### 3.2.2.2  PDF 格式图形文件输出

在 AutoCAD 中，用户可以将图形文件导出为 PDF 格式，具体操作如下：

（1）同时按"Ctrl+P"调出打印面板，在"打印机/绘图仪"窗口中选择"DWG To PDF.pc3"。

（2）在图纸尺寸窗口中根据需要选择合适的打印纸张。

（3）根据需要选择打印的范围。

（4）调整打印偏移和打印比例。

此时，打印面板如图 3.47 所示，打印预览效果如图 3.48 所示。

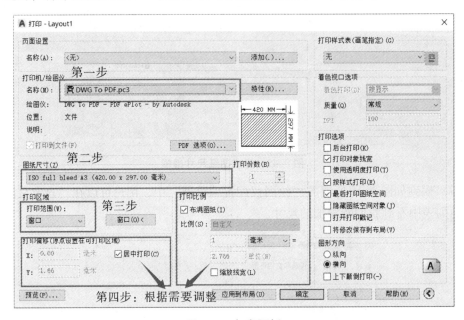

图 3.47　打印面板

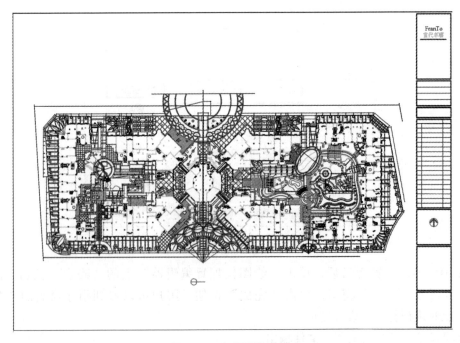

图 3.48　打印预览效果

（5）如果需要将文件打印为黑白效果，在"打印样式表（画笔指定）"的下拉菜单中选择"monochrome.ctb"，如图 3.49 所示。然后单击旁边的 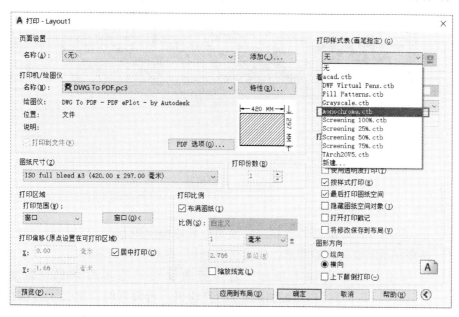 按钮，进入如图 3.50 所示的面板中。选中该面板"打印窗口"中的 255 种颜色，然后把右方"特性"面板中的"颜色"改为"黑"，如图 3.51 所示。若无特殊要求，其余选项保持默认即可；如果对某一部分有要求，则可以按照相应要求进行更改。设置完成后点击"保存并关闭"。

图 3.49　打印样式表（画笔指定）

图 3.50　monochrome. ctb 面板

图 3.51　更改颜色

（6）完成设置后，单击"预览"进行初步检查（见图 3.52），检查无问题后即可输出图形。

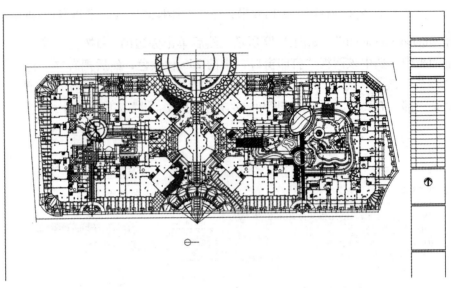

图 3.52　打印预览

### 3.2.2.3　光栅文件输出

用户可以利用 AutoCAD 进行光栅文件输出，具体操作如下：

（1）整理好所需要打印的图形，使用"Ctrl+P"执行打印命令。

（2）在打印窗口进行如下操作：选择前面设置的虚拟打印机［默认名为"TrueVision TGA Version 2（非压缩）.pc3"的打印机。若设置时自定义了打印机的名称，找到对应名称的打印机即可］；弹出"未找到图纸尺寸"警告窗口时，单击"确定"按钮，关闭即可；在"图纸尺寸"中选择"用户 1（8 000.00×8 000.00 像素）"，或者选择自己定义的像素单位；根据需要，选择打印范围，调整打印比例。设置后的面板如图 3.53 所示。

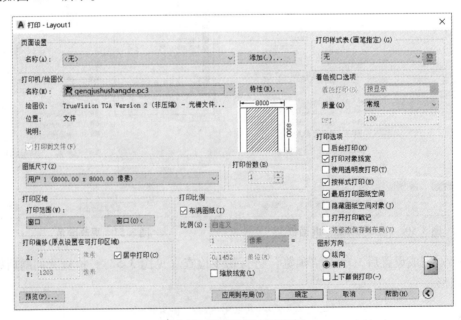

图 3.53　设置后的打印面板

（3）在"打印样式表（画笔指定）"下面的列选框中选择"新建"，在弹出的窗口中选择"创建打印样式表"，如图 3.54 所示。然后单击"下一步"，进入下一个窗口。

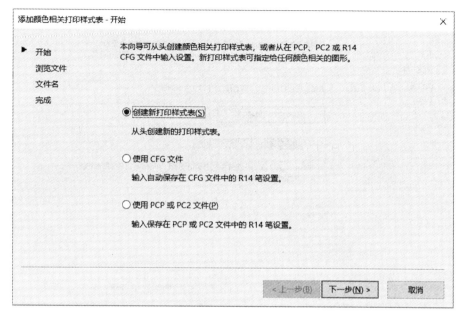

**图 3.54　创建打印样式表**

将弹出的窗口中的"文件名"修改为"黑白图像"，如图 3.55 所示。然后单击下一步，进入下一个窗口。

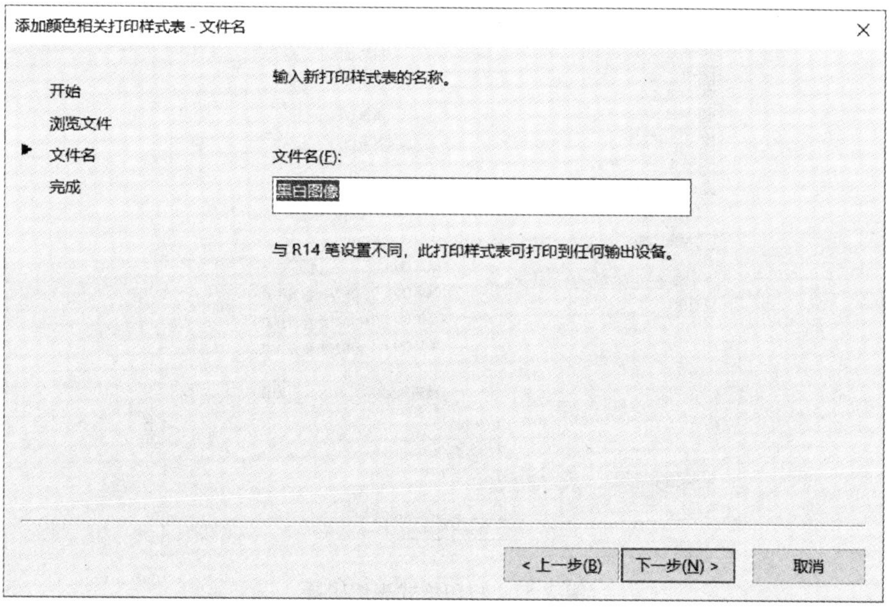

**图 3.55　修改文件名**

在新窗口中单击"打印样式表编辑器"按钮，如图 3.56 所示。系统将会弹出与图 3.57 相同的窗口。选中所有的 255 种颜色，将"特性"中的颜色改为"黑"；然后将笔号和虚拟笔号均改为 7，将线宽改为 0.150 0 毫米（线宽设置可根据实际需求进行选择），其余选项保持不变，面板如图 3.57 所示。单击"保存并关闭"，回到图 3.56 的面板中，单击"完成"，返回打印面板。

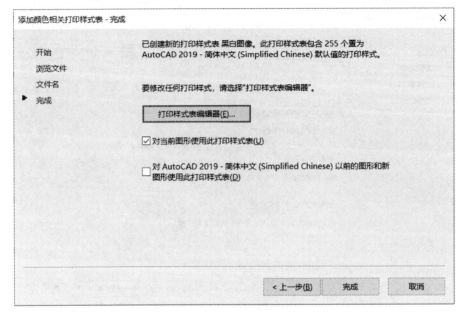

图 3.56　添加颜色相关打印样式表

图 3.57　打印样式表编辑器

（4）完成以上设置后可以进行预览，效果如图 3.58 所示。确定无误后可进行打印。系统会询问图像文件保存的位置，指定位置后可修改图像文件名称，然后点击保存，完成光栅文件输出，如图 3.59 所示。用户可以看到在此操作下输出的图像为 tga 格式。

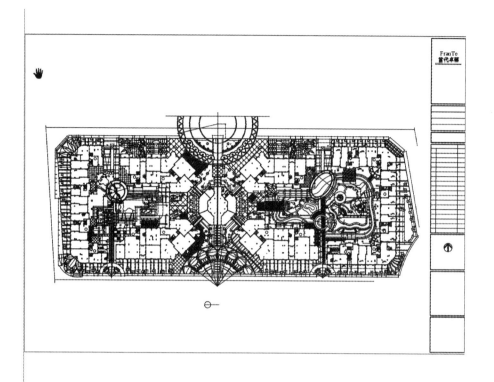

图 3.58　预览效果

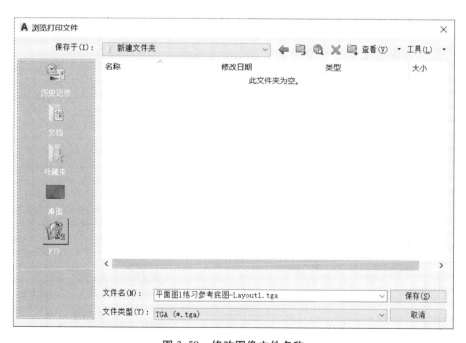

图 3.59　修改图像文件名称

# 3.3 输出操作练习

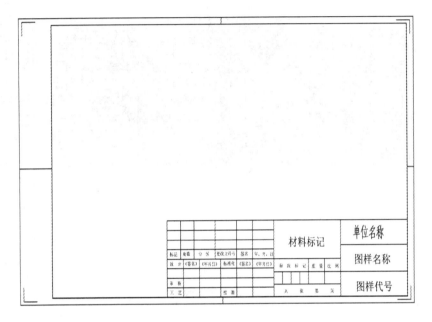

（1）如图 3.60 所示，利用 AutoCAD 绘制一张 A4 尺寸的标准图框。

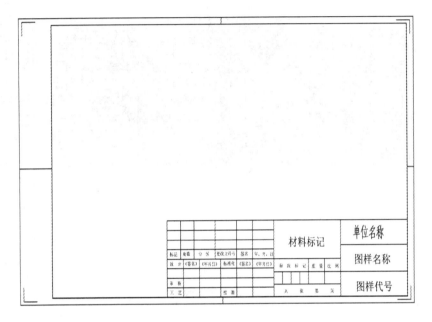

**图 3.60  A4 尺寸图框**

（2）在绘制的图框中，为第 2 章中的居住区规划图布局 2 个适当比例的平面图，如图 3.61 和图 3.62 所示。

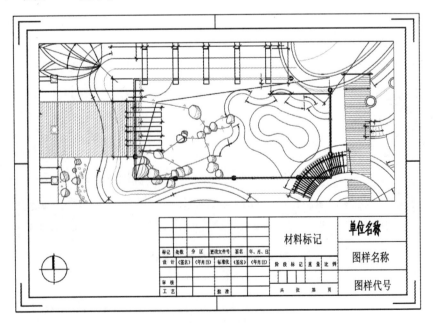

**图 3.61  某居住区规划平面放大图 I**

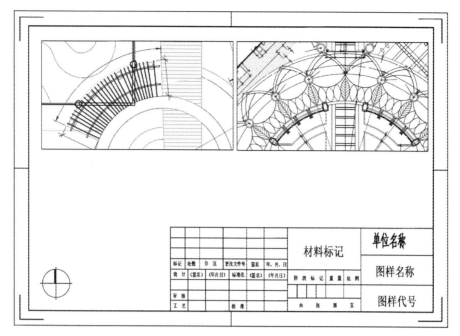

| 标记 | 处数 | 分 区 | 更改文件号 | 签名 | 年、月、日 | 材料标记 | | 单位名称 |
|---|---|---|---|---|---|---|---|---|
| 设 计 | (签名) | | (年月日) | 标准化 | (签名) | (年月日) | | 图样名称 |
| | | | | | 阶 段 标 记 | 重 量 | 比 例 | |
| 审 核 | | | | | | | | 图样代号 |
| 工 艺 | | | 批 准 | | 共 张 | 第 页 | | |

图 3.62　某居住区规划平面放大图Ⅱ

（3）将布局的图 3.61 和图 3.62 分别输出为 PNG、PDF、JPG 格式的文件。

# 第二篇
## GIS 制图基础

# 4

## GIS 概述

## 4.1 GIS 的相关概念

### 4.1.1 什么是 GIS

GIS 是地理信息系统（geographic information system）的简称，是在计算机软件和硬件系统的支持下采集、储存、管理、分析、显示和描述整个或者地球表层（包括大气层）空间中的有关空间分布的数据的技术系统。GIS 起源于地图学，是一门交叉学科。GIS 是由计算机系统、地理数据和 GIS 人员组成的，通过对地理数据的处理为土地利用、资源管理、经济建设、交通运输、环境监测、城市规划以及政府部门行政管理提供新的知识，为工程设计和规划、管理决策服务。GIS 是由硬件和软件构成的集合体，具体解析如下：

（1）计算机硬件平台：由于空间数据储存与处理对计算机的要求比较高，GIS 曾经一度被限定于大型计算机或者昂贵的工作站应用，但是经过不断的优化更新，现在已经能在常见的个人电脑中运行。

（2）GIS 软件：在费用、应用便捷性和功能级别等方面，各种 GIS 软件之间的差别很大，但是都提供了一些基本配置，比如一些常见的通用的功能。

（3）数据储存：一些 GIS 项目只使用计算机的硬盘驱动器，但是如果需要储存供诸多用户并发访问的相同海量的数据集，则需要制订更为复杂的解决方案。目前，很多数据集存储在数据仓库中，大量用户能够通过互联网对其进行访问。当在使用费用昂贵并且独一无二的数据时，针对数据的备份就非常重要，因此在备份和共享数据时光盘刻录机或者 USB 便携式驱动器就非常有用。

（4）数据输入硬件：很多 GIS 项目需要精密数据采集工具。数字化仪能够将纸质图件上的图形数据转化为 GIS 数据文件中的要素，如扫描仪可以把纸图转化为数字图像。

（5）GIS 数据：GIS 数据有不同的来源，并且格式众多。数据收集、数据精度评估、数据维护使得 GIS 项目成本较高。

GIS 软件的功能千差万别，作为 GIS 系统，那么至少应当提供下面的一些功能：

（1）从不同数据源中采集数据，同时也应提供将信息输出到其他程序的方法。

（2）提供数据管理工具，包括数据集构建工具、空间要素及其属性编辑工具、坐标系和投影管理工具等。

（3）提供专题制图（以地图形式显示数据）功能，采用不同方法对地图要素进行符号化处理以及组合地图图层，从而便于表达。

（4）提供数据分析功能，探索地图图层内部和图层之间的空间关系。

（5）提供地图布局功能，使用图名、指北针、比例尺及其他地图元素创建地图软硬副本。

GIS 可以在很多领域中发挥作用，如土地利用规划、环境管理、社会学分析和商业市场分析等。应用空间数据的任何尝试与努力都能够从 GIS 中受益。几乎所有的人类活动都与 GIS 应用密切相关，包括商业、国防情报、工程建筑、政府、健康与人类服务、自然环境保护、教育、交通、公共设施、公共安全、自然资源、通信。2014 年 8 月，ESRI 网站在（www.esri.com）工业（industries）部分罗列了 62 种不同的 GIS 应用领域，并且每个领域都提供了实例，感兴趣的读者可以到该网站查阅。

### 4.1.2　GIS 的基本功能

GIS 的基本功能主要包含了数据采集、数据储存、查询检索、空间分析、显示表达、成果输出 6 种。

（1）数据采集。数据是 GIS 管理和分析的对象和前提。GIS 所需的数据可能归属于不同的部门或单位，格式也是多种多样的。数据采集，简单来说就是收集多种形式和来源的数据，并对数据格式和坐标系统进行转换，使其统一，同时根据需要构建拓扑关系，以保证数据的完整性、数值逻辑一致性和正确性。数据采集过程中还涉及编辑和预处理。数据编辑主要包括图形编辑、属性编辑、非空间数据的空间化、数据与图形数据的连接、数据更新等。

（2）数据储存。选择何种数据模型和数据结构储存数据是建立 GIS 数据库的关键步骤。矢量模型、栅格模型或矢量-栅格混合模型是常用的空间数据组织方式。空间数据结构的选择在一定程度上决定了系统的分析功能和分析精度，与空间数据对应的属性数据决定了 GIS 空间分析能力。

（3）查询检索。查询是地理信息系统最基本的功能，包含属性查询、图形查询以及图形-属性双向交互式查询。复杂的查询包含了基于属性表的结构化语言（SQL）查询，基于空间位置和空间关系的查询。

（4）空间分析。空间分析是 GIS 的核心功能，是 GIS 的灵魂所在，同时也是地理信息系统与其他计算机管理系统的根本区别。空间分析模型往往来源于众多应用领域的专业模型，如地理学、环境科学、生态学、经济学模型等。

（5）显示表达。GIS 为使用者提供了多种用于表达地理数据的工具，包含了二维显示和三维显示。而栅格数据和矢量数据又有多种不同的符号化表达方式，两者也可以叠加，并且可以通过色彩、透明度、亮度以及其他渲染效果进行控制，以此来显示某类专题内容。

（6）成果输出。GIS 分析的结果可以通过多种方式进行输出，可以是电子数据，也可以是表格、统计图、专题地图等文件。根据需要，用户还可以将其输出为其他格式的数据，如 AutoCAD、MapInfo 等数据。

### 4.1.3　GIS 处理的数据

GIS 处理的数据不仅包括具有位置信息的图形数据，还包括与图形相关联的属性信息。GIS 中的图形数据与属性是相互对应的、有机联系起来的整体。具有位置信息的图形数据是指以某种空间参照系为基准的自然、社会、人文和经济等方面的数据，是现实世界经过模型抽象显示的实质性内容。

（1）图形数据，是指具有空间位置信息和几何特性的数据，如地块范围、道路红线范围、设施点位等，标识地物在自然界或某个区域的地图中的空间位置，具有经纬度或平面直角坐标值。

（2）属性数据，是指与图形数据相互联系的解释性数据，包括数值、文字、表格、声音、动画和影像等。属性分为定性和定量两种。定性属性包括名称、类型、特性等，如行政区名称、用地性质、建筑用途、道路等级；定量属性包括数量和等级等，如容积率、建筑密度、绿地率、人口数量。GIS 的分析、检索、空间运算和表达主要是通过对属性的操作来实现的，因此属性的分类系统、量算指标和完善程度对空间分析功能有较大的影响。

（3）关系数据，是指在某一个空间参照系里图形保持的某种关系，如相互之间的距离、相互之间的包含关系或相交关系等。例如，城区道路网中节点与线之间的依存关系、道路与建筑之间的相邻关系等被称为拓扑关系，是 GIS 分析中最基本的关系数据。

### 4.1.4　GIS 的数据模型

（1）栅格数据模型。

栅格数据是由像元阵列构成。栅格中的每一个像元（或像素）是一个具有面积的不可再分的最小单元，每个像元具有属性值。像元的行和列决定了实体所在的空间位置，像元的属性值描述实体的属性或属性编码。栅格像元的形状除了最常用的正方形之外，还可以是等边三角形或六边形等。栅格数据主要用于表达连续的数据，这些数据可以是高程、水量、污染物浓度、环境噪声值等。遥感数据是采用特殊传感器获得的典型栅格数据，具有快速、实时和大面积获取地面信息的能力，是 GIS 重要的栅格数据来源之一。由于栅格数据存在最小数据单元，非常适宜于地理信息的模型化。GIS 中大量的空间分析功能都是基于栅格数据实现的。栅格单元越小，栅格数据的容量越会呈几何倍数增长。通常一个栅格图层对应某一属性主体，如 DEM、地面坡度、坡向、土地利用类型等。随着 GIS 技术的发展，一个栅格图层也可以表达多个主体信息，即每个栅格单元不止有一个属性值，而有多个主体对应的属性值。

在城乡规划领域，地形图、建设现状、土地利用、设施布局等来自 AutoCAD 的图形基本上都采用矢量数据，诸如缓冲区分析、网络分析和空间统计分析等均采用矢量数据完成。而表达地形的数字高程模型（DEM）、坡度、坡向、遥感影像数据、气候气象数据以及基于这些数据进行的诸如数字地形分析、景观可视域、水文分析、可达性、空间叠加等均采用栅格数据完成。

ArcGIS 中常用的栅格数据格式是 GRID。它是 ESRI 栅格数据的原生存储格式，通常包含整形和浮点型两种类型。一个 GRID 文件由一系列文件共同构成，并储存在同一个目录下。对栅格数据的维护管理必须在 ArcCatalog 中进行。除了 GRID 栅格数据格式外，ArcGIS 还可以对多种栅格数据格式进行操作，如 Image 和 GeoTiff，还可以打开并显示 BIL、BIP、BSQ、HDF 等与遥感有关的栅格数据，以及 JPG、BMP 和 TIF 等通用的位图图像。

（2）矢量数据模型。

矢量数据模型是 GIS 主要的数据模型之一，适用于有明确的边界且不连续的对象，具有精确的形状、位置和属性。GIS 的矢量数据模型是用点、线和面（多边形）三种主要的图形要素来抽象标识空间对象。矢量数据能精确地表达地理实体的形状与位置，又可以通过点、线、面三种基本图元之间的联系构筑地理实体及其图形表示的邻接、接通、包含等拓扑关系。矢量数据模型可以用相对较少的数据量记录大量的信息，并且精度高，制图效果好。矢量数据模型中，空间数据的单元是抽象化的点、线、面，其属性数据的具体内容主要依赖于系统设计对属性数据的内容和处理要求。例如，关于道路中心线属性的描述，可以包含名称、起点、终点、长度、红线宽度、路面材质、道路等级、断面类型等。矢量数据描述不同的对象时，属性数据的内容千差万别。GIS 的矢量数据模型利用一个共同的内部标识码实现空间数据对象与其属性数据的对应。

形文件（Shapefile）是一种简单的非拓扑数据格式，是 ArcGIS 存贮矢量数据的内部缺省格式，将属性信息与几何图形统一存储。Shapefile 格式的数据的使用非常广泛，是目前大多数 GIS 主流软件的通用的数据格式，也被很多相关领域的专业模型开发所采用。Shapefile 文件可以通过 ArcCatalog 创建，也可以经由其他格式的数据转换得到。Shapefile 由文件名相同但其扩展名不同的多个文件组成，贮存于同一个工作目录中，如 *.shp、*.shx、*.dbf 等。

（3）TIN 数据模型。

不规则三角网（triangulated irregular network，TIN）是一种特殊的数据模型。TIN 将原始数据作为矢量样本点，将样本点用直线连接，形成不规则的三角面网络，网络的节点就是样本点。TIN 模型根据区域内有限的点将区域划分为相连的三角面网络，尽量使每一个三角形都为等边三角形，并且面积最小。如果每个样本点有自己的高程值，那么每个三角形就相当于三维空间中的一个斜面。TIN 是表达面的一种有效方法，与栅格数据相比，TIN 能根据样本点密度的变化自动调整三角面大小。一般的情况下，表面平缓的地区只要求有少数几个采样点，而在那些表面起伏较大的地区则需要有更多的数据采样点。因此 TIN 能够减少栅格数据因规则像元带来的数据冗余（尤其在变化较为平坦的区域），同时在计算（如坡度、坡向）效率方面又优于纯粹基于等高线的方法。TIN 模型最常用的表达对象是高程，可以用在某些自然环境和社会经济领域。以高程为例，TIN 存储方式比栅格 DEM 更为复杂，其不仅要存储每个点的高程，还要存储其平面坐标、节点连接和拓扑关系、三角形及邻接三角形等。由于 TIN 模型的最小单元是不规则三角形，因此用户难以控制其大小和形状，在诸多个图层叠加等复杂的空间分析中很少使用 TIN 数据。

### 4.1.5 GIS 的空间参照系

一个地理空间数据的位置是由一个空间参照系来度量的。在 GIS 中，空间参照系主要被分为了地理坐标系和平面坐标系两类。下面对两类坐标系进行介绍。

（1）地理坐标系。

地理坐标系是根据地球椭球体建立的地理坐标（经纬网）系统，其通常由经度、纬度和高程进行表达。地面点到大地水准面的高程被称作绝对高程，地面点到任意一水准面的高程被称作相对高程。我国高程的起算面通常是黄海平均海水面。我国于1956 年在青岛设立了水准原点，其他各个控制点的绝对高程都是根据青岛水准原点来推算的，被称作"1956 年黄海高程系"。我国还存在其他的高程系。例如，在长江流域可能使用吴淞高程，在珠江流域可能使用珠江高程。它们之间的具体换算关系可查阅相关的国家测绘标准和规范。

不同的地球椭球体模型的大小是有一定差异的。椭球体的大小通常用两个半径（长半径 $a$ 和短半径 $b$）或者一个半径和扁率来决定。扁率 $\alpha$ 表示椭球的扁平程度。扁率的计算公式为 $\alpha = (a-b)/a$。这些地球椭球体的基本元素 $a$、$b$、$\alpha$ 并不一致，因为推求它们的年代以及使用的方法和测定的地区不同，所以地球椭球体的参数值有很多种。中国在 1952 年以前采用海福特椭球体，从 1953—1979 年采用克拉索夫斯基椭球体，自 1980 年开始采用 GRS（1975）椭球体系。自 2008 年 7 月 1 日起，中国全面启用2000 国家大地坐标系，简称"CGCS 2000"，使用 CGCS 2000 椭球体，长半轴 $a$ 为6 378 137 m，$\alpha$ 为 1/298. 257 222 101。

（2）平面坐标系。

地理坐标系是一种球面坐标。由于地球表面是不可展开的曲面，即表示曲面上的各点不能直接放在平面上进行表示，这就需要使用地图投影的方法进行呈现，建立地球表面和平面上点的函数关系，使地球表面上任意一点由地理坐标确定，在平面上必有一个与之相对应的点，平面上任意一点的位置可以用极坐标或平面直角坐标表示。利用 GIS 采集数据时投影的选择要综合考虑多种因素，包括制图区域的形状、范围、地理位置，数据的用途和精度要求，以及已有数据底图的坐标系统。中国地图一般采用的投影方式有斜轴等面积方位投影、斜轴等角方位投影、彭纳投影、伪方位投影、正轴等面积割圆锥投影、正轴等角割圆锥投影。中国省（市、区）地图一般采用的投影方式有正轴等角割圆锥投影、正轴等面积割圆锥投影、正轴等角圆柱投影、高斯-克吕格投影。在城乡规划领域，作为基准数据的地形图通常采用高斯-克吕格投影。

德国天文学家、物理学家、数学家高斯于 19 世纪 20 年代拟定了高斯-克吕格投影，之后德国大地测量学家克吕格于 1912 年对投影公式进行了补充。高斯-克吕格投影属于等角横切椭圆柱投影。我国 1∶10 000、1∶25 000、1∶50 000、1∶100 000、1∶250 000、1∶500 000 比例尺地形图均采用高斯-克吕格投影。

在高斯-克吕格投影中，规定以中央经线为 $X$ 轴，赤道为 $Y$ 轴，两轴的交点为坐标原点。$X$ 坐标值在赤道以北为正，以南为负；$Y$ 坐标值在中央经线以东为正，以西为负。我国地处北半球，因此 $X$ 坐标皆为正值。$Y$ 坐标在中央经线以西为负，这用起来很不方便，因此为了避免 Y 坐标出现负值，将各带的坐标纵轴向西移动 500 千米，即将所有 Y 值都加 500 千米，使其变为正值，这称之为"假东数值"（false east）。由于采用了分带方法，各带的投影和平面坐标系完全相同。例如，采用 6°分带，某一坐标值（x，y）在每一投影带中均有一个，在全球则有 60 个同样的坐标值，而这不能准确表示该点的位置，因此需要在 Y 值前加上代号，这样的坐标系称之为通用坐标。

地图投影理论和算法较为复杂，如果需要了解详细内容，请阅读其他相关专业书籍及资料。城乡规划中，常见的地形图平面坐标系是 Beijing 1954 和 Xian 1980 坐标系，这两种坐标系都属于高斯-克吕格投影。收集到的数据中有不同的坐标系时，我们就需要进行坐标转换处理。当转换数据格式时，原有数据的坐标信息可能会丢失，因此需要赋予正确的坐标系数据。在城市规划中，收集到的数据可能是地方坐标，此时则需要通过其与控制点坐标系之间的关系进行转换。原始的数据是 WGS 1984 地理坐标时，需要选择合适的投影带将其转换为平面坐标系。投影和坐标转换的目的是统一 GIS 数据的空间参照系，从而使各类数据能与真实的空间位置相对应并存入 GIS 数据库，方便后续的空间分析。

## 4.1.6　GIS 的未来发展趋势

GIS 诞生后，该行业便呈指数级的增长态势，从最初的大型机发展到现在随处可见的桌面计算机，从专业应用发展到现在受众广泛的私人个性化应用。经过时间的沉淀，很多 GIS 公司已经形成了产业化发展链条，基于软件和数据开发了大量专业应用，互联网和计算机硬件的快速发展促使 GIS 行业发生了一些重要变化。

（1）数据共享的增值选择。

在信息技术高度发达的今天，人们不再局限于在个人计算机或者组织内部的网络驱动器上存储数据集，越来越多的人通过互联网为远距离用户提供海量的数据服务。这些用户可能位于机构内部，也可能是其他机构，还可能是社会大众。以前各类组织采集了大量的数据，然后通过由美国国家空间数据基础设施（NSDI）组织支持的数据交换中心进行共享。数据通常为具有不同格式的 GIS 数据文件，需要采用专业且正确的软件下载使用。今天，互联网地图服务器（internet map servers，IMS）可以将 GIS 数据提供给广大群众。

像许多其他计算机产业那样，GIS 也在探索云应用。云是庞大的计算机集群，用户能够以小时为计算单位租用云的一部分，不必再购买自己的物理硬件。ArcGIS Online是基于云的平台，用户能够通过它来协调和共享彼此之间的 GIS 数据，能够轻而易举地与同事分享数据，或者与非 GIS 专业人员沟通。

（2）GIS 数据的增值选择。

以前，GIS 从业人员必须购买非常昂贵的程序许可，然后才能学习与使用 GIS。而现在应用程序不再要求所有用户必须拥有全部程序，而是允许不同级别的用途对应于不同级别的需求。因此有很多地图服务器为只需要浏览和打印地图的用户提供服务，很多免费下载的软件为交互式查看地图出版物的人们服务，这些软件是具有较少选项的完整程序的精简版本。目前，很多机构正在转向服务器 GIS（server GIS），与购买大量的 GIS 许可相比，这是一种不太昂贵的选择。很多工人也需要 GIS，但是他们只是在日常工作中用到 GIS 功能的一个小子集，这时候服务器 GIS 就能够发挥它的作用，可向那些没有 GIS 许可的用户提供免费的数据查看与分析功能，但只提供功能有限的可定制子集。浏览的成本很低，所需的工具仅仅是 Web 浏览器而已。因为访问 GIS 数据与功能的方法更加简单且价格低廉，所以用户基础得到了非常明显的扩充。

（3）注重开源解决方案。

当前，越来越多的 GIS 功能正在逐步摆脱私有化专业软件，转而支持开源软件与硬件。例如，GIS 数据更常使用适用于商业数据库平台的引擎，并采用与其他计算机产业相同的开发环境。这种趋势使得 GIS 更容易与其他程序和计算机进行通信，并增强了系统整体与部分之间的操作性。

（4）个性化。

随着开源解决方案的增强，在建立可定制应用程序方面，人们能够容易地开发出基于 GIS 工具的基本套件，如水文学工具或者野生动物管理工具等。智能手机与平板电脑的逐渐普及使得 GIS 常用功能集成到易用界面中，成为专业实践与易操作界面的最佳组合，只是需要定制者具有面向对象级别的编程水平。

（5）企业级 GIS。

企业级 GIS 将服务器与访问相同数据的多种方法集成，包括传统 GIS 软件程序、Web 浏览器应用以及无线移动设备等，目标是满足不同类型用户的数据需求，并向非传统 GIS 用户提供访问功能。企业级 GIS 处于前面已经提到的其他趋势与能力的最高端，开发与维护企业级 GIS 的开销和挑战相当可观，但是回报和总开销的节省同样不可忽视。

# 4.2 GIS 在城乡规划中的地位

随着城市现代化水平的提高，城市功能更趋复杂化，城市规划也由物质空间规划逐渐发展为社会、经济与生态环境相结合的综合规划，具有综合性与系统性、长期性与可变性等显著特点。在快速发展背景下，城市发展面临的不确定性影响因素增多，对规划设计成果的科学性、合理性提出更高的要求。城乡规划编制的核心在于科学、合理地进行物质空间的统筹配置，所用的空间方法以及其过程正是 GIS 的主要功能，二者都面对空间对象，处理空间关系，具有结合的基础条件。《中华人民共和国城乡规划法》和地方的城乡规划条例均明确指出，鼓励采用先进技术，加强地理信息和各类城乡规划数据库的建设和管理，增强城乡规划的科学性，加强城乡规划档案管理，提高城乡规划实施及监督管理的效能。

20 世纪 80 年代末期以来，随着计算机硬软件的飞速发展，GIS 经历了一个飞跃发展的阶段。因为 GIS 强调空间关系、空间分析以及空间事物的动态变化过程，与城市规划中的空间特点有紧密的联系，所以在国际上 GIS 被大量地引入城市规划的教学和规划实践中。由于我国城市规划和地理信息科学的起步都相对较晚，传统的城市规划思路、方法、分析手段及成果的科学性和合理性受到了越来越多的质疑和挑战，但是在相对较发达的地区的高校和规划设计研究院正在积极尝试将 GIS 及遥感（remote

sensing，RS）等分析方法和手段应用到规划实践中，并取得了较好的效果。目前，空间分析技术已经在城乡规划编制和管理过程中得到了广泛应用，通过不断研究和实践，积累了大量空间分析模型，大大提高了城市规划的问题分析和解决能力，推动定性分析向定量分析转化，提升了分析结果的科学性和规划编制的工作效率。

GIS 与 CAD 有明显区别。CAD 的图形编辑功能较强，能快速直观地设计草图，但是其属性库功能较弱，更缺乏分析和判断能力。GIS 的非图形数据处理、描述、空间运算、图形单元间拓扑关系分析等功能明显强于 CAD。GIS 与城乡规划常用的图形软件的最大区别是：GIS 完美地将图形和属性整合在一起，图形与属性之间具有一一对应的关系，形成了不可分割的一个整体，这是 GIS 最大的特色。图形的变化会使其属性发生改变，属性的改变也引起图形的改变。从理论上讲，一个简单的图形，用于描述它的属性信息可以是无限多的，那么这个图形可以具有无限多的属性内容，这是 GIS 具有强大空间分析的基础。

城乡规划的核心是空间资源合理配置，各项开发建设活动在空间上相互协调。无论是区域规划，还是城市总体规划和详细规划，或其他专项规划，所面对的研究对象诸如用地布局、功能分区、城市形态、交通系统、生态环境等都具有空间信息，既有位置和几何特征，又有属性信息和时间动态特征，与 GIS 所处理的地理空间数据特征相吻合，存在天然的联系。正如 ESRI 公司总裁杰克·丹杰蒙德（Jack Dangermond）所言，在所有的行业中，城乡规划行业的人员可以最先感受到 GIS 技术对他们的帮助。而这主要的原因是规划人员需要整合不同类型的数据并考虑如何进行全面的规划工作。他们是数据的整合者，因为他们需要从海量的数据源中提取所需要的信息并进行整合。20 世纪 90 年代初，国内城市规划领域开始应用 GIS，GIS 在地图收集、制作、查询、检索、现状分析、模拟和预测、方案对比与选择、规划实施评价等方面发挥了重要作用。经过 30 多年的应用探索，城市规划和 GIS 的关系更加紧密，从信息时代到网络时代，从智慧城市到大数据时代，GIS 应用的范围更加广泛，分析问题更深入，分析模型更专业。

20 世纪 90 年代 GIS 就被引入城市规划中，但目前 GIS 在规划编制过程中的应用深度还不够。首先，在城市规划专业人员对空间的认识方面，从建筑尺度的空间到城市尺度的空间，空间分析广泛采用主观判断和经验推理，分析过程难以明晰化，属于"半黑箱"思维过程。而 GIS 专业人员对空间的认识，是从宇宙、地球等巨型空间再到局部小空间，所涉及的空间事物大多数为地理自然事物，习惯性地认识自然规律，从系统和整体角度出发，使用科学的量化分析方法。其次，在国内城乡规划领域，受到传统规划思维和方法的主导，物质空间形态规划仍然占主流，城市规划着重规划结果而轻视规划分析过程，以 GIS 分析为支撑的理性规划并没有受到应有的重视。此外，一些地方规划主管部门对城乡规划的成果表达和资料归档的要求是非 GIS 的图形数据。因此，尽管城乡规划和 GIS 处理的对象均是空间事物，但是思维、方法和成果要求的差异使得 GIS 与城乡规划编制的融合步伐缓慢。

随着社会经济和时代的发展，城乡规划在编制、管理、实施和监督的全过程中体现了多个方面的变化趋势：逐渐从定性到定量，从经验判断到理性分析，从主观认识到客观分析，从有限的单要素识别到综合判断，从人工化处理到信息网络化处理，因而对 GIS 及其分析功能提出了更多的需求。GIS 具有的管理功能、分析功能及实现技术也在与时俱进，分析思维逐渐向社会学、经济学、生态学等多个相关领域渗透，并借鉴这些学科的方法和模型拓展了 GIS 的空间分析能力，扩展多源数据的转换和共享能力，这个发展趋势和城乡规划多学科综合交叉的特点一致。因此，可以判断 GIS 和城市规划在各自的发展历程中的渗透交融更加紧密。我国正在推进"多规合一"的试点工作，城乡规划和其他相关规划将统一在以 GIS 为主的信息平台上，实现编制—管理—实施—评估全过程的 GIS 数字化流程。同时，在大数据时代，GIS 仍将是大数据处理的主要平台之一。因此，GIS 具备的强大数据储存、管理和分析能力正是应对这些新问题的一个有效手段。如何将 GIS 和城乡规划更加紧密结合，GIS 技术人员和规划师的交流是关键，双方必须熟悉彼此的需求。在这个过程中，空间分析就是跨界沟通的桥梁，使 GIS 成为城乡规划必不可少的重要支撑技术。

# 4.3 初识 ArcGIS 软件

ArcGIS 是由美国环境系统研究所公司（Environmental Systems Research Institute，ESRI）开发并销售的地理信息系统软件，ArcGIS 最初主要针对大型机应用而开发。早期的 ArcGIS 称为 ArcInfo，主要运行在 UNIX 系统下，后来陆续移植到基于 WindowsNT 的平台（ArcInfo，ArcView 3.X）上和基于 DOS 的平台（PC ArcInfo，ArcView 3.X）上。ArcGIS 是 ESRI 在全面整合 GIS 与数据库、软件工程、人工智能、网络技术及其他多方面的计算机主流技术之后，成功推出的代表 GIS 最高技术水平的全系列产品。ArcGIS 是一个完整的地理信息系统平台，可以借助多种平台为个人用户或群体用户提供 GIS 功能。

# 4.4 ArcGIS 主要功能

ArcGIS 产品线的内容丰富、完整，软件功能强大，行业应用也非常广泛。ArcGIS 产品自 20 世纪 90 年代进入我国，已经在国土、林业、农业、能源、测绘、交通、水利、商业等领域及相关部门得到了深入的应用。自 1982 年 ARC/INFO1.0 版本面世以来，经过 40 多年的不断研发和功能升级，ArcGIS 系列产品的功能体系越来越完备，软件的功能越来越强大，其主要功能如下：

（1）信息的输入和转换。信息的输入和转换是将从外部各种渠道收集的原始数据输入 GIS 内部并转换为系统便于处理的内部格式的过程。

①信息的输入包括对空间数据和属性数据这两类数据的输入，其中输入点、线、面这类带有空间位置和几何特性的要素为空间数据输入，而文字、表格和其他非几何数据的输入为属性数据的输入。

②信息的转换，即将我们常用的其他软件类型文件转换并输入到 GIS 中，通过多个软件之间的联动能得到更为丰富的外界信息，如将 DWG 格式文件转换并输入到 GIS

中。除此之外还可以通过 ArcToolbox 这一强大的工具集进行 GIS 内部的矢量数据和栅格数据之间的转换。

（2）数据的编辑。数据的编辑是对已有的数据进行修改更新以及建立它们之间联系的过程，主要包括拓扑关系的建立，数据的投影变换、扭曲拉伸、裁剪、拼接和提取，以及坐标校正等。其中我们可以借助拓扑关系编辑要素和检验数据质量。

（3）数据的储存与管理。GIS 的这项功能提供空间与属性数据的储存和灵活调用的能力，如今随着数据容量增大和复杂度加深，对数据存储速度的要求越来越高，GIS 的储存功能也在不断发展，于是出现了网络 GIS 数据储存、基于微电子机械系统的储存器等。

（4）数据的查询。数据的查询包括两个方面的功能：通过空间位置查属性和通过属性查询空间位置，即"某个特定位置有什么"和"某个特定要素在哪里"。

（5）数据的分析。空间数据的分析是 GIS 的核心功能，它能够通过对基础数据的分析并叠加其影响来量化解决现实生活中与空间相关的实际问题。其应用范围很广阔，包括了栅格数据分析、矢量数据分析、三维分析、网络分析。

①栅格数据分析，包括生成高程栅格、坡度坡向栅格（可通过高程栅格转换）、距离栅格、密度栅格、重分类、栅格计算等具体功能；

②矢量数据分析，包括基于空间位置的查询、缓冲区分析、叠置分析、邻近分析、泰森多边形、空间统计等功能。

③三维分析，包括创建栅格和 TIN 表面，以及对于表面积与体积、坡度坡向、可视性、表面长度等一系列表面分析，还有 Arcsence 三维可视化及二维转三维的数据转换等。

④网络分析，包括最佳路径、最近设施、服务区、上下行、选址与配置等具体的可以运用于解决生活中实际问题的功能。

（6）成果表达与输出。成果表达和输出是指 GIS 对前几个步骤所得成果的可视化表达。GIS 具有强大的地图输出功能，不仅能够输出全要素地图，还可以根据自身需求输出各种专题图、统计图、表格等。

（7）二次开发和编程。为了满足不同的应用需求，GIS 具备二次开发的功能，这极大地拓展了 GIS 的应用领域。

（8）GIS 的实际应用。因为自身的优势，ArcGIS 已经广泛深入地应用于测绘、地图制图、资源管理、城乡规划、灾害监测、土地调查、环境管理、国防、宏观决策等与空间信息有关的各行各业。

# 4.5 ArcGIS 桌面平台

## 4.5.1 ArcGIS Desktop 产品

桌面端（ArcGIS Desktop，又称个人计算机端）产品分为旧桌面产品和新桌面产品两种。旧桌面产品包括 ArcMap、ArcCatalog、ArcToolbox 和三维 ArcScene、ArcGlobe，其中以 ArcMap 为代表；新桌面产品是指 ArcGIS Pro，我们可以将 ArcGIS Pro 理解为 ArcGIS Desktop 的升级版，目前集成了 ArcMap 90%以上的功能，加入了很多新的功能。受用户习惯等影响，很多用户经常使用 ArcMap 做数据，这也是本书的主要内容。不过 ArcGIS Pro 的很多设计思路和操作方式继承于 ArcMap，用户掌握了 ArcMap，就能很快熟悉并操作 ArcGIS Pro。如果使用工具箱的工具，两个产品的操作方式基本一致。ArcGIS Pro 的界面如图 4.1 所示。ArcGIS Pro 与 ArcMap 的区别主要有以下 6 点：

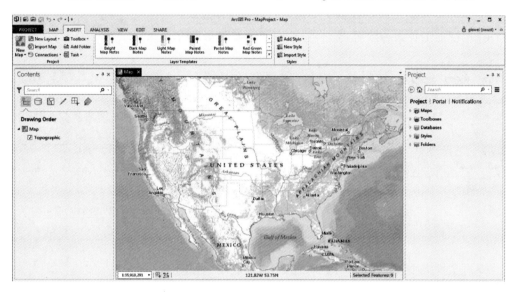

图 4.1　ArcGIS Pro 的界面

（1）ArcGIS Pro 是 64 位的程序，因此只能安装在 64 位 Windows 操作系统的计算机中，推荐使用配置内存为 16 GB 的机器。ArcMap 是 32 位的程序，ArcMap 10.8 是 ArcMap 最后一个最低内存 4 GB 的版本，可以安装在 32 位或者 64 位的 Windows 操作系统上，32 位操作系统理论上支持的内存为 4 GB，因为 2 的 32 次方是 4 GB，64 位操作系统在理论上支持的内存为 2 的 64 次方。

（2）ArcGIS Pro 实现了二维、三维一体化，在一个界面可以统一建二维地图、局部场景和全局三维工程。在 ArcMap 中，二维、三维是分开处理的，ArcMap 处理二维地图，ArcScene 和 ArcGlobe 处理三维地图，ArcScene 是小范围三维，ArcGlobe 是大范围三维。

（3）ArcGIS Pro 界面是 Office 2007 风格的界面，所有操作（含菜单）大多为调用工具箱的工具。ArcMap 是 Office 2003 风格的界面，即采用按钮菜单和工具箱方式。如果都使用工具箱工具时，两者操作基本一致。

（4）ArcGIS Pro 的授权面向用户，ArcMap 的授权面向机器。

（5）ArcGIS Pro 主要用 Python 和 Arcade 语言开发，只有在标注地方时继续支持 VBScript；ArcMap 主要用 VBScript 或 Python 语言开发。

（6）ArcGIS Pro 不支持 MDB 个人数据库，但加入了更多更强大的功能，支持如 BIM 数据和倾斜测量成果 OSGB 等。同样的操作，ArcGIS Pro 更快，ArcGIS Pro 支持多核 CPU 并行处理，效率更高。

ArcGIS Desktop 是 GIS 的基础软件，其功能包括收集并管理数据、创建专业地图、执行传统和高级的空间分析并解决实际问题。它将影响用户的组织、社区乃至世界，并为其增加有形资产的价值。ArcGIS Desktop 是为 GIS 专业人士提供的用于信息制作和使用的工具。利用 ArcGIS Desktop，用户可以实现任何从简单到复杂的 GIS 任务。ArcGIS Desktop 包括了高级的地理分析和处理、强大的编辑工具、完整的地图生产过程，以及无限的数据和地图分享体验。

在 ArcGIS 中访问网络数据主要有如下两种操作方式：

（1）标准工具条→按钮 ✦▾→添加底图，如图 4.2 所示。

**图 4.2　访问网络数据方式 1**

（2）文件夹主菜单文件→添加数据→添加底图，如图 4.3 所示。

**图 4.3　访问网络数据方式 2**

注意，用户在进行该操作时应当确保设备处于联网状态，以及右下角 ArcGIS 登录图标显示为 ArcGIS 已连接到 ArcGIS Online，如图 4.4 所示。否则，添加数据中的"添加底图"选项将是灰色的无法选择的状态。

城市规划计算机辅助设计

应用实训教程

**图 4.4　ArcGIS 联网状态**

检查无误后，单击"添加底图"，在弹出的"添加底图"对话框中选择所需要的地图底图（从 2019 年开始，天地图的访问方式发生了改变，需要用户名和密码，因此这里不能选择天地图）。

## 4.5.2　ArcGIS Desktop 版本

根据用户的伸缩性需求，ArcGIS Desktop 可分为三个版本，每个版本会提供不同层次的功能，具体区别如图 4.5 所示。

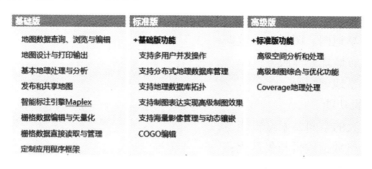

**图 4.5　ArcGIS Desktop 的版本**

（1）ArcGIS Desktop 基础版。该版本提供了综合性的数据浏览、制图、分析功能，以及简单的数据编辑和空间处理工具，相对其他版本而言价格较低。ArcGIS Desktop 基础版是最基础的桌面产品，能够满足用户基本的 GIS 功能需求，提供了基本的地图数据浏览、查询和编辑功能，支持交互式的地图制图、地图设计与打印，支持使用智能标注引擎，提供制作报表和基于地图的分析功能，提供地理处理框架和定制应用程序框架。

①地图数据支持功能。

a. 支持直接读取和编辑常用矢量和栅格数据，如 shapefile、CAD、TIFF、JPEG；

b. 支持基于 Microsoft Access 的个人地理数据库、文件地理数据库 GDB 以及企业级地理数据库；

c. 加载 Web 服务图层，如 ArcGIS Server 服务、OGC 标准服务等；

d. 支持其他数据如 dBASE、Text、Microsoft Access 等。

②地图交互功能。

a. 支持地图导航，包括平移、缩放、交互展示（swipe）、可见范围、空间书签等；

b. 支持图形和属性查询以及图表关联；

c. 支持创建动态图表和丰富的科学统计图。

③地图显示功能。

a. 支持常规地图制图，提供近 2 万个预定义符号，支持唯一值、点密度、比例符号等符号化方式；

b. 支持对栅格数据的多种可视化方式，如拉伸、锐化、栅格统计、显示重采样、分类等，可以应用和编辑栅格函数链；

c. 支持高程表面显示，如 TIN 表面、坡度、坡向等，可以创建山体阴影和晕渲地形；

d. 支持时态数据和时间动画。

④地图设计与打印功能。

a. 支持数据驱动制图和自动化制图工作流；

b. 支持丰富的地图元素，如文本、指北针、图片、经纬网、对象等；

c. 支持输出多种地图格式，如 EMF、BMP、TIFF、PDF 等；

d. 支持高级地图打印设置，使用 ArcPress 扩展支持不同打印驱动程序。

⑤共享与发布功能。

a. 支持发布高性能的动态地图；

b. 支持共享地图、图层以及数据；

c. 支持发布地理处理服务；

d. 支持分享地理编码。

⑥数据编辑功能。

a. 提供强大的空间要素编辑能力；

b. 支持栅格数据编辑与矢量化；

c. 支持影像数据空间配准。

⑦地理处理与分析功能。

a. 提供常用的要素、要素类、字段、栅格管理工具；

b. 支持矢量和栅格数据的投影、变换及转换；

c. 提供基本的空间分析工具，如裁切、相交、缓冲区等；

d. 支持时空模式挖掘。

⑧应用程序定制功能。

a. 支持使用.NET、JAVA、Python 构建插件（Add-ins）扩展应用程序；

b. 使用.NET、Java 和 AO SDK 创建新的 ArcGIS 组件；

c. 使用 Python 进行脚本分析、转换、数据管理和制图自动化。

⑨地址匹配功能。

⑩提供智能标注引擎 Maplex。

ArcGIS Desktop 中的智能标注引擎 Maplex 是制图中一个十分重要的工具，增加了高级的标注布局和冲突检测的方法。它可以生成能保存在地图文档中的文字，也能产生可以保存在 Geodatabase 复杂的注记层中的注记（如图 4.6 所示，其中右图为标准标注 Maplex 标注引擎）。使用 Maplex 可以节约很多的时间，实例研究已经证明，在地图上标注时使用 Maplex 至少可以节约 50%的时间。

**图 4.6 智能标注引擎 Maplex**

（2）ArcGIS Desktop 标准版。该版本是 GIS 数据的自动化处理和编辑的平台，可以创建和维护 Geodatabase、Shapefiles 和其他地理信息。ArcGIS Desktop 标准版除了具有 ArcGIS Desktop 基础版中的所有功能之外，还可以利用丰富的信息模型，支持 Geodatabase 高级行为和事务处理。ArcGIS Desktop 标准版可以创建所有类型的 Geodatabase（个人型、文件型和 ArcSDE Geodatabase）。ArcGIS Desktop 标准版具有丰富的空间处理工具，用于自动化数据流程管理以及执行一些分析。它通过 ArcSDE 可以实现多用户的 Geodatabase 编辑及数据库的版本化管理。为此 ArcGIS Desktop 标准版配备了高级的版本管理工具，如版本合并工具、冲突解决工具、离线编辑工具和历史管理工具等。

①地理数据库和数据库管理功能：

a. 创建和管理企业级地理数据库；

b. 导入、导出地理数据库 XML 文件；

c. 数据库用户、角色、权限管理；

d. 诊断、修复版本表。

②多用户地理数据库编辑功能：

a. 版本化管理；

b. 归档管理。

③分布式地理数据库管理功能。

④地理数据库拓扑功能：

a. 创建拓扑规则；

b. 拓扑管理；

c. 拓扑违反规则的修复。

⑤采用制图表达实现高级制图效果功能：

a. 修改点线面要素的几何效果，支持交互式符号编辑；

b. 提供制图表达管理工具。

⑥海量影像管理与动态镶嵌功能：

a. 镶嵌数据集管理；

b. 区域网平差；

c. 支持 LAS 数据集。

⑦COGO 编辑。

⑧宗地编辑。

（3）ArcGIS Desktop 高级版。该版本是 ArcGIS 桌面的旗舰产品，是 ArcGIS 桌面系统中功能最齐全的客户端。ArcGIS Desktop 高级版提供了 ArcGIS Desktop 基础版和 ArcGIS Desktop 标准版中的所有功能。除此之外，它在 ArcToolbox 中提供了一个完整的工具集合，这些工具支持高级的空间处理。通过增加高级的空间处理功能，ArcGIS Desktop 高级版成为一个完整的 GIS 数据创建、更新、查询、制图和分析的系统。GIS 中完成的一些重要的操作都使用了空间处理功能。需要一个完整的 GIS 功能的组织至少要有一个 ArcGIS Desktop 高级版，以获得 ArcGIS Desktop 完整的空间处理能力，包括任务自动化以及丰富的空间建模和分析功能。

①高级空间分析和处理功能：

a. 提供高级的要素编辑与管理工具；

b. 提供高级空间分析工具。

②高级制图综合与优化功能：

a. 提供高级制图综合工具；

b. 提供制图优化工具；

c. 提供图形冲突解决和掩膜工具。

③Coverage 地理处理工具。

另外，ArcGIS 还提供了两个免费的桌面端产品，用于浏览 ArcGIS Desktop 创建出的数据、地图和服务。

（4）ArcReader，免费的地图数据（PMF）浏览、查询以及打印出版工具。

ArcReader 是地图和全球三维可视化浏览器，支持基于 Intel 的 Windows、Solaris 和 Linux 平台。它帮助用户以多种方式部署 GIS，提供了开放的访问 GIS 数据的方式，可以在高质量的专业地图中展现信息。ArcReader 的使用者可以交互地使用和打印地图，浏览和分析数据，用互动的 3D 景观来浏览地理信息。

（5）ArcGIS Explorer Desktop，与 ArcReader 相比，该产品的功能更强大，支持浏览本地数据，具有 ArcGIS GIS Server 提供的服务，支持数据的查询和分析任务，具有开放性和互操作能力。ArcGIS Explorer Desktop 通过访问 ArcGIS GIS Server 提供强大的完整的 GIS 功能，整合了 GIS 数据集与基于服务器的空间处理功能，提供了空间处理和 3D 服务。通过 ArcGIS Explorer Desktop，用户可以使用的功能如下：

①无缝地以 2D 和 3D 方式浏览整个世界的数据；

②集成本地数据以及来自 ArcGIS GIS Server 的服务和数据；

③通过任务进行 GIS 分析，如可视化分析、建模、邻域查找和统计分析；

④以地图的方式回答跟地理相关的问题，并与他人共享结果；

⑤使用自有的服务器上的数据和地图，并与其他服务器上的数据联合使用。

因为 ArcGIS Desktop 基础版、ArcGIS Desktop 标准版和 ArcGIS Desktop 高级版的结构都是统一的，所以地图、数据、符号、地图图层、自定义的工具和接口、报表和元数据等都可以在这三个产品中共享和交换使用。用户不必去学习和配置几个不同的结构框架，这是使用统一结构的优点。此外，通过一系列可选的扩展模块，这三个级别产品的能力还可以进一步得到扩展，比如空间分析扩展、网络分析扩展等。部分扩展模块还可以作为特定市场的解决方案，主要如下：

（1）ArcGIS 3D Analyst Extension（三维可视化和分析），包括 ArcGoble、ArcScene 应用程序，以及 Terrain 数据管理和地理处理工具。

（2）ArcGIS Spatial Analyst（空间分析），具有种类丰富且功能强大的数据建模和分析功能，这些功能用于创建、查询、绘制和分析基于像元的栅格数据。ArcGIS Spatial Analyst extension 可以对集成的栅格-矢量数据进行分析，并且在 ArcGIS 地理处理框架中添加了 170 多种工具。

（3）ArcGIS Geostatistical Analyst（地统计分析），用于生成表面以及分析、绘制连续数据集的高级统计工具。通过探索性空间数据分析工具，用户可以深入地了解数据分布、全局异常值和局部异常值、全局趋势、空间自相关级别以及多个数据集之间的差异。

（4）ArcGIS Network Analyst extension（网络分析），执行高级路径并进行网络分析。如果购买了所有扩展模块，加载方式如下：

选择菜单栏中的"自定义"，选择下拉栏中的"拓展模块"（见图 4.7），在对话框中勾选所有拓展模块，点击"关闭"，完成操作（见图 4.8）。

图 4.7　扩展模块

图 4.8　勾选所有拓展模块

### 4.5.3 各个模块分工

（1）ArcMap，集空间数据显示、编辑、查询、统计、分析、制图和打印功能为一体。ArcMap 有数据视图和布局视图两个视图。

①数据视图，可对地理图层进行符号化显示、分析以及编辑 GIS 数据集。内容表界面（table of contents）帮助用户组织和控制数据框中 GIS 数据图层的显示属性。数据视图主要进行数据显示和编辑，其中数据编辑一定要在数据视图中进行操作。

②布局视图，用户可以处理地理数据和其他地图元素，如比例尺、图例、指北针和参照地图等。通常，ArcMap 可以将地图组成页面，方便后期的打印或印刷等操作。

总之数据视图主要用于数据浏览和数据编辑，布局视图用于地图打印。建议不要在布局视图中编辑数据，也尽量不要在数据视图中打印地图。

（2）ArcCatalog（目录），是一个集成化的空间数据管理器，类似 Windows 的资源管理器，主要用于数据创建和结构定义，数据导入导出，拓扑规则的定义、检查，元数据的定义和编辑修改，等等。ArcCatalog 集成在 ArcMap（ArcMap 最右边就是 ArcCatalog）、ArcSence 和 ArcGlobe 中，也可以独立运行，但是一般很少独立运行它。

（3）ArcToolbox，是用于空间数据格式转换、数据分析处理、数据管理、三维分析和地图制图等的集成化的"工具箱"。ArcGIS 10.8 中有 924 个不同的空间数据处理和分析工具。ArcGIS 9.0 版本以后，ArcToolbox 不再是一个独立模块，而是集成在 ArcCatalog 中。

（4）ArcGlobe，采用统一交互式地理信息视图，使 GIS 用户整合并使用不同 GIS 数据的能力大大提高。ArcGlobe 逐渐成为广受欢迎的应用平台，被用以完成编辑、空间数据分析、制图和可视化等通用 GIS 工作。该模块适合大范围制作三维（如几百米以上的范围）。

（5）ArcScene，一个适用于展示三维透视场景的平台，可以在三维场景中漫游并与三维矢量和栅格数据进行交互。ArcScene 是基于 OpenGL 的，支持 TIN 数据显示。显示场景时，ArcScene 会将所有数据加载到场景中，矢量数据以矢量形式显示，栅格数据会默认降低分辨率来显示，以便提高效率。ArcScene 适合小范围制作三维。

### 4.5.4 软件的中英文切换

软件的中英文切换操作如下：在设备的开始菜单中的 ArcGIS 中找到 ArcGIS Administartor 并运行，单击"高级"按钮（见图 4.9），在"高级配置"对话框中，需要英文时选择"English"，需要中文时选择"显示语言（中文（简体）-中国）"，如图 4.10 所示。该设置对下次启动 ArcMap 和 ArcScene 等软件时有效。

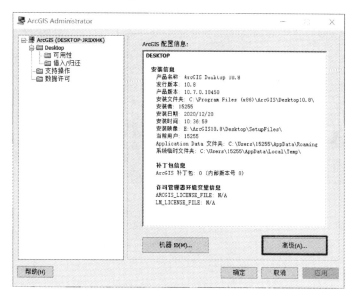

图 4.9　ArcGIS Administartor

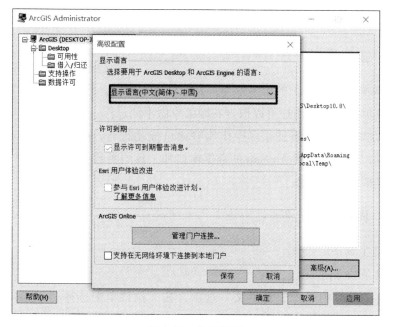

图 4.10　选择语言

# 5

# ArcGIS 基础操作

## 5.1 面板设置与基础操作

### 5.1.1 主要操作方法

（1）右键操作：ArcGIS 的很多操作都是依靠鼠标右键，只是在不同的区域内右击，提示的右键菜单不一样，用户可以根据右键菜单做不同操作。

（2）拖动操作：ArcGIS 的很多操作能够通过拖动进行，如在 ArcCatalog 中选中一个或多个数据，可以拖动到 ArcMap 的数据窗口和工具的参数中；工具箱中工具加入模型构建器也是依靠拖动操作。

### 5.1.2 界面定制

（1）加载工具条。

加载工具条的方法如下：

①在顶部菜单栏中选择"自定义"选项，在下拉菜单中选择"工具条"，在弹出的选项栏中勾选所需要显示的工具条，如图 5.1 所示。

②在顶部菜单栏中选择"自定义"选项，在下拉菜单中选择"自定义"模式，在弹出的面板中勾选所需要显示的工具条，如图 5.2 所示。

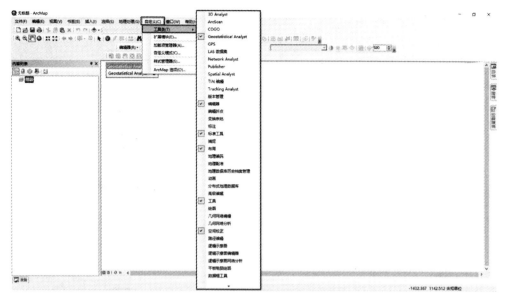

图 5.1　勾选所需工具条方式 1

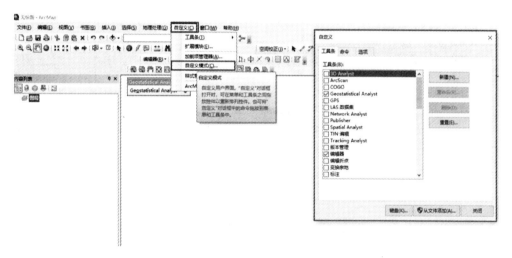

图 5.2　勾选所需工具条方式 2

③在标题栏区域右击鼠标，在弹出的选项框中直接选择需要显示的工具条，如图5.3 所示。

在标题栏中用户可以随意拖动并摆放工具条的位置。在"自定义模式"下，工具条中所有的选项按钮都可以被拖动位置，此时可以选中工具条中不需要的工具按钮并右击，在选项框中选择"删除"命令，如图5.4 所示。单击自定义面板中的"重置"按钮，可以将工具条恢复到初始状态。因此用户可以根据自身需要设置工具的显示方式和位置。

图 5.3　勾选所需工具条方式 3

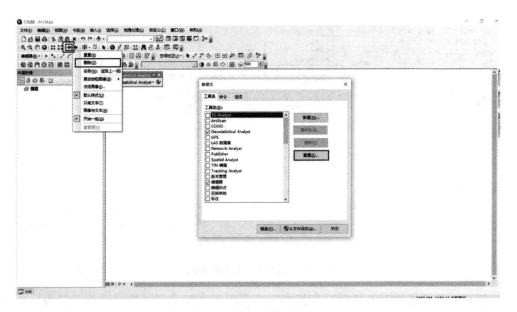

图 5.4　删除不需要的工具

（2）定制快捷键。

在 ArcMap 中，用户可以根据需要定制命令的快捷键，但定制快捷键只适用于 Command 命令按钮，Command 命令按钮只能响应单击事件，不适合有地图的交互工具。定制快捷键的具体操作如下：

选择菜单栏中的"自定义"；选择下拉菜单中的"自定义模式"；在弹出的自定义面板中单击"键盘"；在弹出的"自定义键盘"中输入自己需要的命令，如"放大"；定制新的快捷键；完成操作，如图 5.5 所示。

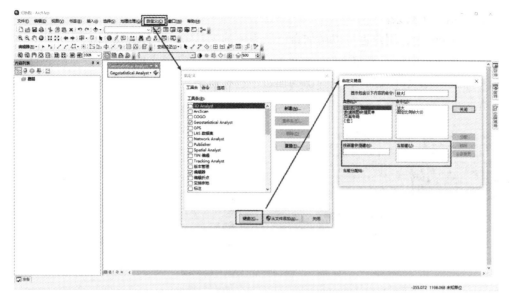

**图 5.5　定制快捷键**

ArcMap 与大多数软件一样拥有常用命令的快捷键，具体如表 5.1 所示。在 ArcMap 中的导航地图和布局页面，用户可以利用快捷键临时将当前使用的工具转化为导航工具，操作如下：

①按住 C，可进行平移操作；

②按住 Q，可进行漫游（按住鼠标滚轮，待光标改变后进行拖动）操作；

③按住 Z，可进行放大操作；

④按住 X，可进行缩小操作；

⑤按住 B，可进行连续缩放/平移（单击拖动鼠标可进行缩放，右击拖动鼠标可进行平移）操作。

**表 5.1　常用命令的快捷键**

| 快捷方式 | 命令含义 |
| --- | --- |
| CTRL+N | 新建 MXD 文件 |
| CTRL+O | 打开 MXD 文件 |
| CTRL+S | 保存 MXD 文件 |
| ALT+F4 | 退出 ArcMap |
| CTRL+X | 剪切选择的对象（要素和元素） |
| CTRL+Y | 恢复以前的操作，编辑状态是恢复之前的编辑 |
| CTRL+Z | 撤销以前的操作，编辑状态是撤销之前的编辑 |
| CTRL+C | 复制选择的对象（要素和元素） |
| CTRL+V | 粘贴复制的对象（要素和元素） |
| CTRL+F | 打开搜索窗口 |
| DELETE | 删除选择的对象（要素和元素） |
| F1 | ArcGIS Desktop 帮助 |
| F2 | 重命名（在内容列表重命名图层名，在 ArcCatalog 重命名数据名） |
| F5 | 刷新并重新绘制地图显示界面 |

（3）增加工具条。

在 ArcMap 中，用户也可以增加自己所需要的工具条，具体方法如下：

选择菜单栏中的"自定义"，选择下拉菜单中的"自定义模式"，在弹出的自定义面板中单击"从文件添加"，在弹出的面板中选择所要添加工具条的文件并打开，如图5.6 所示。

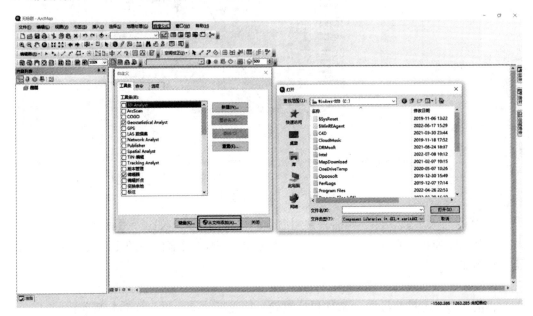

图 5.6　增加工具条

（4）界面恢复。

在使用过程中，如果使用自定义模式修改了系统默认界面，在需要恢复最初的界面时，则可以按照以下的步骤进行操作：

关闭 ArcMap，找到 C:\Users\Administrator\AppData\Roaming\ESRI\Desktop10.7\ArcMap\Templates\Normal.mxt 文件，删除文件 Normal.mxt，再次打开 ArcMap，就可以恢复默认界面。

### 5.1.3　ArcMap 简单操作

（1）界面介绍。

ArcMap 界面如图5.7 所示，中间为 ArcMap 地图窗口，左边是内容列表，右边为目录（ArcCatalog）。

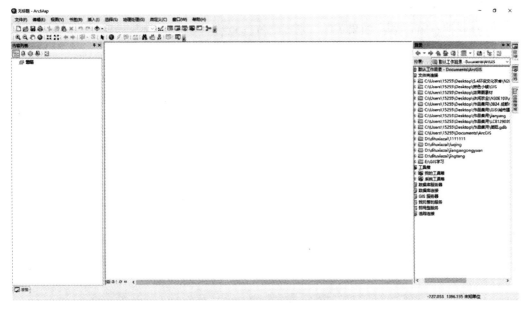

图 5.7　ArcMap 界面

界面的上方为软件的主菜单（见图 5.8）。默认的情况下系统启动后会自动加载系统标准工具条和（基础）工具条两个常用的工具条。

文件(F)　编辑(E)　视图(V)　书签(B)　插入(I)　选择(S)　地理处理(G)　自定义(C)　窗口(W)　帮助(H)

图 5.8　主菜单

主菜单下面的标准工具条如图 5.9 所示。标准工具条的主要按钮介绍如下：

图 5.9　标准工具条

①新建 MXD 文档：新建文档时，当前地图窗口的所有数据都会被清除。

②打开 MXD 文档：打开已有的 MXD 文档，会关闭当前的 MXD 文档。

③保存 MXD 文档：保存当前的文档，如果当前的文档没有被保存过，那么系统将提示确认或修改保存文件名，保存路径与数据的目录一致。

④添加数据：添加矢量数据、栅格数据、CAD 数据、Excel 表格数据。

⑤查看和设置地图比例尺 1:1,451,893：当地图缩放时，可以在此看到地图的比例尺，也可以自己输入地图的比例尺。如果该按钮为灰色，原因为数据框没有坐标系或者地图单位。

⑥打开关闭地图编辑工具条：在没有地图编辑工具条时，点击该按钮，则打开地图编辑工具条；在有地图编辑工具条时，点击该按钮，则关闭地图编辑工具条。

⑦打开内容列表：如果左侧没有内容列表窗口时，点击该按钮，则打开内容列表窗口；如果左侧有内容列表窗口，点击该按钮，系统不做任何操作。

⑧打开目录窗口：如果右侧没有目录（ArcCatalog）窗口时，点击该按钮，则打

开目录窗口；如果右侧有目录窗口，点击该按钮，系统不做任何操作。

⑨打开搜索窗口：如果关闭了搜索窗口，点击该按钮，则打开搜索窗口；如果已经打开搜索窗口，点击该按钮，系统不做任何操作。

⑩打开 ArcToolbox：如果 ArcToolbox 未被打开，点击该按钮，则打开 ArcToolbox；如果已经打开 ArcToolbox，点击该按钮，系统不做任何操作。在实际使用过程中，我们一般不在标准工具条中打开 ArcToolbox，原因是打开速度慢且不能搜索工具。

⑪打开 Python 命令行窗口：如果关闭了 Python 命令行窗口，点击该按钮，则打开 Python 命令窗口；如果已经打开 Python，点击该按钮，系统不做任何操作。

⑫打开一个新的模型构建器窗口：用于打开一个新的模型构建器窗口，单击一次，新建一个模型构建器窗口。

标准工具条下面停靠的是（基础）工具条，如图 5.10 所示。（基础）工具条的主要按钮介绍如下：

图 5.10　（基础）工具条

①放大：通过单击某个点或者拖出一个框来放大地图，比例尺会跟随着变大，地图窗口中看到的内容减少。

②缩小：通过单击某个点或者拖出一个框来缩小地图，比例尺会跟随着变小，地图窗口中看到的内容增多。

③平移：平移地图，比例尺不变。

④全图范围：缩放地图，直至能显示所有地图数据。

⑤固定比例放大：放大地图中心，地图中心点不变。

⑥固定比例缩小：缩小地图中心，地图中心点不变。

⑦上一视图：返回到上一视图；没有上一视图时该图标为灰色的，不能使用。

⑧下一视图：前进到下一视图；没有下一视图时该图标为灰色的，不能使用。

⑨选择要素：可通过单击来选择要素；也可在要素周围拖出一个框来选择要素；也可以采用图形方式选择要素，如利用"按面选择""按套索选择""按圆选择""按线选择"工具选择地图要素。在按住 Shift 键时，单击要素，如果要素未被选择；则选中该要素；如果要素已经被选择，则取消选中该要素。

⑩清除所选内容：取消选择当前在活动数据框中所选的全部要素；当前在活动数据框中未选择要素时，该按钮是灰色的，不能被使用。

⑪选择元素：可以选择、调整及移动放置到地图上的文本、图形、注记及其他对象。

⑫识别：识别单击选中的地理要素、栅格或地点。

⑬测量：测量地图上的距离和面积。如果图标是灰色的，则不可用，原因一般为数据框没有坐标系或地图单位。

⑭转到 XY 位置：通过输入经纬度导航到该位置。

（2）数据加载。

ArcMap 能够加载的数据有以下几种：

①矢量格式文件，如 SHP 文件、数据库中的数据（要素类和要素数据集），不可以直接加载数据库（主要考虑数据库中多个数据的坐标系不一致）；

②栅格数据，如 TIF、IMG 数据；

③AutoCAD 数据，如 DWG、DXF；

④Excel 中的数据表（单个 sheet），不可以直接选 xls 和 xlsx；

ArcMap 加载数据的方式主要有以下两种：

①利用 ArcCatalog 拖动指定目录下的数据，除上述数据以外，也可以是 MXD、MPK 数据，不能是整个数据库，也不能是工具箱的工具，将数据从 ArcCatalog 目录中直接拖出即可。如果数据文件夹没有被连接到 ArcMap 中，右键单击目录中的"文件夹连接"，点击"连接文件夹"，在弹出的选项框中找到相应数据文件夹并确定即可，如图 5.11 所示。

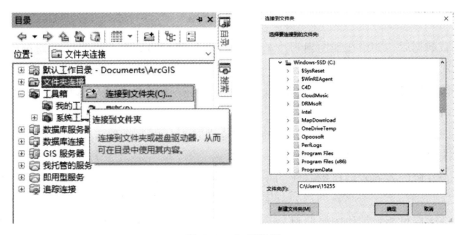

**图 5.11　加载数据**

②通过单击"标准工具栏"中的"添加数据✧"按钮加载数据，具体操作方法：单击"添加数据✧"，在弹出的对话框中选择需要加载的数据文件，单击"添加"，完成数据加载。如图 5.12 所示。如果对话框中没有显示需要的文件夹，则需要先连接文件夹（单击添加数据界面右上角的✧按钮）。在 ArcGIS 中，连接上级目录时可以查看下级目录的内容。例如，如果连接 C 盘，那么 C 盘下所有的内容都可见。但是在连接根目录下内容较多的文件夹时路径检索会受到影响，因此在连接文件夹时建议连接到数据文件上一级文件夹即可。

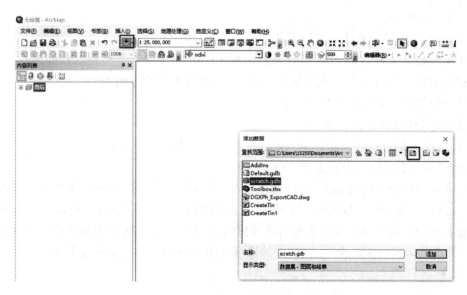

图 5.12　加载数据

加载数据后，如果在地图窗口中看不到某一个图层的数据，用户可以通过以下的几种方法进行处理：

①该图层可能处于关闭状态，即没有被打开，在左侧内容列表中选择该图层并重新打开即可。

②该图层数据可能不在当前窗口的显示范围之内，可通过单击基础工具条中"全图◉"按钮显示全部数据的总范围。

③在左侧内容列表窗口中对应的图层中，右击弹出菜单，选择菜单栏中的"缩放至图层"选项，系统会将该图层的范围显示在当前数据窗口位置。

④该图层可能被其他图层所遮挡，可以通过左侧内容列表显示情况改变和调整图层的顺序。

⑤数据坐标系有错误，即加载的数据的坐标系或者空间参考与原有系统正在使用的坐标系不一致，如属于数据框的坐标系和数据的坐标系不一致，需要进行修改。

（3）内容列表的操作。

加载数据后，软件界面左侧的内容列表中将显示数据的图层信息，如果界面上没有内容列表，用户可以在标准工具栏中点击▦图标打开内容列表。内容列表最上面的图标名称依次为：按绘制顺序列出、按源列出、按可见性列出、按选择列出，如图5.13所示。下面对这4种列出方式进行介绍：

图 5.13　内容列表

①按绘制顺序列出▤：可用来改变地图中图层的显示顺序（可通过上下拖动图层改变显示顺序），重命名或者移除图层，以及创建或管理图层组。该方式能够列出地图中所有的数据框，但是只有名称是粗体的活动数据框才会显示在地图的数据视图中。

每个图层前面的☑可以用来打开和关闭图层，勾选是打开图层，取消勾选为关闭图层。

②按源列出🗐：显示每个数据框中的所有数据，并将根据数据所引用的数据源所在文件夹或者数据库对各个图层进行编排。此视图还会列出已经作为数据添加到地图文档的表。注意：按源列出数据时，不能够通过拖动改变图层顺序，原因是数据源的位置是固定的，并且有些只有属性表而非图形，上面数据显示的结果如图 5.14 所示。注意：内容列表上部显示的图标□ 🖿 图层是数据框，在 ArcMap 中可以有多个数据框，一个数据框中可以添加一个或者多个数据，数据框的右键菜单如图 5.15 所示。

③按可见性列出☑：将内容列表中的图层按可见和不可见分类列出，图层前的☑可以控制图层的可见性。

④按选择列出🗐：根据矢量图层是否可选（栅格图层本身是不可选的）和是否包含已选择要素对图层进行自动分组。可选图层表示在此图层中的要素可在编辑会话中使用交互式选择工具（如基础工具条中的工具或编辑工具）进行选择，上面数据显示的结果如图 5.16 所示。

图 5.14　按源列出

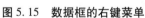

图 5.15　数据框的右键菜单

图 5.16　按选择列出

### 5.1.4　ArcCatalog 简单操作

ArcCatalog 是 ArcGIS Desktop 中常用的应用程序之一，是地理数据的资源管理器，是浏览、组织、分配、管理 GIS 数据的工具。其作用类似于 Windows 操作系统的资源管理器，用户可通过 ArcCatalog 组织、管理和创建地理信息数据。ArcCatalog 应用程序为 ArcGIS Desktop 提供了一个目录窗口，还可以集成在 ArcMap、ArcScene 和 ArcGlobe 中，用于组织和管理各类地理信息，是 ArcGIS 的资源管理器。ArcCatalog 还可以用于新建 SHP 和地理数据库，在地理数据库中新建要素类和要素数据集，为数据定义坐标系，添加字段和修改字段，复制、粘贴和删除数据，创建拓扑和修改拓扑规则，等等。

（1）ArcCatalog 界面简介。

在 ArcMap 中，ArcCatalog 位于软件界面的右侧，如图 5.17 所示。

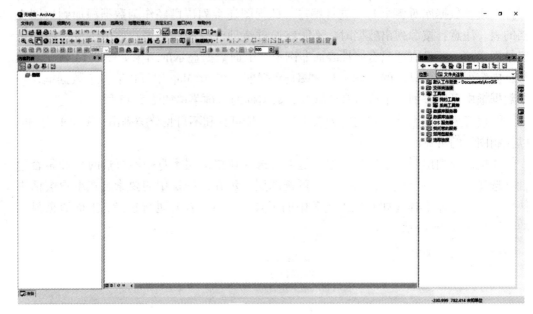

**图 5.17　ArcCatalog**

在 ArcCatalog 面板中，右上角的 图标的作用为隐藏或固定面板。当图标显示为 时，面板被固定在界面上；当图标显示为 时，面板处于自动隐藏状态，当不在 Arc-Catalog 中进行操作时面板会自动隐藏。图标 为"转至默认工作目录文件夹"，图标 为"转至默认地理数据库"，图标 为"连接到文件夹"，图标 为"切换内容面板"。

（2）文件夹连接。

在 ArcGIS 中访问数据时，要先连接到数据所在的文件夹，这样才能访问数据。连接方法：通过单击 图标或者右键点击"文件夹连接"连接到文件夹，如图 5.18 所示。

**图 5.18　文件夹连接**

（3）切换 ArcCatalog 内容面板。

图标 用于切换 ArcCatalog 的内容面板，ArcCatalog 支持"只看目录树、同时查看目录树和面板、只看面板"三种模式。单击 图标，能够在三种模式之间切换。

在 ArcCatalog 面板窗口比较窄时，显示内容为上下分布方式，如图 5.19 所示；在 ArcCatalog 面板窗口比较宽时，显示内容为左右分布方式，如图 5.20 所示。

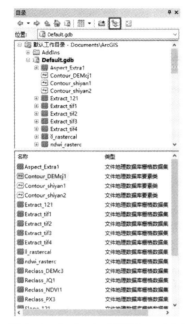

图 5.19　ArcCatalog **面板窗口（窄）**　　　图 5.20　ArcCatalog **面板窗口（宽）**

目录窗口中，不论是上下分布还是左右分布，内容都是上下级关系，左边列出的是父目录，右边列出的是下级目录，当没有下级目录时，就列出数据本身。一般只能单选目录树。

当窗口中的内容呈上下分布方式时，用户可以从下面面板中多选内容；左右分布时可以从右边面板中多选内容。多选的方法为：按 Shift 键连续选择，按 Ctrl 键不连续选择，也可以用鼠标拉框选择，选中多个数据后，可以拖动到 ArcMap 地图窗口，或者拖动到工具输入数据参数中。

### 5.1.5　ArcToolbox 基础操作

ArcToolbox，即 ArcGIS 工具箱，是地理处理工具（geoprocessing）的集合，其内部提供了极其丰富的地学数据处理工具，可以提供针对数据的空间分析、数据转换、数据管理、3D 分析、制图等功能。

ArcToolbox 集成在 ArcCatalog（目录）中，如图 5.21 所示。工具箱中的所有工具（含大部分功能菜单）的操作要点：如果选择要素，那么只处理所选择的要素；如果没有选择要素，那么会处理所有要素。因此处理所有要素有两种方法：全部选择对象或者全部不选（清除选择对象）。

**图 5.21　ArcToolbox**

在 ArcToolbox 中，单击工具选项，只是选中工具；若要运行一个工具，则需要鼠标双击该选项，也可以使用右键单击，打开菜单后进行选择。其中，菜单中"批处理"可以进行批量操作，工具箱中所有的工具都能够进行批处理。

（1）ArcToolbox 的界面简介。

工具是工具箱中用于对 GIS 数据执行基本操作的。目前 ArcGIS 内的工具一共分为"工具集、内置工具、脚本工具、模型工具、特殊工具"五种类型。

①工具集：在工具集中可以放很多工具、模型和脚本工具，其本身不能够运行。

②内置工具：这些工具是使用 ArcObjects 和像.NET 这样的编译型编程语言构建的。

③脚本工具：这些工具是使用脚本工具向导创建的，它们可在磁盘上运行脚本文件，例如 Python 文件（.py）、AML 文件（.aml）及其他可执行文件（.exe 或.bat）。

④模型工具：这些工具是使用模型构建器创建的。

⑤特殊工具：特殊工具比较少见，它们是由系统开发人员构建的，特殊工具有自己独特的供用户使用此工具的界面。ArcGIS Data Interoperability 扩展模块中具有特殊的工具。

不管工具属于哪种类型，它们的工作方式都是相同的，即：

①可以打开它们的对话框。

②可以在模型构建器中使用它们。

③可以在软件程序中调用它们。

ArcGIS 10.8 版本共有 924 个工具，其中 3D Analyst Tools 有 119 个，Analysis Tool 有 23 个，Cartography Tools 有 46 个，Conversion Tools 有 56 个，Data Management Tools 有 323 个，Spatial Analyst Tools 有 192 个。但是有 31 个工具既在 3D Analyst Tool（三维）中，又在 Spatial Analyst Tools（空间分析）中，如坡度（slope）、重分类（reclassify）、地形转栅格等工具，说明这些都是非常重要的工具。

①3D Analyst Tools 是三维分析工具箱，用于创建、修改和分析 TIN、栅格以及 Terrain 表面，然后从这些对象中提取信息和要素。用户可以使用 3D Analyst 中的工具进行

以下操作：将 TIN 转换为要素，通过提取高度信息从表面创建 3D 要素，利用栅格插值信息，对栅格进行重新分类，从 TIN 和栅格获取高度、坡度、坡向和体积信息。

②Analysis Tools 是分析工具箱，包含一组功能强大的工具，用于执行大多数基础的 GIS 操作。使用此工具箱中的工具可以执行叠加、创建缓冲区、计算统计数据、执行邻域分析以及其他更多的操作。当需要解决空间问题或统计问题时，用户应在"分析"工具箱中选择合适的工具。

③Cartography Tools 是制图分析工具箱，能够生成并优化数据以支持地图创建。这包括创建注记和掩膜、简化要素和减小要素密度、细化和管理符号化要素、创建格网和经纬网以及管理布局的数据驱动页面。

④Conversion Tools 是转换工具箱，包含一系列用于在各种格式之间转换数据的工具。

⑤Data Management Tools 是数据管理箱，提供了一组主要用于对要素类、数据集、图层、栅格数据结构进行开发、管理和维护的工具。

⑥Editing Tools 是编辑工具，可以将批量编辑应用到要素类中的所有（或所选）要素，是 ArcGIS 10 之后才有的工具条。

⑦Geostatistical Analyst Tools 是地统计工具箱，可以通过存储于点要素图层或栅格图层的测量值，或使用多边形质心轻松创建连续表面或地图。采样点可以是高程、地下水位深度或污染等级等测量值。与 ArcMap 结合使用时地统计工具箱可以提供一组功能全面的工具，以创建可以用于显示、分析和了解空间现象的表面。

⑧Network Analyst Tools 是网络分析工具箱，包含可执行网络分析和网络数据集维护的工具。使用此工具箱中的工具，用户可以维护用于构建运输网模型的网络数据集，还可以对运输网执行路径、最近设施点、服务区、起始-目的地成本矩阵、多路径派发（VRP）和位置分配等方面并进行网络分析。用户可以随时使用此工具箱中的工具对运输网进行分析。

⑨Spatial Analyst Tools 是空间分析工具箱，其扩展模块为栅格（基于像元的）数据和要素（矢量）数据提供一组类型丰富的空间分析和建模工具。

用户使用 3D Analyst Tools、Geostatistical Analyst Tools、Network Analyst Tools 和 Spatial Analyst Tools 时需要扩展模块支持。

（2）搜索工具。

ArcMap 为用户提供了搜索面板，打开搜索面板的方式如下：

①选择菜单栏中的"地理处理"，在下拉选项栏中选择"搜索工具"；

②单击标准工具栏中的按钮；

③选择菜单栏中的"窗口"，在下拉选项栏中选择"搜索"；

④按 Ctrl+F，打开搜索面板。

在打开搜索面板后，其显示如图 5.22 所示。在面板的上部选择"本地搜索"，在搜索框上方选择"全部"，然后输入工具的名称，按 Enter 键，完成工具搜索。在查找的过程中用户可以使用模糊搜索：中文状态下模糊搜索使用"空格"作为通配符。例如，查找"栅格转面"工具，输入"栅格转"或"删 转"，就可以搜索出所有带"栅格转"字符的工具。由于中文本身是模糊查询，如果输入"栅格 面"，也能够查到工具。但是如果输入"栅格面"，则无法搜索到工具，这是因为这三个字不连在一起，如图5.22所示。

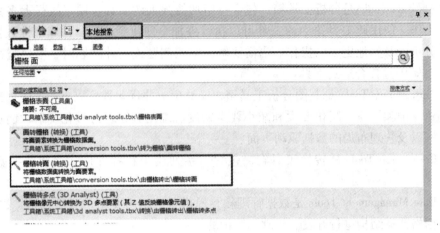

**图 5.22　搜索面板**

英文状态下模糊搜索使用"*"作为通配符，例如，需要搜索工具"FeatureToLine"，完整输入工具名称可以找到该工具（不区分大小写），如果少输字符，那么只能输入"Featur*ToLine"或者"Featur*To*"。中英文两种通配符只能在各自状态下使用，不可以相互使用。此外，如果找名称后面含有"Coverage"的工具，则不能够选择该工具，因为 Coverage 工具只对 Coverage 格式有效，而 Coverage 是 ArcGIS 早期版本的格式，需要选择名字中不含"Coverage"的该工具，如图5.23所示。

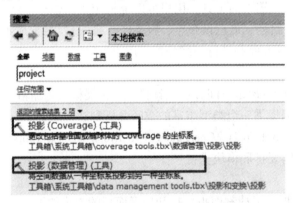

**图 5.23　搜索工具**

（3）ArcToolbox 工具学习。

ArcToolbox 中的每个工具都设置有帮助面板，对每个工具最好的学习方法就是看帮助。单击每个参数，会显示相应的帮助，一般帮助会显示在操作界面的右侧。单击"工具帮助"，则会有更详细的帮助。以"投影栅格"为例，凡是在工具面板左上角有图标的都是工具箱的工具。工具面板中前端带有 符号的输入项是必填的，没有 符号的输入项为选填的，如图5.24所示。输入的数据应是原始数据，输入栅格（原始数据）的方式有以下几种：

①通过输入框的下拉选项选择输入数据。如果数据选择对象，则只处理选择对象；

如果不选择对象，则处理所有对象。

②从 ArcMap 中拖动数据到输入栏。

③从 ArcCatalog 中拖动数据（会处理所有数据）到输入栏。

④单击 🔲 按钮，自己查找或者加载指定的数据（一定会处理所有数据）。

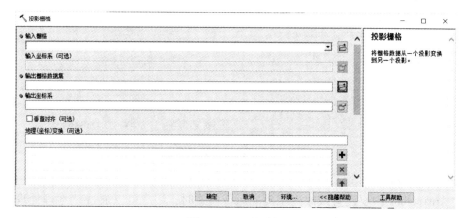

**图 5.24　工具面板**

输出数据是通过该工具运行后的结果，输出数据一般不能是已存在的，可以简单理解为不能有与输出数据同名的文件，如果进行覆盖操作，则进行如下操作：选择菜单栏中的"地理处理"，在下拉菜单中选择"地理处理选项"，在弹出的对话框中勾选"覆盖地理处理操作的输出"，如图 5.25 所示。输出数据一般放在默认数据库中。

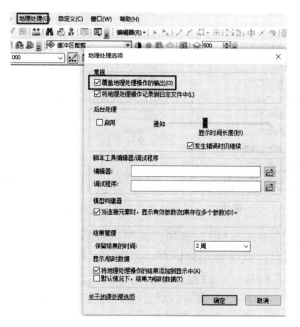

**图 5.25　输出文件覆盖操作**

（4）ArcToolbox 工具运行错误的解决方法。

工具运行时如果出现如图 5.26 所示的界面，表示工具发生错误，用户可将鼠标移动到 ⊗ 处，这时候系统会提示错误原因，根据提示可以将对应的错误解决。同理，如果在运行中出现运行错误的提示，用户也可根据系统提示的错误代码来解决出现的问题。

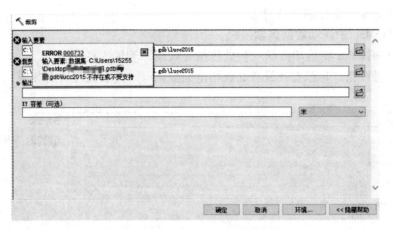

图 5.26　工具运行错误提示

（5）工具设置前台运行。

在 ArcToolbox 中要设置或改变工具的运行模式时，用户可以通过"地理处理选项"进行更改。操作方法为：选择菜单栏中的"地理处理"选项，在下拉菜单中选择"地理处理选项"，在弹出的面板中勾选或者取消勾选"后台处理"的"启用"选项，如图 5.27 所示。

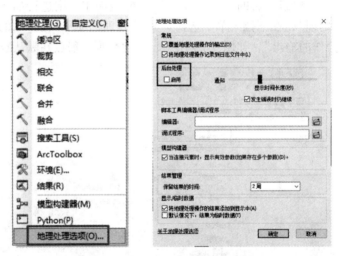

图 5.27　设置或改变工具的运行模式

勾选"后台处理"的"启用"选项，就是指在后台运行；没有勾选"启用"选项，就是指在前台运行，此时显示对话框、进度条，用户可以看到运行过程。建议将工具运行放在前台，有时将一些线程放在后台操作时会失败，而放在前台时就会操作成功。将工具放置在后台运行的唯一的好处是可以多线程运行，可以做其他的事情。如果运行 ArcGIS 的计算机是 64 位操作系统，并且计算机性能较好，建议安装 ArcGIS_Desktop_BackgroundGP_107_167531.exe 程序，安装后以 64 位方式运行，工具的执行速度更快。

（6）运行结果的查看。

在 ArcGIS 中如果要查看被执行工具的运行情况，用户可以进行以下操作：选择菜单栏中的"地理处理"选项，在下拉菜单栏中选择"结果"，在弹出的"结果"对话框中查看被执行工具的运行情况，如图 5.28 所示。运行结果中可以看到工具具体的运行信息：开始时间、过程信息和总运行时间。

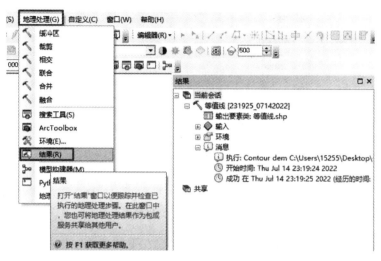

图 5.28　运行结果查看

# 5.2　创建地图文档和加载数据

在 ArcMap 中，所有操作都需要在文档中进行，要进行操作，首先要新建文档，具体操作如下：

①新建地图文档：打开 ArcMap，模板项选择空白地图，如图 5.29 所示。

②设置地图文档属性：选择菜单栏中的"文件"，在下拉菜单中选择"地图文档属性"，在地图文档属性对话面板中勾选"存储相对路径名"，如图 5.30 所示。此操作可以保证变更数据的存储位置后（如拷到自己电脑），地图文档仍能找到其中的数据文件。

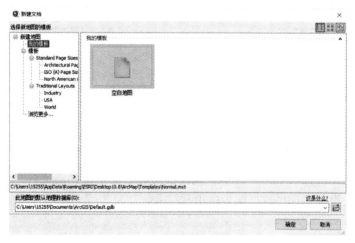

图 5.29　新建地图文档

图 5.30　设置地图文档属性

③保存地图文档：选择菜单栏中的"文件"，在下拉菜单中选择"保存"，在弹出的对话框中选择保存位置以及对地图文档进行命名。保存也可以通过快捷键"Ctrl+S"操作。

完成以上步骤后则完成了地图文档的创建，要使用 ArcMap，用户还需要对原始数据进行加载，加载数据有两种操作方法，具体如下：

方法一：在 ArcCatalog 面板中右键点击"连接文件夹"或点击面板右上方 图标，如图 5.31 所示；在弹出的连接文件夹对话框中选择数据所在的文件夹并点击确定，如图 5.32 所示；连接成功后，在 ArcCatalog 面板中点击"连接文件夹"前的 ，找到数据文件夹，将数据文件拖入地图面板，完成数据加载。

图 5.31　连接文件夹

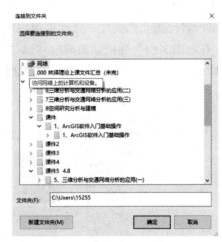

图 5.32　数据加载

方法二：在标准工具条中单击 ，在弹出的对话框中找到右上角的 ，重复方法一的连接文件夹操作，选择数据面板中出现的数据，点击"添加"，完成数据加载，如图 5.33 所示。

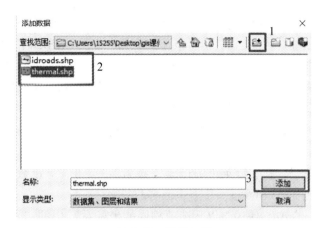

图 5.33　数据加载

完成操作后的成果如图 5.34 所示，右侧内容面板将出现图形数据的图层信息。

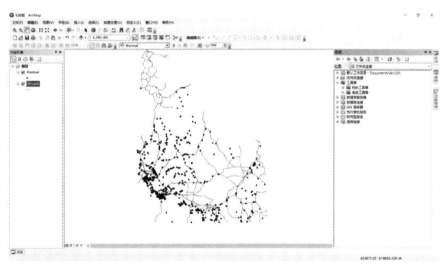

图 5.34　图层信息

# 5.3　坐标转换与地理配准

在 ArcMap 中，数据常常有多种来源和多种格式，因此经常出现坐标系统不一致的情况。简单来讲，就是同一个规划区的多个专题图层加载到 ArcMap 中，不能够显示在同一个位置。这说明了多种数据的坐标系不同，或者有一些图层并没有坐标信息，这时候就需要进行坐标转换或地理配准。在进行相关操作时，分以下几种情况，用户需要采用不同的方式处理。

## 5.3.1　原始数据的坐标信息已知

（1）坐标系统的动态转换。

如果所用到的多个数据的坐标系统都是已知的但坐标系统不一样。例如，有些数据的坐标系统是 WGS 1984，有些数据的坐标系统是 Beijing 1954，有的是 Xian 1980。

那么只要这些坐标系统是 ArcGIS 能够识别到的通用坐标，加载到 ArcMap 中时都能够进行动态转换并且正确显示。当在 ArcMap 中加载第一个数据图层时，数据框的坐标系统就会被默认为该图层的坐标系统，因此继续加载其他数据图层时，ArcMap 都会将其坐标系统动态转换为数据框的坐标系统。动态转换是指 ArcMap 为了显示数据进行的临时性转换，数据本身的坐标系统并不会被改变。

如果要将某个矢量数据图层的坐标系统永久地改变为数据框的坐标，那么操作方法如下：

①右键单击该图层，在右键菜单中选择"数据"，点击"导出数据"，弹出"导出数据"对话框，如图 5.35 所示。

②在对话框中，点击"使用与以下选项相同的坐标系"中的"数据框"选项，如图 5.36 所示。选择此选项后，导出的数据的坐标系统与当前数据框的相同。

③对话框中的"输出要素类"用于设置导出的 shapefile 存放路径和文件名，单击确定按钮，得到一个新的 shapefile 矢量文件。

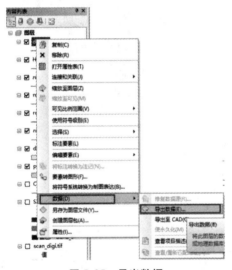

图 5.35　导出数据

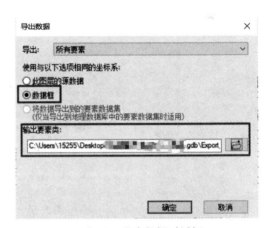

图 5.36　导出数据对话框

如果要将某个栅格数据图层的坐标系统永久地改变为数据框的坐标，那么操作方法如下：

①右键单击该图层，在右键菜单中选择"数据"，点击"导出数据"，弹出"导出数据"对话框。

②在"导出数据"对话框中的"范围"栏选择"栅格数据集（原始）"选项，即导出的数据范围和原始数据相同；在"空间参考"栏选择"数据框（当前）"选项，即导出的数据的坐标系统与当前数据框的相同，如图 5.37 所示。

③在对话框中的"输出栅格"栏设置导出的栅格数据像元大小（分辨率），在"位置"指定导出的栅格数据存放的位置，在"名称"选项处设置导出栅格数据的文件名，在"格式"选项处设置导出的栅格数据格式，用户可以根据需要选择 GRID、IMG、TIFF 等格式，其他参数保持默认设置。

④单击保存按钮，我们就得到一个新的栅格数据。

图 5.37　导出栅格数据

（2）重新定义坐标系统。

在数据导入或格式转换过程中，数据中已知的原始坐标信息有可能丢失。例如，在利用 MapGIS 导出土地利用现状图时，或者在使用 ArcGIS 导入 MapInfo 林业数据时，尽管利用 shapefile 数据显示的图形的 $X$、$Y$ 坐标值是正确的，但是坐标系统却将其丢失掉。在遇到这种情况时，用户可以使用如下方法进行操作：

①将 shapefile 加载到 ArcMap 中，打开 ArcToolbox，选择 "Data Management Tools（数据管理工具）"，选择 "投影和变换"，选择 "定义投影"，如图 5.38 所示。

②单击弹出的 "定义投影" 面板中的 "坐标系" 输入栏右侧的图标，弹出 "空间参考属性" 对话框，在空间参考属性对话框中选择 "XY 坐标系"，找到数据中已知的原始坐标系，如 "Gauss Kruger/Beijing 1954" 选项，从其中选择正确的投影带并确定，完成定义坐标系，如图 5.39 所示。

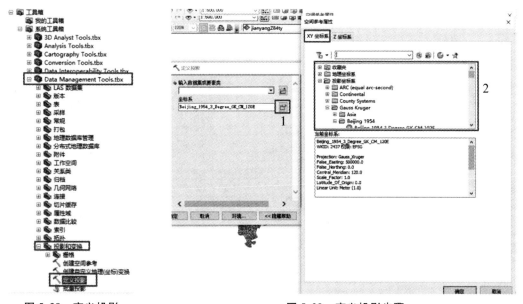

图 5.38　定义投影　　　　　　　　　图 5.39　定义投影步骤

在完成上述操作后，数据就被定义了坐标系统。

### 5.3.2 原始数据的坐标信息未知

当不知道数据的坐标信息或者 ArcGIS 不能够识别坐标系时，在将其加载到 ArcMap 时图形将无法显示在正确的位置上。在这种情况下用户需要利用 ArcGIS 的空间校正或地理配准工具将数据投影到正确的位置并赋予其坐标系。矢量数据使用空间校正，栅格数据使用地理配准，具体解析如下：

（1）矢量数据的空间校正。

①将一个具有正确坐标系统的矢量数据加载到 ArcMap 中，此时数据框的坐标系被默认为该图层的坐标系，如图 5.40 所示。

②选择标准工具栏中的 ✥ ▾图标，加载一个没有坐标系的矢量数据，ArcMap 不能将其显示在正确的位置，如图 5.41 所示。

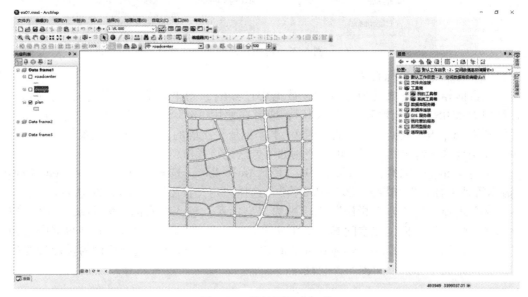

图 5.40　默认图层坐标系

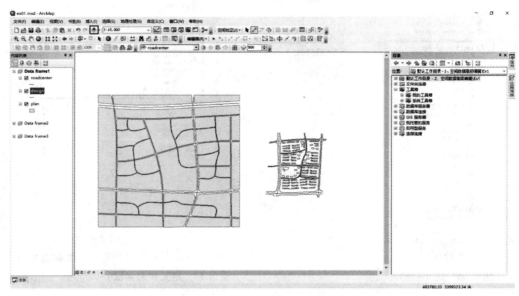

图 5.41　矢量数据位置显示错误

③右键单击坐标未知的图层，选择右键菜单中的"缩放至图层"命令，即可看见图像，选择编辑器工具条中的"编辑器"（若界面未显示工具条，则点击标准工具条中的 ▓ ，打开编辑器工具条），点击"开始编辑"，随后软件会弹出警告"design 的空间坐标系与数据不匹配"，单击"继续"按钮，如图 5.42 所示。

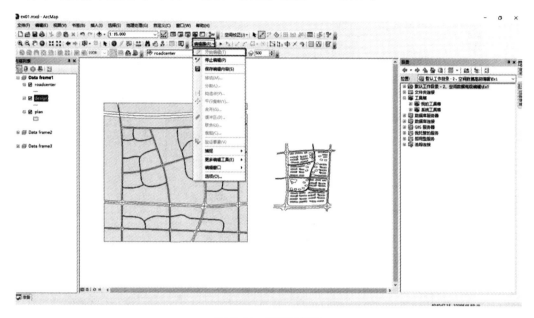

图 5.42　使用编辑器

④在工具栏中找到"空间校正"工具条（如果工具栏中没有该工具条，那么右键单击工具栏空白处，在右键菜单栏中勾选"空间校正"命令即可），选择"空间校正"中的"设置校正数据命令"，在弹出的"选择要校正的输入"对话框中选择"以下图层中的所有要素"，勾选待校正的图层并点击确定，如图 5.43 所示。

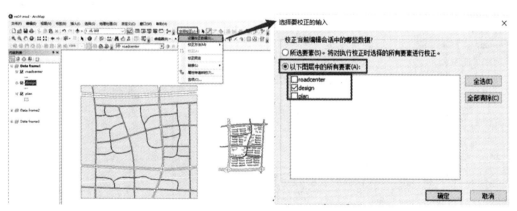

图 5.43　空间校正：选择待校正图层

⑤选择空间校正工具条上的"新建位移连接"按钮 ✦ ，用鼠标在待校正图形上选择一处能够在目标图层上识别的同名点（注意：同名点可以为道路交叉口、河流交汇处、边界点、明显地物等，它们必须能够在已有坐标的图形上被找到）；在已知坐标的图形上点，击同名点完成一对校正点的采样（如果已知坐标的图形不在视图范围内，

可以通过右击其图层并选择"缩放至图层"来解决);建立多对校正点,如图 5.44 所示(理论上讲,点对越多,且分布越均匀,那么空间校正的误差越小);在构建完至少 4 对校正点之后"空间校正"工具下拉菜单栏中的"校正"变为可使用状态,如图 5.44 所示。

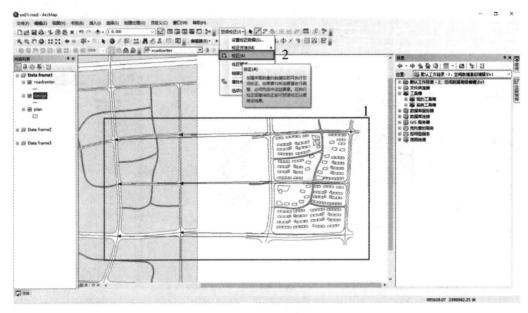

图 5.44 构建校正点

⑥单击"校正"命令,未知坐标的图形则被投射在已知坐标的图形上,如图 5.45 所示,可根据需要再次重复构建多对校正点进行微调。

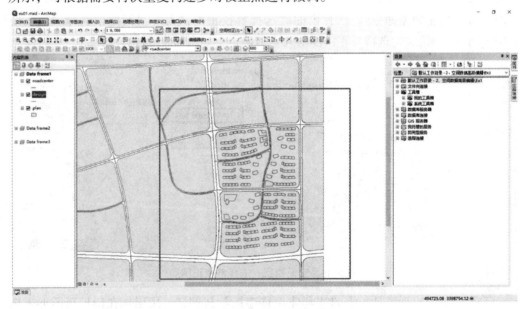

图 5.45 图形被投射到已知坐标的图形上

⑦选择空间校正工具条中的"查看连接表"按钮 ,能够在弹出的"链接表"中看到校正点和它们的残差,如图 5.46 所示。如果某一对校正点的残差很大,那么可以

选中这一行数据并且点击右侧的"删除链接"将其删除，系统会立即重新计算每一对校正点的残差和总体误差（RMS 误差），同时待校正的图形也会发生适当的移动和变形。

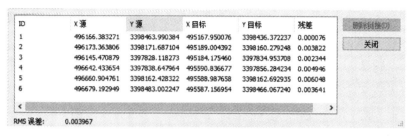

<table>
<tr><th>ID</th><th>X 源</th><th>Y 源</th><th>X 目标</th><th>Y 目标</th><th>残差</th></tr>
<tr><td>1</td><td>496166.383271</td><td>3398463.990384</td><td>495167.950076</td><td>3398436.372237</td><td>0.000076</td></tr>
<tr><td>2</td><td>496173.363806</td><td>3398171.687104</td><td>495189.004392</td><td>3398160.279248</td><td>0.003822</td></tr>
<tr><td>3</td><td>496145.470879</td><td>3397828.118273</td><td>495184.175460</td><td>3397834.953708</td><td>0.002344</td></tr>
<tr><td>4</td><td>496642.433654</td><td>3397838.647964</td><td>495590.836677</td><td>3397856.284234</td><td>0.004946</td></tr>
<tr><td>5</td><td>496660.904761</td><td>3398162.428322</td><td>495588.987658</td><td>3398162.692935</td><td>0.006048</td></tr>
<tr><td>6</td><td>496679.192949</td><td>3398483.002247</td><td>495587.156954</td><td>3398466.067240</td><td>0.003641</td></tr>
</table>

RMS 误差：　　0.003967

**图 5.46　空间校正连接表**

⑧根据 RMS 误差和图形校正的效果，我们可以判断空间校正是否合适。如果对空间校正的结果满意，那么就在工具条上选中"编辑器"，保存编辑内容，然后选择"停止编辑"命令。此时就完成了空间校正的步骤，坐标未知的矢量图层就具有了和目标图层一样的空间坐标。

（2）栅格数据的地理配准。

①将一个具有正确坐标系统的矢量数据加载到 ArcMap 中，此时数据框的坐标系被默认为该图层的坐标系，如图 5.47 所示。

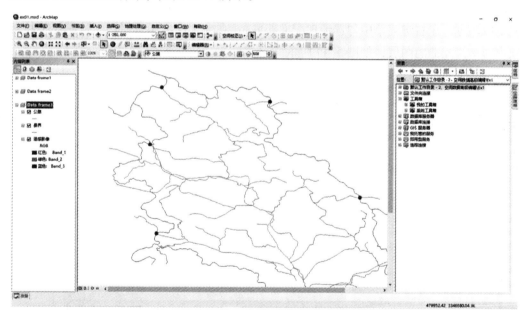

**图 5.47　加载矢量数据**

②选择标准工具栏中的 ✛· 图标，加载一个没有坐标系的栅格数据，ArcMap 不能将其显示在正确的位置，如图 5.48 所示。

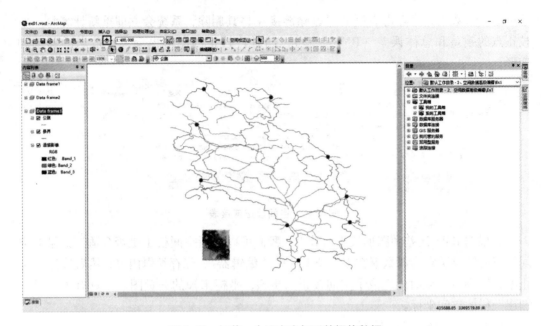

图 5.48　加载一个没有坐标系的栅格数据

③右键单击坐标未知的图层，选择右键菜单中的"缩放至图层"命令，即可看见图像；选择工具栏中的"地理配准"工具条（若界面未显示工具条，则右键单击工具栏空白地方，在右键菜单中勾选地理配准即可）；在地理配准工具栏中，从图层下拉选项中选择待配准的图层，如图 5.49 所示。

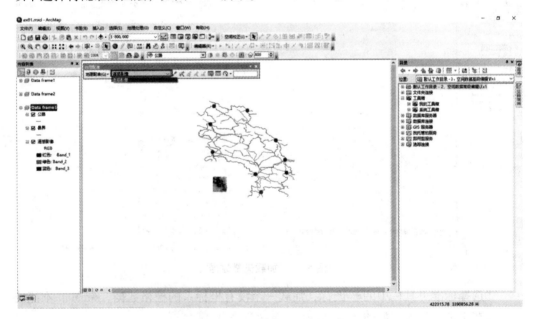

图 5.49　选择待配准的图层

④在地理配准工具条中单击"添加控制点"按钮 ，用鼠标在待配准图形上选择一处能够在目标图层上识别的同名点（注意：同名点可以为道路交叉口、河流交汇处、边界点、明显地物等，它们必须能够在已有坐标的图形上被找到）；在已知坐标的图形

上点击同名点，完成一对配准点的采样（如果已知坐标的图形不在视图范围内，可以通过右击其图层并选择"缩放至图层"来解决）；建立多对配准点，如图 5.50 所示（理论上讲，点越多，且分布越均匀，那么空间校正的误差越小）。这个操作过程与矢量数据的空间校正采样类似。注意：我们地理配准中添加的点为控制点，输入的结果是在两端分别留下起点和终点，显示相同的编号、不同的颜色，一般起点为十字绿标，终点为十字红标，不会显示连接线。

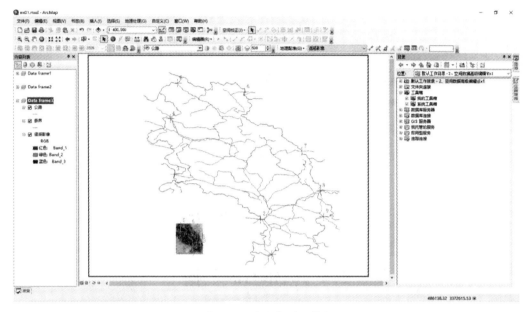

图 5.50　建立多对配准点

⑤点击地理配准工具条中的"查看链接表"按钮，在表中查看配准点残差和 RMS 总误差，如图 5.51 所示。如果某对配准点的误差较大，可以在表中选择该对数据，单击对话框上方的"删除链接"按钮将其进行删除，系统将重新计算每一对配准点的残差和 RMS 总误差。在通常情况下，当地理配准的 RMS 总误差小于栅格数据的分辨率（像元大小）时，则认为达到了精度的要求。

图 5.51　查看配准点残差和 RMS 总误差

链接表可以保存为 TXT 文档，当同一个位置上有多个栅格数据图层都要配准到目标图层上时，可以直接加载这个 TXT 文档进行快速配准。链接表中提供了多种变换方式，用户根据配准点的数量适当选择一阶多项式（仿射）、零阶多项式（平移）、投影变换、校正等配准方式。多项式的阶数越高，局部的旋转、拉伸和扭曲效果越明显。

⑥如果配准达到了要求，则需要输出一个新的栅格数据文件，这里是和矢量数据的空间校正有区别的。选择地理配准工具条中的"校正"命令，弹出"另存为"的对话框，设定配准后的栅格数据的像元大小（分辨率），设置输出栅格的存放路径、文件名和格式，其他选项保持默认（如图 5.52 所示），单击"保存"选项，输出栅格数据。新的栅格数据就具有了与目标图层相同的坐标系。

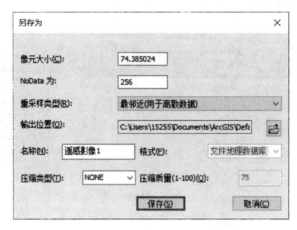

图 5.52　输出新的栅格数据文件

# 5.4　创建 GIS 数据

　　ArcGIS 矢量数据是通过记录空间对象的坐标及空间关系来表达空间对象几何位置的数据，主要是点、线、面数据，在 ArcGIS 中也称要素类。要素类是具有相同空间制图表达（如点、线或多边形）和一组通用属性列的常用要素的同类集合，如表示道路中心线的线要素类。地理数据库中最常用的四个要素类型分别是点、线、面和注记（地图文本的地理数据库名称）。在早期的时候，SHP 是 ArcGIS 中最典型的格式文件，SHP 是比较早的矢量格式 Shapefile 的简称，也是目前基本要被淘汰的数据储存格式。SHP 是一种用于存储地理要素的几何位置和属性信息的非拓扑格式，是可以在 ArcGIS 中被直接使用和编辑的空间数据格式。目前 ArcGIS 建议和推荐的格式是 Geodatabase（地理数据库）。

## 5.4.1　数据建库

　　在数据建库之前用户应当先制定数据库标准。制定时一定要参考国家、省以及地方标准，在此基础上再完善和设计自己的数据标准。在数据库设计过程中用户应当考虑以下内容：

　　①定义有哪些图层，即要解决空间数据的分层储存问题。

　　②每个图层有哪些字段，即每个图层的基本属性有哪些。

　　③图层属性字段的约束限制条件，即哪些字段是必填的，哪些字段是选填的，设置字段的值域范围等。针对不同行业或应用领域，其数据库标准也不一样。

（1）要素类和数据集的含义。

要素类具有相同空间类型，如点就是矢量数据。最常用的四个要素类分别是点、线、面和注记（地图文本的地理数据库名称）。另外，SHP 不支持注记。

要素数据集（也叫数据集、要素集）是共用一个通用坐标系的相关要素类的集合。在 ArcGIS 中同要素类相比较而言，数据集是一个逻辑管理方面的概念，是将具有共同空间参考体系的多个要素类（图层）组织起来的一种管理方式。放在数据集中的要素类，用于构建拓扑、网格数据集、地形数据集（terrain）或几何网格；如果认为要素类是文件，要素数据集就是文件夹目录。

一个数据库可以有多个要素类，数据集下可以存放一个或者多个要素类，要素数据集下不能够再放要素数据集。在使用时，用户一般先建数据库，后建数据集，最后把数据放在要素数据集中，放在同一数据集下多个数据（要素类）的空间参考（含坐标系、投影方式、XY 容差）必须一致。

（2）数据库命名规则。

①可以用字母或者汉字作为名称开头，但不能以数字开头。

②名称不能包含特殊字符，如空格、~、、!、@、#、¥、%、&、*、-、=、+等特殊字符；并且如果表或者要素类的名称包含两部分，则应该使用下划线"_"连接各单词，如 beijing_road。

③名称中不应当含有 SQL 保留字，如 select 或者 add。

④要素类名称是标识要素类的唯一名称。为要素类命名时最常用的方式是英文大小写混写（不区分大小写）或者使用下划线。

⑤创建要素类时应为其指定一个名称，以此来指明要素类中所储存的数据。要素类名称在数据库或者地理数据库中必须是唯一的，不能够存在多个同名的要素类，即同一地理数据库中不能有两个相同名称的要素类，即使这两个要素类位于不同的要素数据集中。

⑥要素类名称和表名称的长度取决于基础数据库。文件地理数据库中的要素类最大名称长度为 160 个字符，用户可以在 DBMS 文档中查阅详细的名称。

⑦不支持具有"gbd_、sde_、delta_"前缀的表名或要素类名。

（3）字段类型。

在 ArcGIS 中，可支持的数据字段类型包括整数、浮点数、双精度、文本型（字符型）和日期型等数据库基本类型。整数包括了短整数与长整数。短整数是四位数以内（因为最大是 32 767，5 位数只有一部分），长整数只有 9 位〔因为最大是 2 147 483 647，10 位数只有一部分，所以在 Oracle 中如果定义 Number（20，0），需在 ArcGIS 字段中将其转换为双精度〕，含小数的如面积、长度等字段最好定义为双精度（因为浮点数是单精度浮点数，支持小数位，ArcGIS 中的 MDB 和 GDB 存储有问题，加上计算机芯片的硬件限制，位数最长只有 6 位，如果到时位数不够用或者丢失小数值，后期不好处理，同时精度也会有问题），双精度（即双精度浮点，也是浮点数的一种，后面简称双精度）最长是 15 位，含整数位和小数位，小数点算一位，GDB 和 MDB 在 ArcCatalog 中无法设置长度和小数位数。如果是 MDB 格式，用户可以在 Access 软件中进行相关设置，Shapefile 文件可以定义双精度的长度和小数位数。

文本就是字符串，用户需要定义其长度，SHP 文件最长为 254 个字段，SHP 中一个汉字算两位或三位（不同的机器，其编码不同），最多可以存放 127 个汉字，但是在计算字符串长度时汉字算一位。MDB 和 GDB 文本长度最大为 2 147 483 647，一个汉字算一位，如果定义长度为 2，那么可以存放两个汉字；在 MDB 中如果文本的长度超过255，在 Access 中就变成了备注类型（memo）。

（4）修改字段。

ArcGIS 中属性通过字段区分，所以字段都有字段名、字段别名（SHP 文件没有别名）、字段类型和字段长度，用户需要在创建表或者要素类时设置这些信息，也可以后期再修改。关于字段名的命名规定，与数据库命名规定一致，不能使用数字开头，不能使用特殊字符，不能使用数据库 SQL 保留文字。对于 SHP 文件，其字段名最长为 10个英文，汉字的话为 5 个；而在 ArcGIS 10.2 版本中，实际测试字段名只能为 3 个汉字，ArcGIS 极力不推荐使用 SHP；而 MDB 和 GDB 字段名最长为 64 个英文，汉字也是64 个；MDB 中字段个数最多为 255 个，GDB 的字段个数最多为 65 534 个。字段别名最长都是 255 个。根据需要，用户可以自己增加、删除和重命名字段（系统字段是不能够被删除的），具体操作方法如下：

①将包含要修改字段属性的表或者要素类的地理数据库连接到 ArcMap 中。

②先选择要素类或表，后右击要素类或表，选择"右键菜单"中的属性，在弹出的"要素类面板"中选择"字段"选项标签页。

③在字段名称列表中选择要修改的字段，可进行下列操作。

（a）重命名字段，单击名称文本，输入新名称。该操作仅限于 ArcGIS 10.1 以后的版本。

（b）更改数据类型，可从相应的数据类型下拉列表中选择一个新类型。该操作仅限于 ArcGIS 10.1 后的版本，要素类或表中没有数据记录时可以任意修改类型；如果表中有数据（记录数大于 0）时则无法修改类型，因为要避免数据丢失，如果确实需要修改，方法详见下文的修改字段的高级方法。

（c）更改字段别名、默认值或长度，可以双击字段属性列表中的值，输入一个新值，该操作仅限于 ArcGIS 10.1 以后的版本。对于文本字段的长度，只能改长，不能改短。例如，原来文本字段长度为 8，现在可修改为 10，不能修改为 6。

（d）更改字段的空值或关联属性域，可以从下拉列表中选择一个新值。

④完成所有需要进行的修改后，单击确定关闭表属性或要素类属性对话框，应用更改完毕。

⑤可以使用"更改字段（AlterField）"工具对字段重命名。该工具不能修改字段类型和字段长度，如图 5.53 所示，只能对地理数据库中的要素类或者表进行修改。

⑥可以使用"添加（Addfield）"工具添加字段，如图 5.54 所示。

图 5.53　更改字段

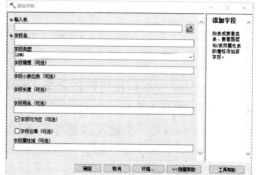

图 5.54　添加字段

⑦可以使用"删除字段（DeleteField）"工具删除字段，选中字段后就能删除字段，同时可以用于批量删除字段。

（5）修改字段的高级方法。

在实际工作中，表中已经有了数据，如果最终该要素类或表中需要存储很多条记录，用户就需要将个别字段从短整数修改为长整数，将双精度类型修改成文本，将文本字段长度缩短等。但一些修改是有条件的。例如，缩短文本字段长度时，一定要确认字段内容不超过定义的长度，如果超过定义的长度，要先更新表中记录的内容，让其长度满足修改后的字段存储要求；将文本字段修改成双精度时，确保数据中不含数字以外其他的字符；将双精度改为文本类型时，文本字段长度要大于等于最长数字长度。

导入（出）单个要素类（或者表）的具体操作方法如下：

①在 ArcCatalog 中选中需要修改的要素类数据，将其重命名，因为导出后的名字为原名称。

②右键单击图层，在右键菜单中选择"导出"，选择当前地理数据库（单个），如图 5.55 所示。

③设置导出位置，选择位置为当前地理数据库，如图 5.56 所示。

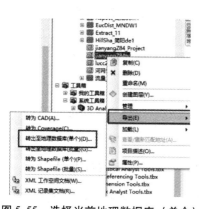

图 5.55　选择当前地理数据库（单个）

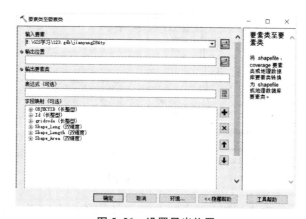

图 5.56　设置导出位置

④找到对应字段，右击后选择"属性"，输入长度 32；如果需要修改字段类型，可以在类型中修改，选择其他类型的同时会修改字段顺序。

# 5.5 编辑几何数据

在 ArcMap 中编辑几何数据需要用到编辑器工具条，如图 5.57 所示。同时这里的编辑只能针对 ArcGIS 中的矢量数据：点、线、面和注记。编辑的数据只能来自同一个工作空间（可以是一个地理数据库或者同一个文件夹下的 SHP 文件），如果数据框来自不同的两个工作空间，那么只能对其中一个进行编辑，另一个是只读。用户在编辑结束后一定要保存，ArcMap 没有自动保存功能。如果在编辑后要使用工具箱的工具，用户应该先停止编辑并保存数据，防止数据丢失。

图 5.57 编辑器工具条

## 5.5.1 捕捉的使用

①ArcGIS 10.0 版本以后（含 10.0 版本），用户需要在系统中取消勾选"使用经典捕捉"。点击编辑器工具条中的"编辑器（R）"，在下拉菜单中选择"选项"，在弹出的"编辑选项"对话框中的"常规"面板下取消勾选"使用经典捕捉"。系统默认为不勾选，如图 5.58 所示。

②点击编辑器工具条中"编辑器（R）"，在下拉菜单中选择"捕捉"，打开捕捉工具条，如图 5.59 所示。

图 5.58 使用经典捕捉

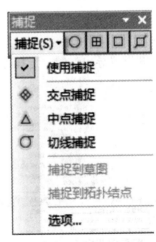

图 5.59 打开捕捉工具条

③在捕捉工具条中勾选"使用捕捉"菜单，默认为勾选的状态，如图 5.59 所示。在工具条中○是捕捉点，单击之后取消捕捉点的选择，则为不捕捉点要素；田是捕捉线、面的端点，□是捕捉线、面的折点，◨是捕捉线、面的边，这些都是默认勾选的。

交点捕捉：捕捉多个线之间的交叉线面交叉点和面面交叉点，默认不勾选；如果需要则单击勾选（或在此单击去掉），只有选中该捕捉功能后才能使用。

捕捉到草图：正在画的还没有完成绘制的图形叫草图，勾选"捕捉到草图"和"捕捉端点"时就可以画一个闭合的线。

### 5.5.2　画点、线、面

在画点、线、面之前，用户必须先创建点、线、面数据，用来保存数据编辑结果。加载点、线、面数据，单击编辑器下的"开始编辑"，开始编辑时一定要关注比例尺，先设置一个适当的比例尺，假设为1：10 000，比例就应该在1：10 000附近；如果是照着比例尺画，实际比例应该比1：10 000比例尺大一些，一般是5～10倍，也就是1：2 000至1：1 000；画的数据应该在数据的坐标系范围内；如果是地理坐标系，X范围应该为-180°～180°，Y范围应该为-90°～90°；如果是投影坐标，在3度分带，X范围应该为中央经线附近-1.5°～1.5°，在6度分带，X范围应该为中央经线附近-3°～3°，Y范围为-90°～90°。这个是最低要求，不能画到地球范围之外。

编辑数据一定要把创建要素窗口打开，可单击编辑器工具条最后一个按钮 ；创建要素窗口，这就决定了我们的目标图层，需要创建点就单击点层，需要创建面就单击对应的图层，如图5.60所示。如果已经开始编辑，但在创建要素窗口中没有对应图层，原因如下：

①该图层不可见，需要设置可见状态（可在内容列表中设置）。

②开始编辑后，又加入数据，需要停止编辑后再重新开始编辑。

③开始编辑数据时，系统显示的不是对应数据的工作空间，需要停止编辑，选择对应数据后重新开始编辑即可。

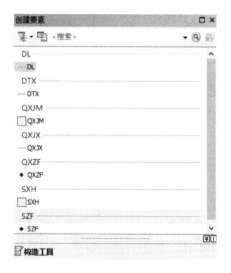

**图5.60　创建要素窗口**

目标如果是点图层，则只能画点；如果目标是线层，则可以画折线、矩形线、圆线、椭圆线；如果目标是面层，则可以画面、矩形、圆、椭圆及自动完成面。自动完成面操作：不用画相邻边界，只需画不相邻边界，但一定要和已有面交叉构成闭合的环。中间带孔面（岛）操作：完成第一面后，右击选择"完成部件"，再画第二面，最后单击"完成草图"。

### 5.5.3 编辑器工具条的使用

①编辑工具▶有三个作用：①选择，可以单击（有重叠要素时，默认只能选择一个，使用 N 字母切换下一个，因为 N 是 Next 的首字符）和框选，使用 Shift 开关键后可以添加选中和取消选中。②移动对象，选中一个或多个，拖动使用要素。③修改节点，双击一个对象，显示节点，可以拉动、删除和增加节点；单击草图属性可以查看节点坐标，双击时也才可以查看节点坐标。

②裁剪面工具╬：选择一个或者多个面（可以来自不同图层），但不能选择线或点要素，单击裁剪面按钮后，在屏幕上临时画线，线会穿过面，从而将穿过的面分割。

③分割工具✂：选中一条线（不能是多条），单击分割工具，在线上单击，就将一条线分割成两段线。

④分割：选择一条线（不能是多条），在编辑器下拉菜单中选择"分割"，可以把当前选择的线按距离分割、分成相等的几部分、按百分比分，如图 5.61 所示。

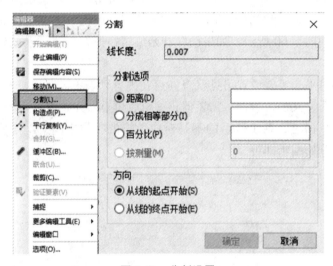

**图 5.61 分割设置**

⑤合并：选择多线或者多面，在编辑器下拉菜单中选择"合并"，可以把多个面和线合并在一起，不能够对单个对象使用，合并后可以继承某个属性。此时会删除原始数据，保留合并结果。

⑥联合：选择多个要素后（不能只选一个），可以是不同图层的，但图层的几何类型（线或面）必须相同，在编辑器下拉菜单中选择"联合"，联合后原来的数据也会保留，生成的数据所在图层由用户指定。

⑦裁剪：选择一个面（只能是一个面），裁剪相交其他面，用户可决定丢弃相交区域或保留相交区域。

### 5.5.4 数据范围缩小后更新

如果开始画的数据范围比较大，后面删除部分数据，当缩放至图层，图层范围还是原来的范围，地图范围也不会自动缩小，此时有两种方法进行更新处理：①在 Arc-

Catalog 目录窗口中，把原来的数据复制并粘贴；②在 ArcCatalog 目录窗口中，点击右键并导出，然后使用导出后的数据。

# 5.6　编辑属性数据

## 5.6.1　属性数据的输入

属性数据，即空间实体的特征数据，是对目标的空间特征以外的其他特性的详细描述，也称为专题数据或统计数据。属性数据一般包括空间实体的名称、等级、数量、代码等内容。属性数据有时直接记录在栅格或矢量数据文件中，有时则单独存储为属性文件，通过标识码与几何数据相联系。属性数据主要通过键盘直接输入，有时也可以借助于字符识别软件或编制程序进行输入。

属性数据的输入方式如下：预先建立属性表输入属性；从其他统计数据库中导入属性表输入属性；从其他统计数据库中导入属性，然后根据关键字与图形数据自动连接；对照图形直接输入。不同的 GIS 软件的属性数据输入方法略有不同。以下是 ArcGIS 中属性数据输入的 4 种常用方法。

（1）逐要素输入法。

逐要素输入法就是针对某一属性项，逐一输入要素属性值。这种方法主要采用键盘输入，既费力又费时，效率较低且容易出错。主要适用于数据量较小或数据无规律的情况。例如，行政区划代码的输入，由于各个地区的行政代码是不一样的，对这些属性项的录入，必须逐要素进行。在 ArcGIS 中，首先在属性表（Attribute Table）中添加字段（add field），然后启动编辑，通过在属性表中逐一输入或在所选要素的属性对话框中输入的方式来实现属性数据的输入。

（2）计算法。

计算法是对所有要素或所选定要素采用相同的方式进行计算而获得属性值的方法。例如，要为某一空间数据（如各区县）输入人口密度时，若属性表中已有人口数量和面积两个字段，则人口密度字段中的值可以通过这两个字段的计算而取得。在 ArcGIS 中，该输入方法可以通过字段计算器（field calculator）来实现。

（3）条件输入法。

条件输入法只对满足某些条件的要素输入属性值，主要是通过 SQL、查询语句或其他方式检索到符合条件的要素，然后通过键盘输入或计算的方法而获得属性值。例如，在土地利用现状图上要将地类代码为 1110 的灌溉水田规划为一般农田（代码设为 1），那么首先要在数据表中检索到地类代码为 1110 的灌溉水田，然后在其规划代码中输入属性值 1。

（4）外部表格连接法。

外部表格连接法是通过公共字段将外部表格（如 Ihfo 表、Dbase 表、Excel 表等）中的数据连接（join）到属性表中的一种属性数据输入方法。通常情况下，空间数据的属性表中往往只有一些关键字段，如代码、名称等，而要素的其他属性数据则是保存在外部表格之中。例如，各地统计年鉴中记录了所辖各行政单位的上百项统计数据，这些数据往往保存在 Excel 表中，要将这些数据输入行政区划多边形数据的属性表中，采用前述输入方法是很难完成的。因此我们需要通过公共字段，采用外部表格连接的方法进行输入。公共字段（如要素的代码）是判断连接关系的基础，公共字段的名称可以不同，其内容可以是一对一的关系，也可以是多对一的关系。

除了以上 4 种常用的输入方法外，批量数据、多个字段中的属性数据的输入往往需要通过空间图解建模或脚本语言来实现。

### 5.6.2  属性数据的编辑

属性数据中主要存在两类问题：一是属性数据与地理要素不关联；二是属性数据不准确。前者主要是指属性数据所描述的地理要素并不是其标识码所代表的要素，这种问题往往具有群发性的特点，即不是出现一个错误，而是存在大量的同样错误。后者主要是指某项属性不能准确反映要素的真实状况。前者产生的原因主要是在数据输入过程中存在"跳行"等问题。例如，将上一个要素的属性数据输给了下一个要素。后者产生的原因很多，有的是因为要素的属性发生改变并需要修改。例如，一块耕地变成林地，需要对土地类型代码及名称等属性数据进行修改；有的是因为输入错误，例如，将耕地输成林地，将道路的宽度输入为 10 000 m（超出取值范围）；还有的是因遗漏产生属性数据缺失（空值）。

属性数据的编辑的一般处理过程为：首先使数据处于可编辑状态，在图形上选定编辑对象，打开属性表，找出要修改的属性字段，然后输入正确的属性（或直接在属性表中找到需要修改的地方进行编辑），保存后关闭属性表。属性数据编辑的具体方法可根据问题的来源或状况，参照属性数据的输入方法进行修改和编辑。对于属性字段较多、数据量大（相同结构的多个数据）的空间数据，我们难于查找属性表中存在的问题，采用常规方法进行编辑很困难，可以采取建模工具或脚本来检查属性错误并修改。

广义的属性编辑还包括属性字段的添加和删除、属性数据的输入、属性表的关联与连接、属性表的导出、属性数据的复制等。

## 5.7  矢量数据分析

矢量数据分析一般不存在模式化的分析处理方法，其处理方法具有复杂性和多样性的特点。矢量数据分析充分利用矢量数据的量小、精度高等优点，广泛应用于解决土地利用变化监测、城市交通规划、地下管网设计、商业网点的布局、急救路线的选择等诸多领域的问题。

### 5.7.1  缓冲区分析

#### 5.7.1.1  缓冲区

缓冲区（buffer），即在输入要素周围某一指定距离内创建缓冲区多边形。缓冲区工具（图5.62）各个参数的含义如下：

图 5.62  缓冲区工具

（1）输入要素，确定要进行缓冲的点、线、面要素，也可以是注记。

（2）输出要素类，确定输出缓冲区的要素类。输出结果一定是面要素。

（3）距离，可以输入一个固定值或一个数值型字段作为缓冲区距离参数。固定值所有要素的缓冲区大小一样，面可以是正值也可以是负值，但点和线只能是正值。字段每个要素缓冲区大小由字段值决定。用作缓冲区的数据最好是投影坐标系。

（4）侧类型（可选），确定在输入要素的哪一侧进行缓冲。此可选参数不适用于Desktop Basic 或 Desktop Standard。侧类型的方式如下：

①FULL：对于线输入要素，将在线两侧生成缓冲区；对于面输入要素，将在面周围形成缓冲区，并且这些缓冲区将包含并叠加输入要素的区域；对于点输入要素，将在点周围生成缓冲区。系统默认的设置为 FULL。

②LEFT：对于线输入要素，将在线的拓扑左侧生成缓冲区。此项对于点、面输入要素无效。

③RIGHT：对于线输入要素，将在线的拓扑右侧生成缓冲区。此选项对于点、面输入要素无效。

OUTSIDE_ONLY：如果选中该选项，对于面输入要素，仅在输入面的外部生成缓冲区（输入面内部的区域将在输出缓冲区中被擦除）。此选项对点、线输入要素无效。

（5）末端要素（可选），确定线输入要素末端的缓冲区形状。此参数对于点、面输入要素无效，此可选参数不适用于 Desktop Basic 或 Desktop Standard，适用于 Desktop Advanced。末端要素的方式如下：

①ROUND：缓冲区的末端为圆形，即半圆形，这是默认的设置。

②FLAT：缓冲区的末端很平整或者为方形，并在输入线要素的端点处终止。

（6）融合类型（可选）：指定要执行哪种融合操作来移除缓冲区重叠。融合类型的方式如下：

NONE：不考虑重叠，均保持每个要素的独立缓冲区，这是系统默认的设置。

ALL：将所有缓冲区融合为单个要素，从而移除所有重叠。

LIST：融合共享所列字段（传递自输入要素）属性值的所有缓冲区。

（7）融合字段（可选），融合类型为 List 选项时，确定具体使用的融合字段名称（可多选）。使用该项后输出的缓冲区将按照所列字段值相同的相邻缓冲区进行融合。

### 5.7.1.2　多环缓冲区

规划实践中，在分析某场所的服务范围时，用户希望同时生成多个距离对应的缓冲区范围。或者在分析河流时，用户往往需要划定沿河岸线不同的距离，以便采取不同的防护措施。ArcGIS 提供多环缓冲区工具（multiple ring buffer）实现该功能。具体操作如下：

（1）将矢量文件数据加载到 ArcMap 中，右键单击数据框任意一处，在右键菜单中选择"数据框属性"并打开"数据框属性"选项卡，在"常规"中设置地图单位和显示单位，设置为米，如图 5.63 所示。

（2）在 ArcToolbox 中找到 Analysis Tool 中的"邻域分析"，找到"多环缓冲区"，打开多环缓冲区选项卡，如图 5.64 所示。

（3）在多环缓冲区选项卡中，设置相应的参数，在距离栏中添加多环缓冲区对应的多个距离值，其他参数保持默认，设置输出的缓冲区矢量文件名和路径，点击确定，完成多环缓冲区分析，如图 5.64 所示。

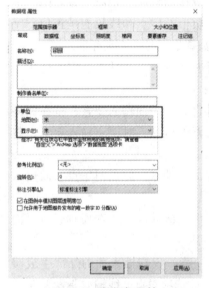

图 5.63　数据框属性

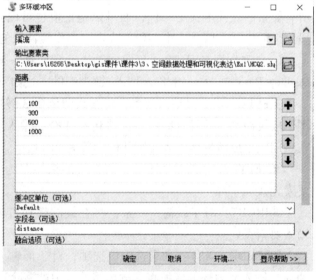

图 5.64　多环缓冲区

（4）生成的多环缓冲区图层将自动加载到 ArcMap 中，若未自动加载，则可以手动加载，此时可查看多环缓冲区范围。每一个距离对应的缓冲区是一个多边形，用户可以利用多环缓冲区准确地识别在不同的距离情景要素的影响情况，如图 5.65 所示。

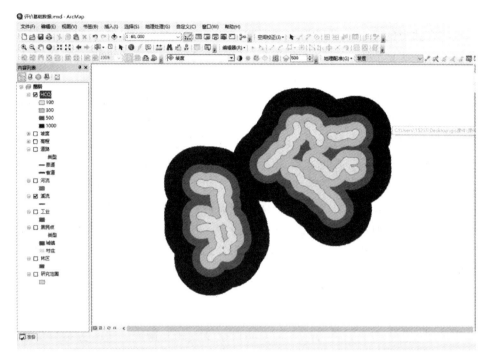

图 5.65　生成多环缓冲区

### 5.7.2　叠加分析

叠加分析（overly analysis）是指在统一的空间坐标系统下，将同一区域的两个或者两个以上空间要素图层进行叠加，从而产生新的空间图形，获得新的属性信息。矢量数据的叠加分析至少需要一个多边形图层用作基本图层；其他的图层可以是点、线、面要素层，用来作为输入层。

（1）矢量数据叠加的方式。

①统计叠加。为了统计一种要素在另一种要素的某个区域多边形内的分布状况和数量特征，我们常常使用统计叠加方法。这样做的好处是不对叠加图形做分割和合并等空间关系的操作，既保持原来数据的完整性，又能得到目标的统计结果数据。例如，将一个区域的行政区划图与该区域的土地利用图进行统计叠加，我们就可以计算出每个行政区内的各类土地面积。

②拓扑叠加。要素的拓扑叠加是对被叠加图层进行全面的空间叠加分析。与统计叠加不同的是，要素的拓扑叠加需要对叠加图层进行分割合并等操作，目的是通过对区域多重属性的模拟，寻找和确定同时具有几种地理属性的分布区域，对叠加后产生的具有不同属性级的多边形进行重新分类或分级。例如，为找出适宜种植某种经济作物的区域，就需要将该区域的积温图、降水量分布图及坡度图、土壤分布图等进行叠加，最后找出适宜该种经济作物种植的区域。又如，为反映某地土地利用的动态变化情况，可以利用多边形将前后两个时期的土地数据进行叠加，通过比较叠加生成的多边形中前后土地类型是否一致，即可判断该地块用途是否发生转变。

（2）矢量数据叠加分析的类型。

①点与多边形的叠加：点层与多边形面层相叠加，将生成一个新的点图层。这种叠加的实质就是确定要素之间的包含关系，同时新生成的要素也获得了多边形的某些或者全部属性，它可以用于确定一个点要素层中各点的归属问题。

②线与多边形的叠加：将一个线数据层与一个多边形数据叠加，需要进行线段与多边形空间关系的判断。通过比较线上的点坐标与多边形坐标的关系，判断线段是否落在多边形内。对于跨越几个多边形的则需要在边界处对线进行剪切，使得被剪切的线段落入对应的多边形内，同时也获得了包含该线段的多边形属性。

③多边形与多边形叠加：多边形叠加是指将两个或多个多边形要素进行叠加，叠加后产生新的多边形，这些新多边形获得了叠加前两个或多个多边形的属性。多边形叠加过程可以分为几何求交和属性分配两个步骤：几何求交，即先求出所有多边形边界线的交点，再根据这些点重新进行多边形拓扑运算。属性分配，即为新生成的拓扑多边形图层的每个对象赋予唯一的标识码，同时生成一个与新多边形一一对应的属性表，表中继承了叠加前各多边形要素的属性数据。

（3）空间叠加工具。

城市规划过程中需要综合考虑多种空间要素及其相互影响，进行方案分析和方案生成时也会涉及对原始或者中间结果的切割、拼合和替换等工作。ArcGIS 提供了多种基于矢量数据的空间叠加工具，实际的数据处理工作可能需要组合使用这些基本分析方法来完成。空间叠加工具如下：

①擦除。擦除分析是将输入要素中与擦除要素的多边形相交的部分去除掉，将输入要素中处于擦除要素外部边界之外的部分输出到新要素类。擦除要素可以为点、线、面，面擦除要素可用于擦除输入要素中的面、线或点，线擦除要素可用于擦除输入要素中的线或点，点擦除要素仅用于擦除输入要素中的点。具体操作方法如下：

系统工具箱→Analysis Tools→叠加分析→擦除工具，设置输入要素和擦除要素，如图 5.66 所示。

②相交。相交分析是对输入要素做几何交集操作，输入要素可以是各种几何类型要素的组合。输入要素必须为简单要素，如点、多点、线、面。输入要素不能是复杂要素，如注记要素、尺寸要素、网络要素。操作方法如下：

打开系统工具箱→Analysis Tools→叠加分析→相交工具，完成设置，点击确定，得到结果。输入要素，用户可以多次添加。输出要素，可以是具有最低维度几何的输入要素类型。连接属性，设置要将输入要素中的哪些属性传递给输出要素。ALL 为所有属性，NO_FID 为去除 FID 外的所有属性，ONLY_FID 为只传递 FID 字段。输出类型包括三个选项，其中，INPUT 指定输出类型为默认值，LINE 指定输出类型为线，POINT 指定输出类型为点，如图 5.67 所示。

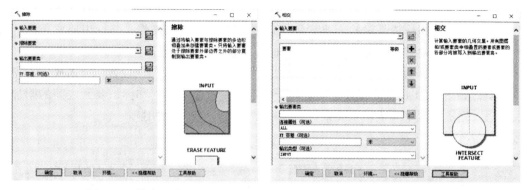

图 5.66　擦除工具　　　　　　　　　　图 5.67　相交

③联合。联合分析是对输入要素做几何并集操作，将所有的输入要素都转换成输出要素。操作方法如下：

打开系统工具箱→Analysis Tools→叠加分析→联合工具，完成设置，点击确定，得到结果。允许间隙存在，如果输入要素之间有间隙存在，勾选之后将会对间隙进行保留，不勾选将会对间隙进行填充，如图 5.68 所示。

④更新。更新分析是对输入要素和更新要素做几何相交操作。在输出结果中，输入要素与更新要素相交的部分的几何外形和属性都被更新要素所更新。操作方法如下：

打开系统工具箱→Analysis Tools→叠加分析→更新工具，完成设置，点击确定，得到结果，如图 5.69 所示。输入要素类型必须是面。此工具将不修改输入要素类。工具的生成结果将写入新要素类。更新要素必须是面。输入要素类与更新要素类的字段名称必须保持一致。如果更新要素类缺少输入要素类中的一个（或多个）字段，则将从输出要素类中移除缺失字段的输入要素类字段值。如果在对话框中未选中边框参数（或者在脚本中设置为 NO_BORDERS），则沿着更新要素外边缘的面边界将被删除。即使删除某些更新面的外边界，与输入要素重叠的更新要素的属性也会被指定给输出要素类中的面。

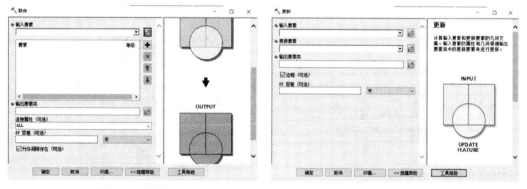

图 5.68　联合　　　　　　　　　　　图 5.69　更新

⑤交集取反。交集取反分析是将输入要素和更新要素不重叠的部分输出到新要素类中。操作方法如下：

打开系统工具箱→Analysis Tools→叠加分析→交集取反工具，完成设置，点击确定，得到结果，如图 5.70 所示。

⑥标识。标识分析是对输入要素和标识要素做几何交集操作。与标识要素重叠的输入要素或输入要素的一部分将获得这些标识要素的属性。操作方法如下：

打开系统工具箱→Analysis Tools→叠加分析→标识工具，完成设置，点击确定，得到结果，如图 5.71 所示。保留关系，用于确定是否将输入要素和标识要素之间的附加关系写入输出要素中（当输入要素为线且标识要素为面时才适用）。

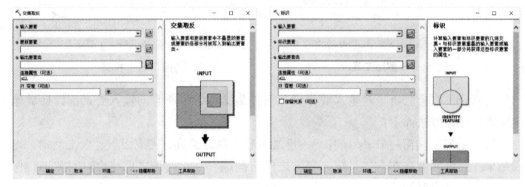

图 5.70　交集取反　　　　　　　　　　　　图 5.71　标识

⑦空间连接。空间连接是根据空间关系将一个要素类的属性连接到另一个要素类的属性。

打开系统工具箱→Analysis Tools→叠加分析→空间连接工具，完成设置，点击确定，得到结果。这里是计算三个区内 figure 要素的面积总和，如图 5.72 所示。连接操作，包括 JOIN_ONE_TO_ONE 和 JOIN_ONE_TO_MANY。JOIN_ONE_TO_ONE 指在相同空间关系下，如果一个目标要素对应多个连接要素，就会适用字段映射合并规则并对连接要素中的某个字段进行聚合，然后将其传递给输出要素。JOIN_ONE_TO_MANY 指在相同空间关系下，如果一个目标要素对应多个连接要素，则输出要素类中将包含多个目标要素实例。匹配选项，用于定义匹配的条件。

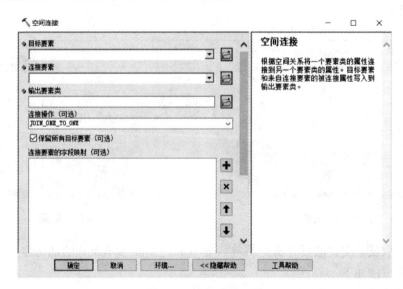

图 5.72　空间连接工具

# 5.8　使用 AutoCAD 数据

　　AutoCAD 数据是城乡规划中最常用的数据源。例如，来自规划和建设部门的地形资料、各类现状和规划图件绝大部分都是 AutoCAD 数据，是利用 ArcGIS 空间分析的重要数据来源。从数据类型看，AutoCAD 数据属于矢量数据。ArcGIS 可以直接打开 Auto-CAD 的 DWG 文件，支持浏览和查询但不支持编辑。因此结合分析目的，用户可通过查询筛选出某些专项内容，将其转换为 ArcGIS 的矢量格式，以便进行后续的高级分析。

　　我们以地形图为例来说明 DWG 文件的浏览、查询和转化过程。使用 ArcMap 打开DWG 文件后，无论 DWG 文件自身包含多少图层，ArcMap 都会将其分解，并重新组合为 Annotation、Point、Polyline、Polygon 和 Multipatch 5 个图层。因为 GIS 矢量数据是按照点、线、面图形要素存储的。所以 Annotation 图层只显示 DWG 文件中所有的文字和数字标注信息，Point 图层只显示 DWG 文件中所有的点要素，Polyline 只显示 DWG 文件中所有的线要素，Polygon 只显示 DWG 文件中所有的闭合线构成的多边形图形，Multipatch 显示 DWG 文件中所有的块数据。点、线和面图形要素在 DWG 文件中所属的图层、颜色、字体、线宽和标高等信息被详细记录在图层对应的属性表中。值得说明的是，当前版本的 ArcGIS 不能识别和显示 DWG 文件中的填充信息，同时也无法将其转出为 Shapefile 文件。

# 6 | ArcGIS 地图制作

## 6.1 地图符号化表达

在城乡规划中，用户往往需要将所涉及的各类空间要素使用符号、颜色、比例和叠加等多种方式根据其主题和分析意图等进行有效呈现，同时空间分析的结果也需要按照城乡规划制图的标准、规范或者分析重点进行表达，以便使用通用的数据格式或图像进行输出。

### 6.1.1 矢量数据的符号化表达

#### 6.1.1.1 单一符号化表达

在 ArcMap 中，加载矢量数据文件时默认的表达方式是单一符号化，单一符号化表达是采用大小、形状和颜色都统一的点状、线状或面状符号来表达空间要素。单一符号方法忽略要素的数量和大小差异，只是反映了地理位置和空间关系，而不反映要素的量化差异。例如，某城市公共服务设施由单一点状符号表达空间位置或所在地块；道路红线、中心线、边界线等都是由一定宽度的线状要素表达边界位置；某一类用地性质由特定的单一填充色表达；等等。

（1）点状单一符号表达。

在 ArcGIS 中，实现单一符号化表达的操作步骤如下：

①将点状矢量数据文件加载到 ArcMap 中，右键单击该图层，在右键菜单中选择"属性"，打开图层属性面板，在图层属性面板中选择"符号系统"，如图 6.1 所示。

②在 ArcMap 中可随机使用某种单一符号表达矢量点，即用相同的符号绘制所有的点：单击符号系统中系统默认的点状符号，弹出"符号选择器"对话框，对话框中列出了 ArcGIS 自带的所有类型的点状符号，如图 6.2 所示；选择其中一种符号，在右侧设置其颜色、大小和角度；如果默认符号设置不能够满足当前需求，单击"编辑符号"按钮，可以进行复杂和精细设置；完成点状单一符号设置，在视图上即可看到单一符

号化的表达效果，如图 6.3 所示。单一符号化仅表达了地点的空间位置关系，不能够表达地点之间的差别。

图 6.1　符号系统　　　　　　　　　图 6.2　符号选择器

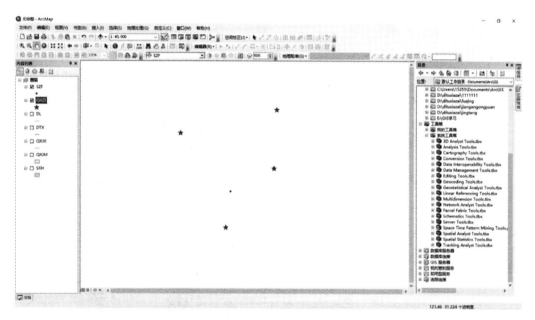

图 6.3　点状单一符号化的表达效果

③如果"符号选择器"对话框中没有满足当前要求的点状符号，那么可以打开"编辑符号"，根据需要制作符号。

（2）线状单一符号表达。

在加载线状矢量数据时 ArcMap 默认由单一符号表达。例如，加载某一区域道路的矢量数据，在不考虑道路等级和宽度等属性时，我们可以使用某种颜色、线宽和线型的单一线状符号来表达所有的道路。具体操作步骤如下：

①将道路现状矢量数据文件加载到 ArcMap 中，右键单击该图层；在右键菜单中选择"属性"，打开图层属性面板；在图层属性面板中选择"符号系统"，如图 6.4 所示。

②单击符号系统中默认的线状符号，弹出"符号系统"对话框，对话框中列出了

ArcGIS 自带的所有类型的线状符号，如图 6.5 所示；选择其中一种符号，在右侧设置其颜色和线宽；如果默认的符号设置不能够满足当前需求，单击"编辑符号"按钮，可以进行复杂和精细设置；完成线状单一符号设置，在视图上可看到单一符号化的表达效果，如图 6.6 所示。

图 6.4  符号系统　　　　　　　　　图 6.5  符号选择器

图 6.6  线状单一符号表达效果

（3）面状单一符号表达。

ArcGIS 的面状符号化表达类似于 AutoCAD 中的区域填充，是针对闭合的多边形的，使用颜色或者图案进行填充，而边界利用线状符号进行表达。面状单一符号的操作方法如下：

①将面状矢量数据文件加载到 ArcMap 中，右键单击该图层；在右键菜单中选择"属性"，打开图层属性面板；在图层属性面板中选择"符号系统"，如图 6.7 所示。

②单击符号系统中系统默认的"单一面状"符号，弹出"符号选择器"对话框，

对话框中列出了 ArcGIS 自带的所有类型的面状符号，如图 6.8 所示；选择其中一种符号，在右侧设置其填充颜色、轮廓宽度和轮廓颜色；如果默认符号设置不能够满足当前需求，单击"编辑符号"按钮，可以进行复杂和精细设置；完成面状单一符号设置，在视图上即可看到单一符号化表达的效果，如图 6.9 所示。

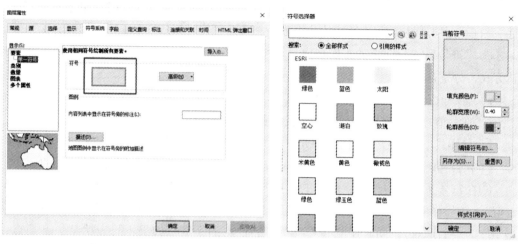

<table>
<tr><td>图 6.7　符号系统</td><td>图 6.8　符号选择器</td></tr>
</table>

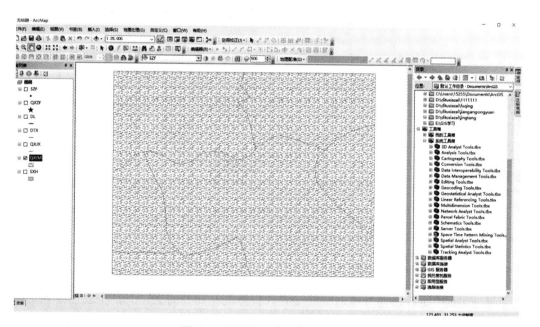

图 6.9　面状单一符号表达的效果

### 6.1.1.2　分类符号化表达

单一符号化表达不能够区分地点、道路或者土地利用各自之间的差异。在现实中我们需要根据属性表中的内容以大小、宽度、颜色对对象进行归类区分，不仅要反映空间位置关系，还要反映规模或者质量的差异，以此来为规划决策提供更加丰富和直观的表达效果。

（1）点状分类符号表达。

以上海某区域地点为例，在区域点状矢量数据的属性表中，NAME 字段记录了区域地点的名称。尽管在空间上还是使用相同的点状符号，但是我们可以使用颜色或者符号形状来区分地点，具体操作步骤如下：

①将点状矢量数据加载到 ArcMap 中，右键单击该图层；在右键菜单中选择"属性"，打开图层属性面板；在图层属性面板中选择"符号系统"，如图 6.10 所示。

②"符号系统"面板的左侧列出了多种符号化表达方式。其中"类别"有三种表达方式，分别是：

a. 唯一值：使用属性表中的某一个字段的值进行分类。

b. 唯一值，多个字段：利用属性表中多个字段的组合来分类。

c. 与样式中的符号匹配：这种分类的前提是要有一个使用某字段定义的符号库。

其中唯一值分类是最常用的方式，单击"唯一值"选项，面板右侧会列出详细的设置。

③在符号系统中的"值字段"的下拉列表中选择类型字段，单击下部的"添加所有值"。该操作的含义：将类型字段中记录的所有类型的地点进行分类表达（也包含类型字段为空的地点），同时还能够看到每一类地点的个数。如果不想表达某一类地点，则可以选中后单击下部的"移除"。如果只想表达类型字段中的某一类或某几类地点，则可以单击下部的添加值，然后将需要表达的那几类地点加入进去，如图 6.11 所示。

图 6.10　符号系统

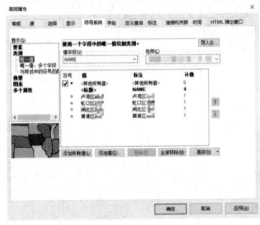

图 6.11　添加值

每一类地点的标注符号可以根据需要进行修改。此处的更改只是将表达内容的图例分类符号进行更改，并不能更改属性表的内容，也就是说不会更改数据本身。

④双击每一类的点状符号（系统随机分配的符号），打开"符号选择器"，之后的设置步骤与点状单一符号化表达完全相同，重复该过程，直到每一类点状符号设置均符合要求，单击确定，回到图层属性对话框，完成设置。在视图上即可看到地点的分类符号化表达效果，如图 6.12 所示。

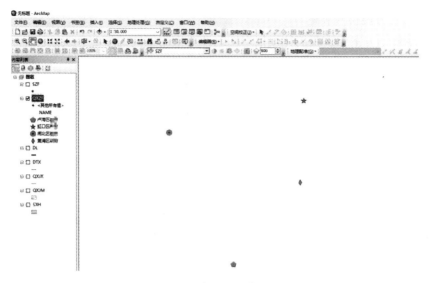

**图 6.12　分类符号化表达效果**

（2）线状分类符号表达。

道路有功能、等级和类型等的区别，因此单一符号化表达不能够直观地对这些差异进行区分。所以我们要使用线状分类符号进行表达，具体操作步骤如下：

①将道路线状矢量数据文件加载到 ArcMap 中，右键单击该图层；在右键菜单中选择"属性"，打开图层属性面板；在图层属性面板中选择"符号系统"，如图 6.13所示。

②"符号系统"选项卡左侧列出了所有的符号化表达方式；选择"类别"；单击最常用的"唯一值"分类，面板右侧会出现详细的分类设置。

③从"值字段"下拉列表中选择用作区分的属性值；双击每一类道路线状符号（系统随机分配的符号）；打开"符号编辑器"之后的详细操作与线状单一符号化表达的操作相同，因此这里不再赘述，如图 6.14 所示。

**图 6.13　符号系统**

**图 6.14　线状分类编辑**

（3）面状分类符号表达。

在城乡规划方案中，我们往往根据用地性质采用不同的填充色表达土地利用情况，这也是面状分类符号化表达的典型用途，具体的操作步骤如下：

①将土地利用面状矢量数据文件加载到 ArcMap 中，右键单击该图层；在右键菜单中选择"属性"，打开图层属性面板；在图层属性面板中选择"符号系统"，如图 6.15 所示。

②"符号系统"选项卡左侧列出了所有的符号化表达方式；选择"类别"；单击最常用的"唯一值"分类，面板右侧会出现详细的分类设置。

③从"值字段"下拉列表中选择用地性质的属性值；双击每一类用地的填充颜色（系统随机分配的符号）；打开"符号编辑器"之后的详细操作与面状单一符号化表达的操作相同，因此这里不再赘述，如图 6.16 所示。

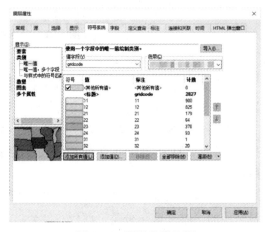

图 6.15　符号系统　　　　　　　　　　图 6.16　面状分类编辑

### 6.1.1.3　分级色彩表达

分级色彩表达，即将空间要素的某项属性如人口密度、GDP 或容积率等按照某种分级方法分成若干级别，并分配不同的颜色进行表达。每个级别表示一个范围，以此来体现定量化差异。根据人眼的识别能力，在一般的情况下，肉眼容易识别的相近颜色分级数量为 5 类或 6 类。常用的分级方法有 5 种：自然间断点分级法、自定义间距分级法、等间距分级法、分位数分级法和标准偏差分级法。这些分级方法的详细解释可阅读 Michael Zeiler 的著作 *Modeling Our World*，下面对这 5 种分级方法进行简单的介绍。

①自然间断点分级法：采用统计公式确定待分级的属性值（如人口密度）的自然聚类。该方法能减少同一级别内的数量差异，增加级别间的差异。在默认情况下 ArcGIS 的分级符号法和分级设色法均采用这种分级方法。非均匀分布的属性分级适用自然间断点分级法。

②自定义间距分级法：使用某个数字增量（如 10、100、500）对属性值进行分级。该方法适用于那些需要全面了解数据，如海拔范围、年龄分布、收入水平等。缺点是有些级别中包含的要素很多，尤其是第一级和最后一级最为明显。例如，低收入和高收入的人口数量较少，而中等收入的人口数量较多。

③等间距分级法：首先确定属性值的范围，然后按照相等的值间距进行分级。例如，人口密度的范围是 21~68，将其分为三级，分级间距为 16，则范围分别为 21~36、37~52、53~68。

④分位数分级法：每个级别都含有相等数量的要素。该方法为每个级别分配数量相等的数据，不存在数据为空的级别，也不存在数量过多或者数量过少的级别。例如，将全国的县域人口数量按从小到大分为若干级别，每个级别的县的数量相等。该方法一般适用于呈线性分布的数据。

⑤标准偏差分级法：该方法用于显示要素的属性值与平均值之间的差异，计算所有属性值（如人口密度）的平均值和标准差。使用与标准差成比例的等值范围创建分类间距，间距通常为 1 倍标准差、1/2 倍标准差、1/3 倍标准差或 1/4 倍标准差。这种分级方法适用于属性值总体上呈对称分布，大部分的数值分布在均值附近，远离均值的数值逐渐减小的情况，如描绘人口密度图或意外事故概率的空间分布。

以西双版纳的森林覆盖情况为例进行分级色彩表达处理，直观反映各个区域的森林在空间上的分布差异，判断森林的总体分布格局，为规划决策提供准确的数据支撑。具体操作过程如下：

①将西双版纳森林覆盖矢量数据文件加载到 ArcMap 中，系统默认使用随机的面状单一符号化表达，如图 6.17 所示；右键单击该图层，选择右键菜单中的"属性"；打开图层属性面板中的"符号系统"选项卡。

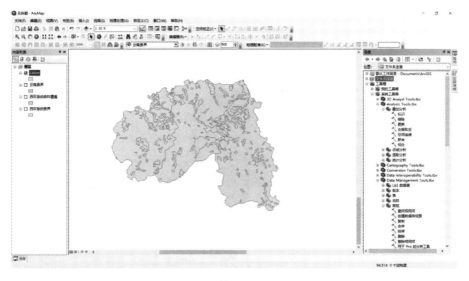

**图 6.17　加载的矢量数据文件**

②"符号系统"选项卡左侧列出了所有的符号化表达方式，选择"数量"，单击"分级色彩"选项，面板右侧会出现详细的分类设置，如图 6.18 所示。

③符号系统面板中，"字段"中的"值"为属性表中用来分级的字段，归一化为使用哪一字段进行归一化处理。在通常情况下，分级表达不需要归一化处理，当分级表达的数值差异很大时，则选择另外一个字段对其进行归一化处理。

④符号系统面板中的"分类"选项。本例使用系统默认的自然间断点分级法，分

为 5 个级别，可以直接更改分级数量。如果需要改变分级方法，单击"分类"按钮，在弹出的分类对话框中改变分级方法和类别数量。其中有些分级方法需要手动设置分级区间值（中断值），单击确定，完成设置，返回图层属性面板，如图 6.19 所示。

 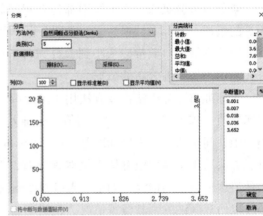

图 6.18　分级色彩　　　　　　　图 6.19　分类面板

⑤设置分级颜色。在"符号系统"选项卡上选择合适的色带，系统会自动为每个分级分配色带上的颜色。

完成分级色彩设置后，视图能够直观地反映西双版纳的森林覆盖情况，如图 6.20 所示。

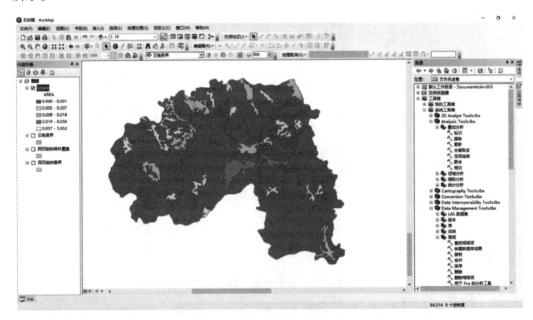

图 6.20　分级色彩设置效果

### 6.1.1.4　分级符号表达

在 ArcMap 中，分级符号采用大小不同的符号表示不同级别的属性值。符号形状取决于制图要素的特征，而符号的大小取决于分级数值的大小或者级别高低。分级符号表达方法一般用于矢量数据处理，该方法的优点是可以直观地表达数值的差异。例如，要直观地表达区县森林覆盖情况的差异，我们可以使用面状矢量数据属性表对森林覆盖面积进行分级符号化表达。具体的操作过程如下：

①将森林覆盖面状矢量数据文件加载到 ArcMap 中，右键单击该图层，在右键菜单中选择"属性"；打开图层属性面板；在图层属性面板中选择"符号系统"，如图 6.21 所示。

②"符号系统"选项卡左侧列出了所有的符号化表达方式，选择"数量"，单击"分级符号"选项，面板右侧会出现详细的分类设置，如图 6.22 所示。

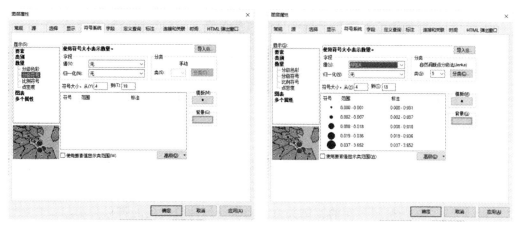

图 6.21　符号系统　　　　　　　　　图 6.22　分级符号

③符号系统面板中，"字段"中的"值"为属性表中用来分级的字段，归一化为使用哪一字段进行归一化处理。在通常情况下，分级表达不需要归一化处理，当分级表达的数值差异很大时，则选择另外一个字段对其进行归一化处理。

④符号系统面板中的"分类"选项。本例使用系统默认的自然间断点分级法，分为 5 个级别，可以直接更改分级数量。如果需要改变分级方法，单击"分类"按钮，在弹出的分类对话框中进行详细设置。

⑤设置分级符号。系统提供了一个默认的符号大小范围，根据制图的需要可以适当设置符号的大小；模板：单击符号模板，进入"符号选择器"，可对符号进行详细设置；单击"背景色"，可对其进行详细的设置。

⑥完成操作后，图形可以直观地反映地区的森林覆盖情况的差异与空间布局。如图 6.23 所示。

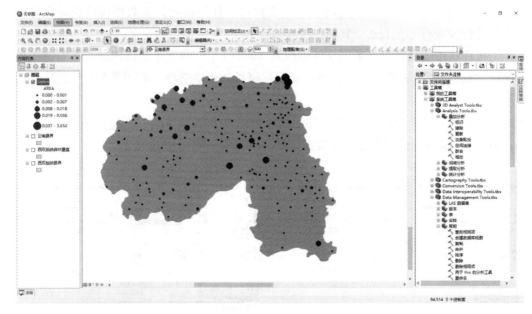

图 6.23　分级符号表达效果

### 6.1.1.5　比例符号表达

比例符号方法是按照一定的比例关系，确定与属性值对应的符号大小。一个属性值就对应了一种符号。这种一一对应的关系使符号设置表现得更为细致，其既能够反映不同的级别属性值之间的差异，也能够反映同级别属性值之间微小的差异。如果属性值范围过大，那么则不适合采用该方法。下面仍然以西双版纳森林覆盖情况为例，进行比例符号表达处理，具体操作如下：

①将森林覆盖面状矢量数据文件加载到 ArcMap 中，右键单击该图层；在右键菜单中选择"属性"，打开图层属性面板；在图层属性面板中选择"符号系统"，如图 6.24所示。

②"符号系统"选项卡左侧列出了所有的符号化表达方式，选择"数量"，单击"比例符号"选项，面板右侧会出现详细的分类设置，如图 6.25 所示。

③符号系统面板中，"字段"中的"值"为属性表中用来分级的字段，归一化为使用哪一字段进行归一化处理。在通常情况下，分级表达不需要归一化处理，当分级表达的数值差异很大时，则选择另外一个字段对其进行归一化处理。单击"排除"，则可以排除某一类值，不对其进行表达。

④符号系统面板中，"单位"用于设置符号的尺寸单位，"旋转"用于设置旋转符号，"符号"用于设置符号和背景色。

⑤完成比例符号设置，在图中能够清晰地看出各个地区的森林覆盖的差异和空间分布格局，如图 6.26 所示。与分级符号不同的是，比例符号表达的符号与数值有比例关系，符号的大小差异反映了属性值的大小差异。在对一些数据进行表达时，比例符号表达的效果要优于分级符号表达。

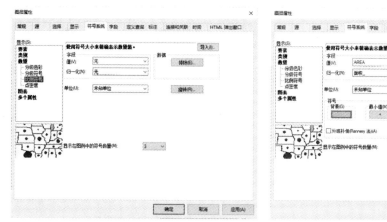

图 6.24　符号系统　　　　　　　　　　　　图 6.25　比例符号

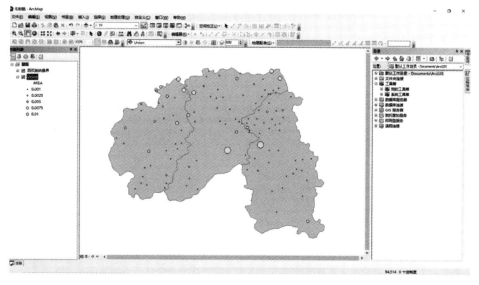

图 6.26　比例符号表达效果

#### 6.1.1.6　点密度符号表达

在 ArcGIS 中，点密度符号表达使用固定大小的点状符号的多少来展示某项属性，表现为一个区域范围内点的密度。该方法用点的疏密程度表示某项属性的数量差异，通常用来表达面状数据，如乡镇或区域人口数量等。使用点密度符号表达的具体操作如下：

①将面状矢量数据文件加载到 ArcMap 中，右键单击该图层；在右键菜单中选择"属性"，打开图层属性面板；在图层属性面板中选择"符号系统"，如图 6.27 所示。

②"符号系统"选项卡左侧列出了所有的符号化表达方式，选择"数量"，单击"点密度"选项，面板右侧会出现详细的分类设置，如图 6.28 所示。

③字段选择为选择要表达的字段，在"字段选择"中选择好字段，单击中间的">"，该字段将会出现在右侧的列表中，如图 6.28 所示。

图6.27　符号系统

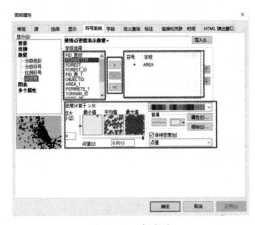

图6.28　点密度

④密度设置中，点大小用于定义点的尺寸；点值用于定义一个点代表的数值，系统会给一个默认值；还可以设置点的颜色和背景颜色以及区域边界的属性；保持密度选项，勾选后，在进行图像放大或者缩小时，点密度始终和属性值保持一致；排除选项，单击后进入"数据排除属性"面板，可以在其中构建表达式，排除不需要的数据。

⑤完成点密度符号设置，点密度符号表达效果如图6.29所示。

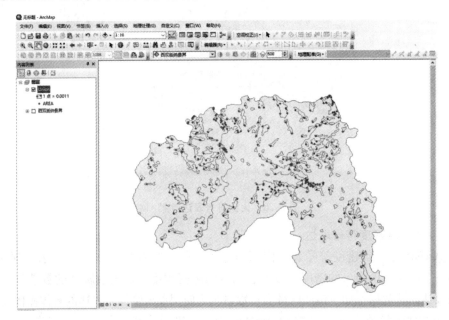

图6.29　点密度符号表达效果

### 6.1.1.7　统计符号表达

在 ArcGIS 中，统计符号被用来表达多项属性。常用的统计符号有条形图、柱状图、饼状图、堆叠图（累计柱状图）等。条形图、柱状图适用于表达可比较的属性数值的变化趋势；饼状图适用于表达整体与组成部分之间的比例关系；堆叠图又叫作累计柱状图，既能够表达相互关系与比例，也能够表达变化趋势。使用统计符号表达的具体操作如下：

①将面状矢量数据文件加载到 ArcMap 中，右键单击该图层；在右键菜单中选择"属性"，打开图层属性面板；在图层属性面板中选择"符号系统"，如图6.30所示。

②"符号系统"选项卡左侧列出了所有的符号化表达方式,选择"图表",单击"条形图/柱状图"选项,面板右侧会出现详细的分类设置,如图6.31所示。

图6.30　符号系统

图6.31　条形图/柱状图

③字段选择用于选择要表达的字段。单击中部的">"选项,字段则被加载到右侧列表中,如图6.31所示。

④背景用于设置背景颜色;配色方案用于设置柱状图的颜色;避免图标压盖选项,如果勾选,则为不允许柱状图重叠压盖;归一化用于使用某一个字段进行归一化处理,在通常情况下,分级表达不需要进行归一化处理,当分级表达的数值差异很大时,则选择另外一个字段对其进行归一化处理。

⑤属性用于对柱状图的高度、宽度和间距等参数进行设置,排除用于构建表达式,以排除某些地区,使其不被表达,大小用于设置柱状图的整体尺寸。

⑥完成柱状图符号设置后,效果如图6.32所示。

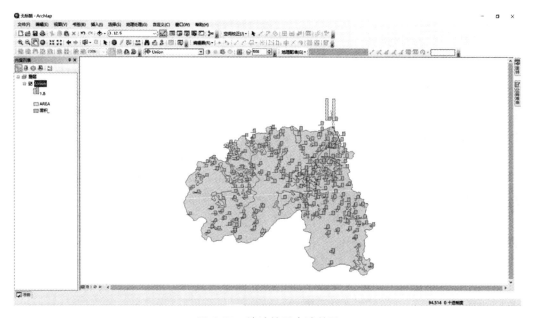

图6.32　统计符号表达效果

#### 6.1.1.8 制作符号库

ArcGIS 提供自定义制作符号的功能。以最常用的二维符号为例，一共有 4 种自定义制作符号的方式：基于已有的符号制作、基于图片制作、基于 TrueType 字体制作、多种方式综合制作。ArcGIS 符号库的制作非常简单，通常直接在符号选择器中对符号进行编辑，编辑完成后另存为个人符号库使用。制作的符号统一使用样式管理器管理。下面以制作线符号为例，对制作符号的主要操作方式进行说明。

①将道路线状矢量数据文件加载到 ArcMap 中，右键单击该图层；选择右键菜单中的"属性"，打开"图层属性"选项卡；选择"符号系统"选项卡。

②单击系统默认的"单一线状符号"，弹出"符号选择器"选项卡，对话框中列出了系统自带的所有类型的线状符号，如图 6.33 所示；选择一种接近使用目的的线性符号，单击"编辑符号"，打开"符号属性编辑器"，详细设置线状符号参数，在选项卡中修改详细的参数；选择适当类型的线符号，设置制图单位并详细设置制图线、制图模板和线属性；还可以制作多种线性符号的叠加等，如图 6.34 所示；设置完成后单击"确定"；返回符号选择器选项卡。

图 6.33 符号选择器

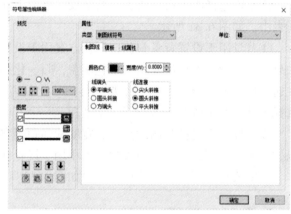

图 6.34 符号属性编辑器

③在"符号选择器"选项卡中，单击"另存为"按钮，调出"项目属性"选项卡，在上面填写线符号的名称、类别、样式和标签等内容，如图 6.35 所示；单击确定，完成一种新的线状符号的制作的操作。以后再次用到该线状符号时，我们可以直接在"符号选择器"对话框中选择该符号。

参照《城市规划制图标准》（CJJ/T 97-2003），我们可以制作城乡规划符号库。在实际应用时，我们将其添加到 ArcMap 符号库中即可，如果对该库中的符号表达不满意，可以在此基础上进行编辑修改。添加城乡规划符号库的步骤如下：

打开 ArcMap，选择主菜单的"自定义"；选择下拉菜单中的"样式管理器"，打开"样式管理器"面板，如图 6.36 所示；选择"样式管理器"面板中的"样式"，在弹出的"样式引用"选项卡中选择"将样式添加到列表"，点击"打开"，如图 6.37 所示；浏览找到 urbanplan style 文件并添加；添加城乡规划符号库以后，我们可以直接在"符号选择器"对话框中选择该符号库。

**图 6.35 项目属性**

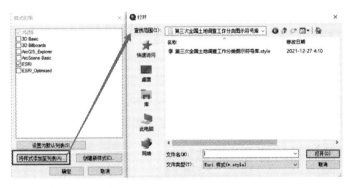

**图 6.36 样式管理器**

**图 6.37 将样式添加到列表**

### 6.1.1.9 保存符号化表达方案

在 ArcMap 中，无论采用哪一种符号化表达方式，都不会改变数据本身。当移除或者重新加载矢量数据文件时，原有的符号化配置方案可能会失效，这时需要重新设置符号化表达方案。因此为了再次使用已设置好的符号化表达方案，我们可以采用以下两种方法进行相应的保存操作。

（1）保存为 LYR（图层）文件。

完成符号化的各项配置后，右键单击该图层；选择"另存为图层文件"，如图 6.38 所示；将符号化表达配置保存为一个后缀名为.lyr 的文件。此种文件只保存该图层在 ArcMap 中的各种符号化表达配置和状态，并不保存数据本身。

以后需要使用这个图层及其符号化表达配置方案时，直接将 LYR 文件加载到 ArcMap 中，系统自动搜索对应的矢量文件并按照 LYR 中记录的符号化表达配置方案快速表达。在默认的情况下，LYR 的文件名与其对应的矢量文件名相同，且保存在相同的路径下。如果矢量文件被删除、破坏、改名或改动路径，ArcMap 加载 LYR 文件时，相对应图层前也会出现感叹号，恢复方法为：单击感叹号，重新指定数据的路径和文件名，即可恢复到以前的状态。或者，右键单击带感叹号的图层，打开图层属性，找到"源"选项卡，找到数据的原始信息，单击下方的"设置数据源"按钮，指定正确的路径和文件名，也可以恢复到以前的状态，如图 6.39 所示。

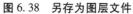

图 6.38　另存为图层文件

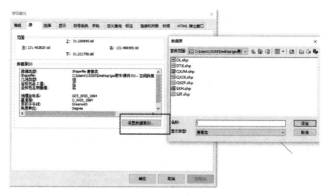

图 6.39　设置数据源

（2）保存为 MXD 文档。

在完成符号化表达的各项配置后，先后点击 ArcMap 主菜单中的"文件"和"保存"，得到一个后缀名为.mxd 的文件，被称为地图文档。地图文档中记录了当前加载的所有数据的状态（包括符号化配置）。启动 ArcMap，先后单击主菜单"文件"和"打开"，打开地图文档，系统将所有数据图层及其设置恢复到 ArcMap 关闭前的状态。如果矢量文件被删除、破坏、改名或改动路径，ArcMap 加载地图文档时，相应图层前会出现感叹号，恢复的方法与 LYR 文件的恢复方法相同。

## 6.1.2　栅格数据的符号化表达

在 ArcGIS 中，栅格数据的符号化表达主要有分级色彩（classified）和拉伸色彩（stretched）两种方式，下面分别进行说明。

（1）分级色彩。

分级色彩是指对栅格数据的属性值进行分类，如为高程、坡度、人口密度和污染物浓度等每一类配置一种色彩表达。以某一区域的数字高程模型 DEM 为例，我们对其进行高程的分级表达处理。

①在 ArcMap 中加载高程栅格数据（数字高程 DEM 模型）文件；在内容列表中右键单击该图层；在右键菜单中选择"属性"，打开"图层属性"对话框；在"图层属性"面板中找到"符号系统"选项卡，如图 6.40 所示。

图 6.40　符号系统

②当栅格数据的属性值只有少量的几种类型时，如用地分类代码值，那么则可以在符号系统中选择"唯一值"，然后设置每一类的色彩。

③当栅格数据的属性值是连续值时，如高程、坡度等，如果选择唯一值，那么每一个高程值将作为一类，这时由于种类太多，系统往往会不允许操作或者出现错误，并且这样也没有现实的意义。此时单击"已分类"，右侧则会弹出详细的分类设置。

④属性面板"字段"中的"值"选项，如果栅格数据只有一个属性，如数字高程模型 DEM 只有一个表达高程值的字段，那么该选项栏和归一化栏均会显示为灰色并且不可被选择。

⑤属性面板中的"分类"选项，系统默认使用的是自然间断点分级法，类别为5。如果默认分级法、分级数量或者分级区间值不能满足当前所需求，那么则可以单击右侧分类按钮，在弹出的"分类"面板中进行分类区间设置，对分级法、分级数量以及中间值（即中断值）进行修改，如图 6.41 所示。

⑥属性面板中"色带"选项用于选择适当的分级色彩。如果系统没有提供我们需要的色彩，则可以右击"色带"，单击"属性"，弹出"编辑色带"选项卡，可在面板中自定义色带，如图 6.42 所示。

⑦在符号系统的"色带"中，单击每一类分级的颜色，根据需要进行修改；符号系统中"范围"显示了每一类分级的高程范围，与 DEM 属性值相对应；标注用于设置图例中显示的内容，可以手工修改标注，或者单击"标注"选项，选择"标注格式"，在弹出的"数值格式"对话框中详细设置图例格式，如图 6.43 所示。

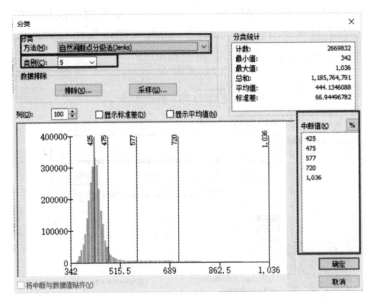

图 6.41　分类区间设置

图 6.42　编辑色带

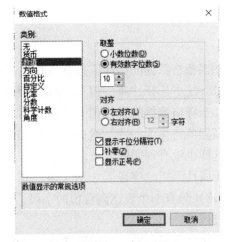

图 6.43　数值格式

⑧设置完成后单击确定，完成分级色彩设置。高程按照等间距分级并被赋予色彩表达，图例是等间距分级的区间值，如图 6.44 所示。

（2）拉伸色彩。

许多栅格数据反映的是气温、降雨、光谱值或太阳照射角等连续性的数据，这类数据经常使用拉伸的方式进行显示。栅格的属性值按照一定的方法首先被拉伸到 0~255，然后用灰度或者色彩进行显示。常用的拉伸方法有标准差拉伸方法、最小值—最大值拉伸方法、线性拉伸方法、阶段性拉伸方法、非线性拉伸方法等。下面对拉伸色彩表达的具体操作进行说明。

①在 ArcMap 中加载数字高程模型 DEM 栅格文件，右键单击该图层，在右键菜单中选择"属性"，打开"图层属性"面板。

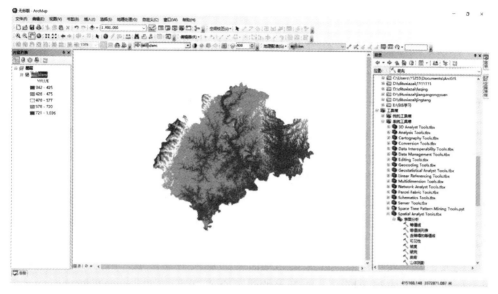

图 6.44　分级色彩

　　②选择图层属性面板中的"符号系统"，点击左侧"显示"下的"拉伸"，在面板的右侧进行详细设置。

　　③属性面板中的"标注"选项用于设置图例显示的内容，可以手动更改。

　　④属性面板中的"色带"选项用于设置色彩。如果系统提供的色带不能满足当前需求，则可以右击"色带"，单击"属性"，弹出"编辑色带"选项卡，可在面板中自定义色带。

　　⑤属性面板中的"拉伸"选项用于选择常用的标准差拉伸方法。

　　⑥其他参数保持默认即可，单击确定，完成配置，高程按照标准差拉伸并被赋予色彩表达，图例是高程值，如图 6.45 所示。

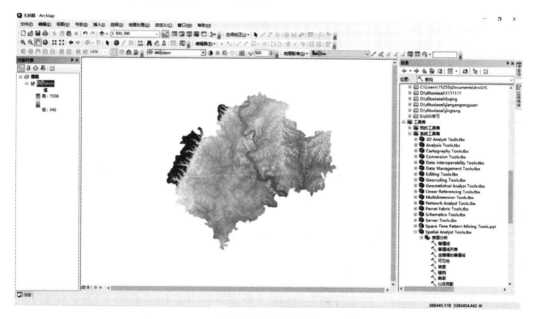

图 6.45　拉伸色彩

# 6.2 坡度坡向分析

## 6.2.1 坡度

坡度用来度量地表单元的陡峭程度，是坡面的垂直高度和水平距离的比值。坡度直接影响了太阳辐射和水文特征，也是水土流失、地质灾害形成和发展的一个关键影响因子。在城乡规划领域，坡度对城市用地布局、道路选线、设施选址和建筑形态都有着重要的影响。坡度过大，建筑物和道路的布局将受到限制，并且建设成本会大幅增加；坡度太小，则不利于场地排水等。例如，在8%~12%的坡地上建造住宅，要相应增加建设投资4%~7%，经营管理费用要增加5%~10%。同时，坡度大的区域，其施工难度大，如果要进行高填或深挖，则需要大规模地建护坡，以防塌方。工程的实施对坡地的连续度有很大影响，地下水的渗透会受到影响。因此在开展城市建设用地适用性评价时必须考虑坡度这一指标［《城乡用地评定标准》（CJJ 132—2009）］。《城市用地竖向规划规范》（CJJ 83—99）也明确规定，城市各类建设用地最大坡度不超过25%，详情见表6.1。在山区和丘陵地区，地面坡度值往往影响土地的使用和建筑布置，是用地评定的一个必要因素。在山地建设区域，实际用地有时候会超出坡度的适宜范围，坡度较大的地区通常会使用分台处理地形的方式。

表 6.1　城市各类建设用地坡度　　　　　　　　　　　单位:%

| 用地名称 | 最小坡度 | 最大坡度 |
|---|---|---|
| 居住用地 | 0.2 | 25 |
| 公共设施建设用地 | 0.2 | 20 |
| 城市道路用地 | 0.2 | 8 |
| 铁路用地 | 0 | 2 |
| 工业用地 | 0.2 | 10 |
| 仓储用地 | 0.2 | 10 |
| 港口用地 | 0.2 | 5 |
| 其他 | — | — |

### 6.2.1.1 坡度提取

在ArcGIS中，"坡度"工具使用的数据是栅格DEM数据，要求数据必须是投影坐标系数据；不建议使用地理坐标系数据，因为使用地理坐标系数据时计算的结果是近似值。在ArcGIS中坡度存在两种表达方式。坡度（degree of slope）：水平面与地形面之间夹角；坡度百分比（percent slope）：高程增量与水平增量之比。坡度的提取方法如下：

①将栅格数据（数字高程模型DEM）加载到ArcMap中，在ArcToolbox中选择"Spatial Analyst"，选择"表面分析"，选择"坡度"工具，如图6.46所示。我们也可以在ArcToolbox中依次选取"3D Analyst→栅格表面→坡度"。两者功能完全一致。

②在弹出的坡度对话框中依次导入文件和设置参数。输入栅格：输入规划区数字高程 DEM 栅格文件。输出栅格：生成坡度栅格数据，设置文件名和保存路径。输出测量单位：选择坡度或百分比，默认 DEGREE 以度为单位进行计算。Z 因子：用来定义高度 Z 与平面 X、Y 之间的单位换算系数；当 X、Y、Z 单位一样时，Z 因子为 1。在城乡规划中，平面度量单位与高度度量单位往往是一样的，该参数通常取默认值 1。面板如图 6.47 所示，单击确定按钮，完成操作，得到坡度的栅格图，其分辨率与输入 DEM 数据一致，如图 6.48 所示。

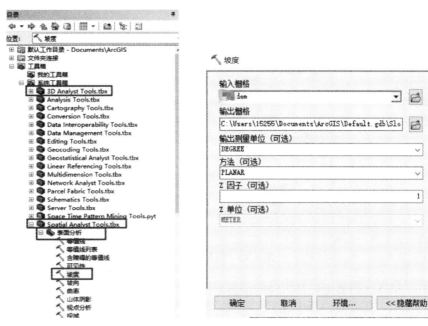

图 6.46　坡度工具　　　　　　　　　图 6.47　坡度工具面板

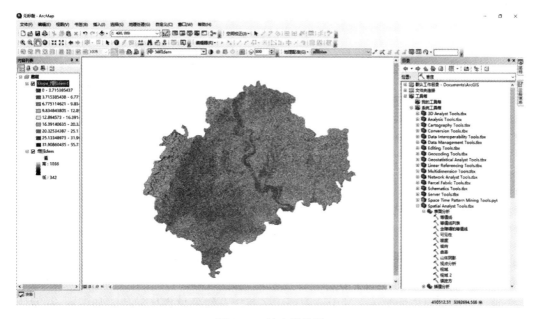

图 6.48　坡度栅格图

#### 6.2.1.2　坡度分级

ArcGIS 默认使用自然断点法（natural breaks）分级显示生成的坡度栅格图，如图 6.48 所示。而该坡度分级在实际使用时往往不能够满足用户的需要，因此用户需要手动对其进行重新分级并显示。具体操作方法如下：

①在内容列表中右键单击"坡度"图层，选择右键菜单中的"属性"命令，弹出"图层属性"对话框，找到"符号系统"选项卡，如图 6.49 所示。

图 6.49　符号系统

②在符号系统左侧显示栏目中选择"已分类"，该选项的意思为该栅格图层使用分类方式进行显示。在分类栏目中找到"类别"，类别的数量代表坡度分类级别。例如，将坡度分为 5 个级别，则在类别中选择"5"，单击"分类"，打开分类对话框，然后设置坡度分级的区间值，如图 6.50 所示。

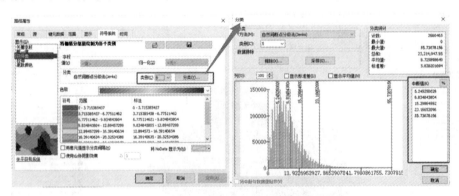

图 6.50　设置坡度分级的区间值

③在分类对话框右侧的"中断值"列表中，用户可以根据需要手动输入坡度分级区间值，单击"确定"，返回"图层属性-符号系统"选项卡（见图 6.50）；在"符号系统"的"色带"中选择一个合适的颜色系列，也可以通过单击符号颜色单独设置每一个坡度范围相对应的颜色，其中范围列出了每个分级的坡度区间值，如图 6.50 左侧面板所示。

④符号系统中"标注"用于设置 ArcMap 图例中的数值标注格式,单击"标注",选择"标注格式"选项,打开"数值格式"对话框,在"数值格式"对话框中设置坡度图例中的标注格式。例如,在数值格式面板中的"类别"中选择"数值",在"取整"中选择"小数位数",在下方输入框中设定小数点后的位数,如果设定为 0,那么不显示小数,只显示整数,如图 6.51 所示。设定完成后单击确定,返回"图层属性"选项卡,可以看到选项卡中的标注数值显示会出现相应的变化,如图 6.52 所示。

图 6.51　设置标注格式

图 6.52　标注数值

⑤最后,单击图层属性面板的确定按钮,完成坡度分级,如图 6.53 所示。

我们将坡度分级前后的效果进行对比(见图 6.48 和图 6.53),可以发现,坡度图层的坡度分级数目、区间值以及其标注的格式都发生了变化,图形也因分级和色彩设置发生了相应的变化。这里值得说明的是,以上的分级过程只是重新划分了坡度值区间并指定了色彩,并没有也不会改变坡度栅格数据像元的坡度值。如果想要永久性地改变坡度栅格数据图层上的坡度值,我们需要使用"ArcToolbox→Spatial Analyst→重分类"工具,将此级分级方案重分类并输出一个新的栅格数据文件。

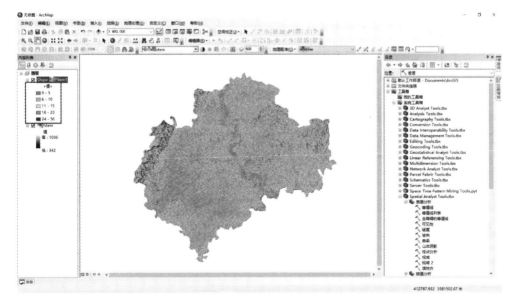

图 6.53　坡度分级

### 6.2.1.3 坡度应用

在进行用地适宜性评价或者山区台地选择时，我们需要提取某一特定坡度范围内的用地，例如，只提取坡度为 10°~25°的用地范围，在 ArcGIS 中有两种方法能够达到该目的，分别是使用"ArcToolbox→Spatial Analyst→重分类"工具和"ArcToolbox→Spatial Analyst→地理代数→栅格计算器"工具。

（1）使用"重分类"工具。

①在 ArcToolbox 中选择 Spatial Analyst 的"重分类→重分类工具"，如图 6.54 所示，弹出重分类面板。输入坡度：输入坡度栅格；重分类字段：选择栅格数据中需要重分类的字段，如果坡度栅格数据属性表中只有坡度一个字段，默认的字段名为 Value；如果坡度栅格数据有多个字段，则需要进行选择，在一般的情况下 DEM 生成的坡度栅格数据只有一个字段，因此"重分类字段"保持默认即可，如图 6.55 所示。

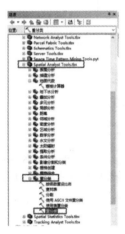

图 6.54　重分类工具

图 6.55　重分类面板

②在重分类对话框中设置旧值（重分类之前的坡度区间）和重分类后的新值。如果提取的坡度范围恰好是旧值中的一个或者由多个区间组成，在对应的新值设置中将其转换为同一个新值，如 1 或者其他特定的值。我们将不需要的坡度范围相对应的新值设置为 NoData，如图 6.55 所示。

③如果旧值（即现有的坡度分级区间）与想要提取的坡度范围不匹配，单击重分类面板中的"分类"，打开分类面板，根据待提取的坡度范围设定分类的类别和区间值（中断值），如图 6.56 所示。确定后返回重分类面板，然后设置旧值与新值。

④设置输出的栅格数据文件名、路径。

这项操作将坡度为 10°~25°的那些栅格像元的值更改为 1，以便下一步分析使用；其他坡度值均更改为空值（NoData），也可以理解为删除这些像元。重分类生成的新栅格数据不再表达坡度值，只是显示坡度为 10°~25°的范围，如图 6.57 所示。

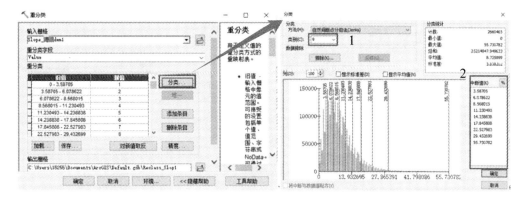

图 6.56　设定分类的类别和区间值（中断值）

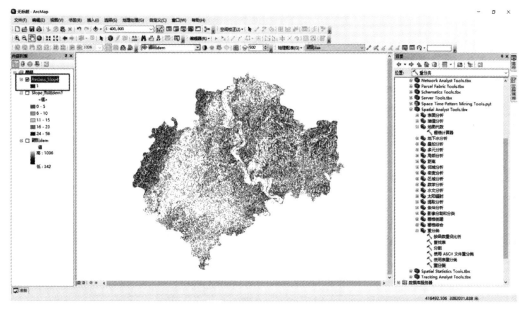

图 6.57　重分类生成的新栅格数据

（2）使用"栅格计算器"工具。

①在 ArcToolbox 中，选择 Spatial Analyst 中的"地理代数"，选择"栅格计算器"，打开"栅格计算器"对话框，如图 6.58 所示。栅格计算器的功能非常强大，常用的基于栅格数据的运算都能够在栅格计算器中完成。

②栅格计算器面板中，图层和变量列出了当前在 ArcMap 中加载的栅格数据，双击需要使用的图层或变量，可以将其输入到中部文本框中；面板上部和右侧栅格计算器提供了常用的操作符和函数，单击后可以输入到中部文本框中，如图 6.58 所示。

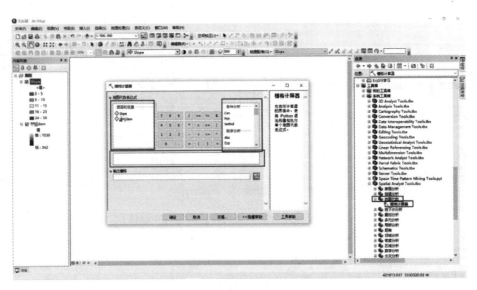

图 6.58    栅格计算器面板

③在中部文本框中构建运算表达式 Con((("Slope" > 10) & (("Slope" < 25))),"Slope")。表达式既能够在"栅格计算器"对话框中通过单击生成，也可以手动输入（注意：所有的符号为英文字符）。该表达式的含义为：坡度大于 10°并且小于 25°的那些栅格像元的值将保留为原始的坡度值；不在此范围的坡度值，将被更改为 NoData，可以理解为删除这些栅格像元。生成的栅格数据的坡度范围为 10°–25°，栅格像元值仍然为原来的坡度值。

④输出栅格操作方式：设置生成的栅格数据的文件名及保存路径，单击确定，得到提取结果，如图 6.59 所示。

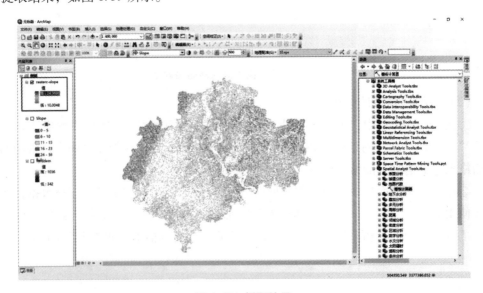

图 6.59    提取结果

⑤如果只想提取 10°–25°的坡度对应的空间范围而不需要具体的坡度值，那么只需要将上述运算表达式修改为 Con((("Slope" > 10) & (("Slope" < 25))),"1")。该公式的

含义是：提取坡度为10°-25°范围的栅格数据并将其坡度值变为1，没有在此范围的所有栅格像元将变为空值（NoData）。提取的结果和重分类得到的结果完全一致。在这里值得说明的是，Con是栅格数据空间分析常用的条件函数，可以与其他函数嵌套使用，从而完成复杂的空间运算，具体相关内容可以参考ArcGIS在线帮助文档或相关的资料书籍。

### 6.2.2 坡向

#### 6.2.2.1 坡向提取

坡向（aspect）是指地表面上一点的切平面的法线矢量在水平面的投影与过该点的正北方向的夹角。坡向是一个重要的地形指标，是决定地表接受太阳辐射量的一个关键的参数。ArcGIS是这样规定坡向值的：正北方向为0°，按顺时针方向进行计算，取值范围为0°-360°。在具体使用坡向时通常将坡向划分为4类或者8类。其中，4类坡向为：阴坡（315°-360°，0°-45°）、半阴坡（225°-315°）、半阳坡（45°-135°）和阳坡（135°-225°）。8类坡向为：东（67.5°-112.5°）、东南（112.5°-157.5°）、南（157.5°-202.5°）、西南（202.5-247.5°）、西（247.5°-292.5°）、西北（292.5°-337.5°）、北（0°-22.5°，337.5°-360°）和东北（22.5°-67.5°），分别对应半阴坡、半阳坡、阳坡、阳坡、半阳坡、半阴坡、阴坡和阴坡。以8类坡向为例，具体的操作过程如下：

①将栅格数级（数字高程模型DEM）加载到ArcMap中，在ArcToolbox中选择"Spatial Analyst"，选择"表面分析"，选择"坡向"工具，如图6.60所示。也可以使用ArcToolbox中的"3D Analyst→栅格表面→坡向"。两者功能完全一致，均可以打开坡向对话框，如图6.60所示。

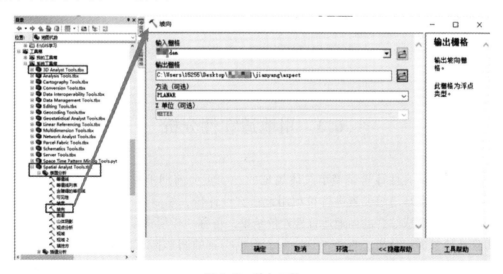

图 6.60 坡向工具

②在坡向对话框中设置输入和输出栅格数据的文件。输入栅格：输入数字高程DEM文件；输出栅格：设置生成的坡向栅格数据文件名和保存路径，单击确定，完成坡向生成操作，如图6.61所示。坡向栅格数据的分辨率默认与输入的数字高程DEM相同。

图6.61　坡向生成

在坡向的图例中，平面（−1）表示无坡向，即坡度为0°的栅格像元，此时地表绝对平坦，不存在坡向，ArcGIS用特殊的值（−1）来标识。0°−360°的坡向值分为8类，每45°划分一个类别，其中正北向包含0°−22.5°和337.5°−360°两部分。

#### 6.2.2.2　坡向应用

坡向决定着太阳辐射的入射量，从而引起地表温度和土壤特性发生变化。在山地区域城市，城市用地尤其是居住用地的选择和住宅建筑的布置应当与坡度、坡向相结合，综合考虑其影响，利用自身的地理条件改善人居舒适性，从而达到节能降耗的目的。在区域尺度或城市尺度上，用户可以根据坡向条件选择喜阴或者喜阳的植物配置。如果要提取某个特定的坡向区间对应的范围，其操作步骤与提取特定坡度的操作步骤一致。

# 6.3　用地适宜性分析

城市用地适宜性评价是城市总体规划的一项重要前期工作，它首先对工程地质、社会经济和生态环境等要素进行单项用地适宜性评价，然后用地图叠加技术根据每个因子所占权重生成综合的用地适宜性评价结果，俗称"千层饼模式"，就是通过对有影响力自然要素进行分析，再叠加到一起，根据得到的图形指导设计。利用GIS进行多因子城市用地适宜性评价步骤：确定适宜性评价的因子和权重；对各个单因数进行适宜性评价，分为1到5级，并转化为栅格数据；对所有单因素评价的栅格数据做叠加运算处理，每个栅格代表的地块将得到一个综合评价值；对综合后的栅格数据重新分类定级。

城市适宜性评价包括生活区和工业区的适宜性评价，本节针对生活区进行适宜性评价，因子选择交通便捷性、环境适宜性、城市氛围和地形适宜性 4 类评价因子（数据见图 6.62），其中环境和地形还包括子因子，各因子权重如图 6.63 所示。用户可以依据专家意见确定因子权重。

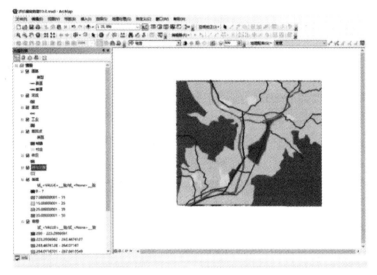

图 6.62　评价因子数据

| 评价因子 | 子因子 | 权重 |
|---|---|---|
| 交通便捷性 | | 0.28 |
| 环境适宜性 | 滨水环境 | 0.09 |
| | 远离工业污染 | 0.06 |
| | 森林环境 | 0.07 |
| 城市氛围 | | 0.18 |
| 地形适宜性 | 地形高程 | 0.155 |
| | 地形坡度 | 0.155 |

图 6.63　各因子权重

## 6.3.1　单因数适宜性评价分级

### 6.3.1.1　交通便捷性评价

（1）计算省道和县道的缓冲区。道路数据包括省道数据和县道数据，交通便捷性评价将根据距离省道、县道的远近加以确定，如图 6.64 所示。评价因子各级分类如图 6.65 所示。

| 道路 | | | |
|---|---|---|---|
| OBJECTID * | Shape * | Shape_Length | 类型 |
| 1 | Polyline | 1.019498 | 县道 |
| 2 | Polyline | 0.523695 | 县道 |
| 3 | Polyline | 0.929138 | 县道 |
| 4 | Polyline | 1.159981 | 县道 |
| 5 | Polyline | 135.715526 | 省道 |
| 6 | Polyline | 1399.552114 | 省道 |

图 6.64　道路数据

| 评级因子 | 分类 | 等级 |
|---|---|---|
| 交通便捷性 | 距省道0～500米，距县道0～250米 | 5 |
| | 距省道500～1000米<br>距县道250～500米 | 4 |
| | 距省道1000～1500米<br>距县道500～1000米 | 3 |
| | 距省道1500～3000米<br>距县道1000～2000米 | 2 |
| | 距省道3000米以上，距县道2000米以上 | 1 |

图6.65　评价因子各级分类

①将道路数据加载到 ArcMap 中。

②选择所有省道要素：右键单击道路图层，在右键菜单栏中选择"打开属性表"，在属性表中单击"按属性选择"按钮，打开"按属性选择"选项卡，在按属性选择选项卡中输入表达式（通过鼠标双击完成，完成后关闭属性表对话框），如图6.66所示。

③多环缓冲区分析：ArcToolbox→Analyst Tools→邻域分析→多环缓冲区分析，设置对应参数，如图6.67所示。如果要素被选中，ArcGIS 只对被选中的要素进行计算。

④完成省道多环缓冲区分析，结果如图6.68所示。

⑤构建县道的缓冲区的操作步骤与构建省道的缓冲区的相同，结果如图6.69所示。

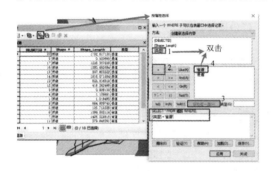

图6.66　属性表

图6.67　多环缓冲区分析

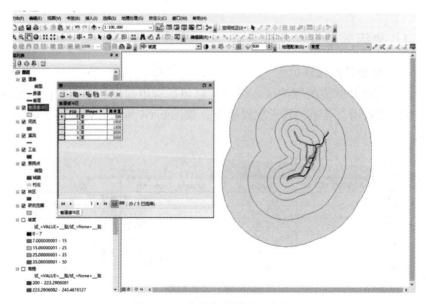

图6.68　省道多环缓冲区分析

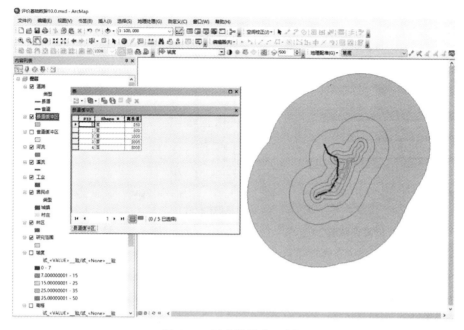

图 6.69 县道的缓冲区分析

（2）综合省道缓冲区和县道缓冲区的目的是得到一幅完整的交通便捷性评价图。

①联合叠加省道缓冲区和县道缓冲区：ArcToolbox→Analyst Tools→叠加分析→联合，如图 6.70 所示。

②打开上一步生成的交通便捷性评价的属性表，添加一个字段并命名为评价值，类型为短整型；全选"评价值"字段，单击右键，选择"字段计算器"，如图 6.71所示。

图 6.70 联合

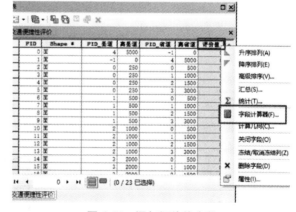

图 6.71 添加评价值字段

③计算评价值的操作如图 6.72 所示。这里的含义是，让评价值等于 value，而 value 的取值是根据［离省道］和［离县道］的值确定的。比如第二行的含义是：如果［离省道］＝500 或［离县道］＝250，则 value＝5。计算结果如图 6.73 所示。

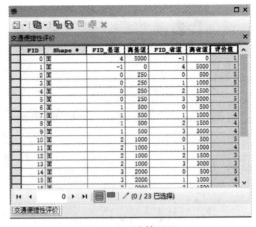

图 6.72 计算评价值

| FID | Shape * | FID_县道 | 离县道 | FID_省道 | 离省道 | 评价值 |
|---|---|---|---|---|---|---|
| 0 | 面 | 4 | 5000 | -1 | 0 | 1 |
| 1 | 面 | -1 | 0 | 4 | 5000 | 1 |
| 2 | 面 | 0 | 250 | 0 | 500 | 5 |
| 3 | 面 | 0 | 250 | 1 | 1000 | 5 |
| 4 | 面 | 0 | 250 | 2 | 1500 | 5 |
| 5 | 面 | 0 | 250 | 3 | 3000 | 5 |
| 6 | 面 | 1 | 500 | 0 | 500 | 5 |
| 7 | 面 | 1 | 500 | 1 | 1000 | 4 |
| 8 | 面 | 1 | 500 | 2 | 1500 | 4 |
| 9 | 面 | 1 | 500 | 3 | 3000 | 4 |
| 10 | 面 | 2 | 1000 | 0 | 500 | 4 |
| 11 | 面 | 2 | 1000 | 1 | 1000 | 4 |
| 12 | 面 | 2 | 1000 | 2 | 1500 | 3 |
| 13 | 面 | 2 | 1000 | 3 | 3000 | 3 |
| 14 | 面 | 3 | 2000 | 0 | 500 | 4 |
| 15 | 面 | 3 | 2000 | 1 | 1000 | 4 |

图 6.73 计算结果

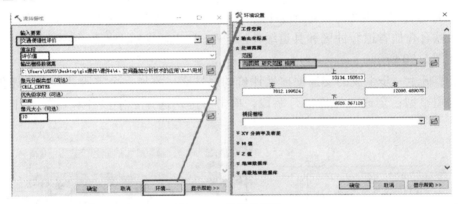

（3）转换为栅格。

①将计算出评价值的交通便捷性评价转换为栅格：ArcToolbox→Conversion Tools→转为栅格→面转栅格→参数设置，如图 6.74 所示。

②完成的交通评价图如图 6.75 所示，深色区域的效果是最好的，浅色区域的效果是最差的。

图 6.74 转换为栅格

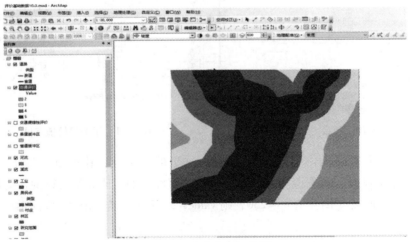

图 6.75 完成交通评价图

本例运用到的环境适宜性评价（滨水环境评价、远离工业污染评价、森林环境评价）、城市氛围评价、交通便捷性评价均使用多环缓冲区进行单因数适宜性评价分级，操作方法类似，因而不再赘述。

### 6.3.1.2　地形适宜性评价

地形的评价包括对地形高程和坡度的评价，研究区高程范围为 200～500 米，研究区地形起伏比较大，坡度最高达到 50 度。高程太高、坡度太陡会给城市建设带来困难，地形评级如图 6.76 所示。

| 评价因子 | 分类 | 分级 |
|---|---|---|
| 地形高程 | 高程在200~220米 | 5 |
| | 高程在220~240米 | 4 |
| | 高程在240~260米 | 3 |
| | 高程在260~300米 | 2 |
| | 高程在300米以上 | 1 |

| 评价因子 | 分类 | 分级 |
|---|---|---|
| 地形坡度 | 坡度在0~7度 | 5 |
| | 坡度在7~15度 | 4 |
| | 坡度在15~30度 | 3 |
| | 坡度在30~40度 | 2 |
| | 坡度在40度以上 | 1 |

图 6.76　地形评级

（1）对地形高程的评价：ArcToolbox→Spatial Analyst→重分类，对地形高程进行重分类。具体参数设置如图 6.77 所示，重分类结果如图 6.78 所示。

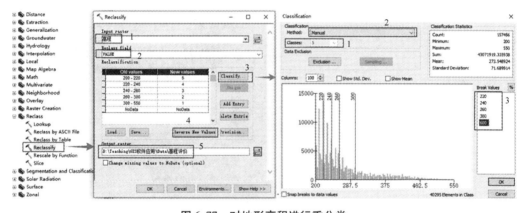

图 6.77　对地形高程进行重分类

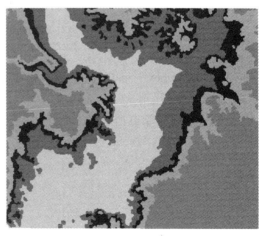

图 6.78　重分类结果

（2）对地形坡度进行评价，其操作与高程评价类似：ArcToolbox→Spatial Analyst→重分类。对地形坡度进行重分类，具体参数设置如图 6.79 所示，重分类结果如图 6.80 所示。

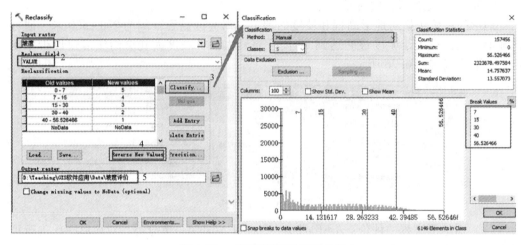

图 6.79　对地形坡度进行重分类

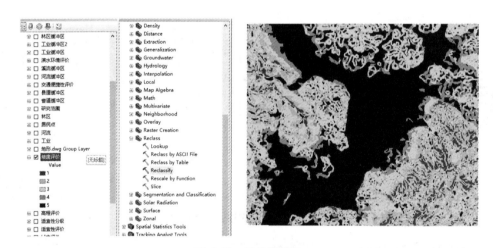

图 6.80　重分类结果

## 6.3.2　栅格叠加运算

（1）ArcToolbox→Spatial Analyst→叠加分析→加权总和，输入各单因数适宜性评价图层，如图 6.81 所示。

（2）完成设置后点击确定，进行运算，适宜性评价结果如图 6.82 所示。

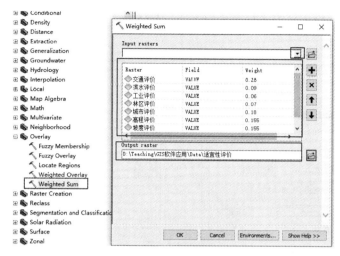

图 6.81　叠加分析

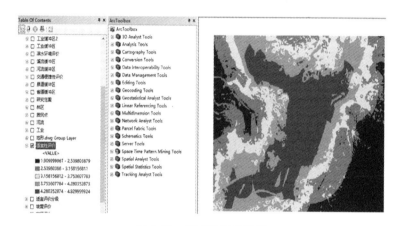

图 6.82　适宜性评价结果

### 6.3.3　划分适宜性等级

根据前面各单因子含义的设定，3 分是可以接受的最低值，5 分为最适宜建设，1 分代表特别不适宜建设，因此，本次示例将适宜性划分为 6 个等级，具体如图 6.83 所示。

| 类别等级 | 评价分值 | 适宜性类别 |
| --- | --- | --- |
| 一级 | 4.5~5 | 最适宜建设用地 |
| 二级 | 4~4.5 | 适宜建设用地 |
| 三级 | 3.5~4 | 比较适宜建设用地 |
| 四级 | 3~3.5 | 有条件限制建设用地 |
| 五级 | 2~3 | 不适宜建设用地 |
| 六级 | 1~2 | 特别不适宜建设用地 |

图 6.83　适宜性等级划分

①对适宜性评价结果图进行重分类操作，具体参数设置如图 6.84 所示。

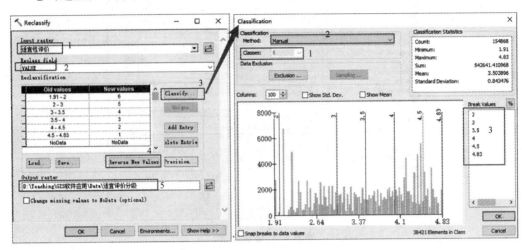

**图 6.84　对适宜性评价结果图进行重分类**

②重分类后，对结果图层"适宜性评价等级"做类别符号化操作，选择合适的色带，适宜性评价分级结果如图 6.85 所示。

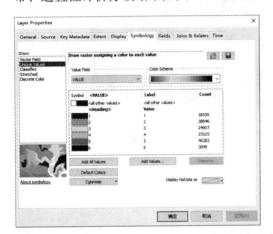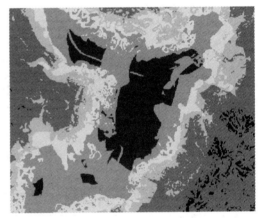

**图 6.85　适宜性评价分级结果**

适宜性制图是 GIS 用于规划的主要应用。在制作时，用户首先要确定权重；其次，对各个单因子做适宜性评价，统一划分级别，再统一转成栅格，以便于计算；然后进行加权计算，得到一个综合性的评价；最后进行分级显示，从而得到评价图。

# 第三篇
## 综合篇

# 7

# 国土空间规划体系认知

## 7.1 国土空间规划总体框架

国土空间规划是国家发展的指南，是可持续发展的空间蓝图，是各类开发保护建设活动的基本依据。建立国土空间规划体系并监督实施，将主体功能区规划、土地利用规划、城乡规划等空间规划融合为统一的国土空间规划，实现"多规合一"，强化国土空间规划对各专项规划的指标约束作用，是党中央、国务院作出的重大部署。

国土空间规划是在空间和时间上对一定区域的国土空间开发保护做出的安排，包括总体规划、详细规划和相关专项规划，最终形成"五级三类四体系"的规划体系（见图7.1）。其中，国家、省、市、县编制国土空间总体规划，乡镇结合实际编制乡镇国土空间规划。相关专项规划是指在特定区域（流域）、特定领域，为体现特定功能，对空间开发保护利用做出的专门安排，是涉及空间利用的专项规划。国土空间总体规划是详细规划的依据，是相关专项规划的基础。相关专项规划要互相协同，与详细规划做好衔接。

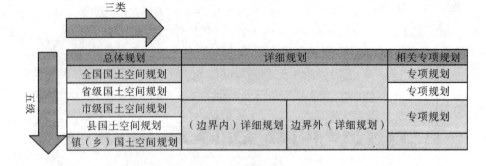

图 7.1　国土空间规划的"五级三类四体系"

# 7.2　国土空间总体规划分类

国土空间总体规划分为全国、省级、市、县、乡镇五个层级。

全国国土空间规划是对全国国土空间做出的全局安排，是全国国土空间保护、开发、利用、修复的政策和总纲，由自然资源部会同相关部门组织编制，由党中央、国务院审定后印发，全国国土空间规划侧重于战略性。

省级国土空间规划是对全国国土空间规划的落实，指导实现国土空间规划编制，由省级政府组织编制，经同级人大常委会审议后报国务院审批，省级国土空间规划侧重于协调性。

市县和乡镇国土空间规划是对上级规划要求的细化落实和具体安排，因地制宜，将市县与乡镇国土空间规划合并编制，或以几个乡镇为单元进行编制，由当地人民政府组织编制，市县和乡镇国土空间规划更加侧重于实施性。

县级空间规划成果包括规划说明文本、专题研究报告、规划图件、国土空间规划信息平台（数据库）。

# 7.3　国土空间详细规划主要内容

## 7.3.1　详细规划的作用

### 7.3.1.1　以抽象的表达方式落实规划意图

详细规划通过一系列抽象的指标、图表、图则等表达方式将城市总体规划的宏观的控制内容、定性的内容、粗略的三维控制和定量控制内容，深化、细化、分解为微观层面的具体控制内容。该内容是一种建设控制、设计控制和开发建设指导，为具体的设计与实施提供深化、细化的个性空间，而非取代具体的个性设计内容。

#### 7.3.1.2 具有法律效应和立法空间

作为法定规划，详细规划的基本特征是具有法律效应。控制性详细规划是城市总体规划的宏观法律效应向微观法律效应的拓展。我国的控制性详细规划不是法律，也不可能变成完全意义上的法律，但控制性详细规划中具有法律意义的部分应该以积极的方式形成法律条文，提高其在规划管理中的权威地位。

#### 7.3.1.3 具有综合控制性

详细规划包括城市建设或规划管理中的各纵向系统和各专项规划内容，如土地利用规划、公共设施与市政设施规划、道路交通规划、保护规划、景观规划、城市设计以及其他必要的非法定规划等内容，并将这些内容在控制性详细规划的控制尺度上进行横向综合，相互协调，并分别落实相关规划控制要求，具有小而全的综合控制特征（见图7.2）。

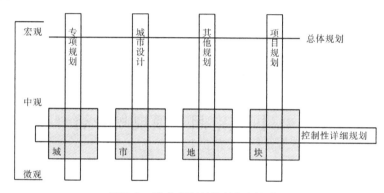

**图7.2　城市规划地块的规划层级**

#### 7.3.1.4 采用刚性与弹性相结合的控制方式

详细规划的控制内容分为规定性和引导性两部分。规定性内容一般为刚性内容，主要规定"不许做什么""必须做什么""至少应该做什么"等；引导性内容一般为弹性内容，主要规定"可以做什么""最好做什么""怎么做更好"等，具有一定的适应性与灵活性。刚性与弹性相结合的控制方式适应我国的开发申请的审批方式的通则式与判例式相结合的特点。

### 7.3.2　详细规划的内容

详细规划是对具体地块用途和开发建设强度等做出的实施性安排，是开展国土空间开发保护活动、实施国土空间用途管制、核发城乡建设项目许可、进行各项建设等的法定依据。

详细规划范围包括城镇开发边界内和城镇开发边界外的乡村地区（见图7.3）。其中城镇开发边界内由市县自然资源主管部门组织编制详细规划，报同级政府审批。城镇开发边界外的乡村地区以一个或几个行政村为单元，由乡镇政府组织编制"多规合一"的适用性村庄规划，作为详细规划报上一级人民政府审批。

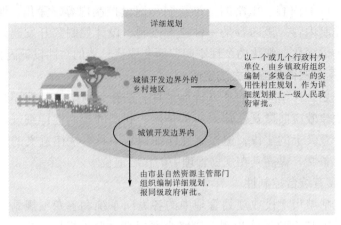

图 7.3　详细规划的划分范围

详细规划规定范围内各类不同使用性质用地的界线，规定各类用地内适建、不适建或有条件允许建设的建筑类型，规定各地块建筑高度、建筑密度、容积率、绿地率等控制指标，规定交通出入口方位、停车泊位、建筑后退红线距离、建筑间距等要求，提出各地块的建筑体量、体型、色彩等要求，确定各级支路的红线位置、控制点坐标和标高，确定工程管线的走向、管径科工程设施的用地界线，制定相应的土地使用与建筑管理规定。

# 7.4　国土空间专项规划分类

## 7.4.1　专项规划分类

海岸带、自然保护地等专项规划及跨行政区域或流域的国土空间规划，由所在区域或上一级自然资源主管部门牵头组织编制，报同级政府审批。涉及空间利用的某一领域专项规划，如交通、能源、水利、农业、信息、市政等基础设施，公共服务设施，军事设施，以及生态环境保护、文物保护、林业草原等专项规划，由相关主管组织编制。相关专项规划可由国家、省和市、县相关部门编制，不同层级、不同地区的专项规划可结合实际选择编制的类型和精度。

根据专项规划涉及的空间利用的位置和类型，我们将专项规划划分为特定区域（流域）类、全域空间布局类、城镇空间布局类三大类别。

（1）特定区域（流域）类是指为落实国家、省有关要求，在跨市、县级行政区域或流域层面编制的专项规划等。

（2）全域空间布局类是指涉及行政区全域范围内布局的专项规划，如矿产资源、林草地、湿地、河湖、历史文化、旅游等资源保护与利用类专项规划，交通、能源、水利类等基础设施类专项规划。

（3）城镇空间布局类是指在城镇开发边界内布局的专项规划，如市政道路、给排水、供电、供气、供热、污水处理、垃圾处理等市政设施类专项规划，教育、医疗、养老、体育、公共文化等公共设施类专项规划，物流仓储、商业网点等产业布局类专项规划，地下空间暨人防工程建设、公安基础设施、城市防涝等公共安全类专项规划，以及城镇更新专项规划。

## 7.4.2 专项规划编制审批

专项规划由省、市、县人民政府有关部门根据职责范围依法组织编制，也可以由其他行业主管部门根据需要与自然资源主管部门联合编制，鼓励空间利用属性类似、关联性较强的市政设施、公共服务设施等专项规划合并编制。

编制专项规划后，应当经同级自然资源主管部门审核，与国土空间规划"一张图"衔接核对后再按照规定报批。未开展"一张图"核对或者经核对有冲突的，不得报批。

# 8

# 县级国土空间总体规划编制

## 8.1 前期准备与制图要求

### 8.1.1 前期准备

首先，我们应将手绘等纸质资料矢量化（在没有数字化的地形图时），便于在计算机上进行操作。例如，输入手绘地图，通过扫描仪将手绘地图保存为文件，利用专门软件对其矢量化，在此基础上对文件进行修改、保存。得到的成果是便于计算机应用的矢量文件，在此基础上我们再进行下面的工作。将地图矢量化的软件有很多，我们可以根据精度要求来灵活选用。

县级国土空间总体规划一般包括县域和城镇重点发展地区两个空间层次。县域侧重于全县的国土空间格局优化、要素配置及基本规划分区，提出对乡镇规划的控制要求，突出规划实施和管控指引；城镇重点发展地区（县级）侧重于功能布局和空间形态优化。

县级国土空间规划的主要内容包括战略目标的制定、空间格局的划定、资源要素配置、生态修复治理、目标分解落实、政策措施的保障。管控重点包括落实上位规划指标，统筹、优化和确定三条控制线，分阶段地提出目标和任务，明确下位规划需落实的约束性指标、管控边界和要求，提出对专项规划、详细规划的约束要求，等等。

国土空间总体规划编制流程如图 8.1 所示。

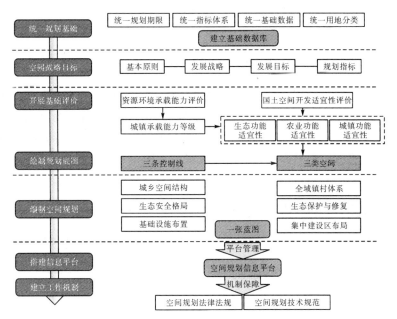

图 8.1 国土空间总体规划编制流程

## 8.1.2 图纸要求

县级国土空间规划的图纸分为强制性图纸和引导性图纸。强制性图纸包括用地现状图、国土空间结构图、镇村体系规划图、资源环境承载力评价图、空间开发适宜性评价图、国土空间三线划定规划图、国土空间三区划定规划图、全域国土空间用途规划图、城镇开发边界内用地布局图、生态安全格局图、历史文化保护规划图、综合交通系统规划图、其他基础设施规划图、基础设施廊道图、生态修复范围与重点工程布局图。引导性图件包括区位图、行政区划图、两规差异分析图、评价单因子成果图、地形地貌图、生态资源分布图、矿产资源分布图、综合交通现状图、历史文化现状分布图、产业及旅游资源布局规划图、城市更新指引、城市风貌指引、近期重大建设项目布局规划图。

城市总体规划中，市域图纸比例要求为 1:50 000 至 1:200 000，市区图纸比例要求为 1:5 000 至 1:25 000。在城市近期建设规划中，大中城市图纸比例要求为 1:10 000 至 1:25 000，小城市图纸比例要求为 1:5 000 至 1:10 000。

# 8.2 总图绘制流程

## 8.2.1 新建总图文件

用户需新建一个 CAD 文件，将其保存并命名为"规划总图.dwg"。

## 8.2.2 图层设置

在新建的 CAD 文件中添加一些新图层，在绘图时用户可以按特征对图形进行统一管理。应添加的新图层一般包括地形层、道路层、各类用地边界层、各类用地填充层、文字标注层、标题层等。

### 8.2.3 底图引入

在绘制规划总图前，用户应引入规划地形图，矢量图可用外部参照（Xref）命令或插入块文件（Insert）的方式引入，而光栅图像使用 Imageattach 命令的方式引入。若采用后一种方式引入底图，插入时应设置合适的比例，比例的设置方面，以规划图的一个绘图单位的实际距离 1 m 为宜。对于矢量地形图，一个绘图单位一般为 1 m，无须调整比例。

### 8.2.4 规划范围界限划定

用户应在地形图或规划底图上确定规划范围，并绘制规划区范围界线。

### 8.2.5 基础地理要素的绘制

基础地理要素的绘制主要包括山体等高线、河流等边界的绘制。对于矢量地形图，现状图中已有一般山体等高线以及河流边界，用户可以通过块插入或外部引入的方式导入这些要素，再按规划要求进行相应修改。

### 8.2.6 风玫瑰、指北针、比例尺的绘制

如果采用的是矢量地形图，一般情况下风玫瑰、指北针、比例尺均已存在。如果是光栅地形图，那么就需要进行相应要素的绘制。风玫瑰应按照当地的风向频率进行绘制。指北针可参考一般地图的指北针样式进行绘制。比例尺可采用数字比例尺和形象比例尺两种方式进行绘制，在绘制规划总图时，为保证图面效果，往往采用形象比例尺方法。

### 8.2.7 道路网绘制

根据规划设计方案，用户要在地形图上确定道路中心线，绘制城市道路骨架，并对道路交叉口进行修剪。

### 8.2.8 地块分界线

在规划区域内完成道路网后，根据规划方案，用户应绘制区分不同用地类型的分割界线。

### 8.2.9 创建各类用地

根据规划方案，在不同的用地边界层上，用户应分别创建相应的公共服务设施用地、居住用地、工业用地、仓储用地、绿地、道路广场用地等规划建设用地的面域对象（region）。

### 8.2.10 计算用地平衡表

在不同的用地层上，用户应统计各类用地的面积，并计算人均用地指标。规划建

设用地结构和人均单项建设用地应符合《城市用地分类与规划建设用地标准》（GB 50137-2011）。

根据《城市用地分类与规划建设用地标准》（GB 50137-2011），居住用地、公共管理与公共服务设施用地、工业用地、道路与交通设施用地、绿地与广场用地占城市建设用地的比例建议如表8.1所示。

表8.1 各类用地占城市建设用地的比例建议 　　　　　　　　　　　单位:%

| 类别名称 | 占城市建设用地比例/% |
|---|---|
| 居住用地 | 25.0~40.0 |
| 公共管理和公共服务设施用地 | 5.0~8.0 |
| 工业用地 | 15.0~30.0 |
| 道路与交通设施用地 | 10.0~25.0 |
| 绿地与广场用地 | 10.0~15.0 |

除了满足以上技术规定以外，规划人均用地面积指标还应满足如表8.2所示的条件。

表8.2 规划人均居住用地面积指标应符合的条件

| 建筑气候区划 | Ⅰ、Ⅱ、Ⅵ、Ⅶ气候区 | Ⅲ、Ⅳ、Ⅴ气候区 |
|---|---|---|
| 人均居住用地面积 | 28.0~38.0 | 23.0~36.0 |

注：其中建筑气候区划请参见《城市用地分类与规划建设用地标准》（GB 50137-2011）的相关内容。

规划人均公共管理与公共服务设施用地面积不应小于5.5平方米/人；规划人均道路与交通设施用地面积不应小于12.0平方米/人；规划人均绿地与广场用地面积不应小于10.0平方米/人，其中人均公园绿地面积不应小于8.0平方米/人。

### 8.2.11 用地色块填充

确定规划内容后，用户应在相对应的用地层上填充相应的色块，在设置填充层的时候，各层的颜色应参照各地相关的制图标准。

### 8.2.12 地块文字标注

用户可以添加新的汉字字体，可以设置适宜的字体高度，可以选择合适的汉字输入方式，在地块文字标注层上进行标注。

### 8.2.13 图例、图框、图签制作

图例是对规划总体所包含的图形符号的含义的说明，以便使用者能正确理解规划总图所包含的信息。规划总图内应添加与主要图形符号相对应的图例，主要的图形符号包括建设用地符号、重要的基础设施符号、规划区范围界线符号等。

一般地，各规划设计院均有自己的图签模板，绘制规划总图时用户可以直接引用图签模板。图签应当反映审核人、审定人、项目负责人、制图人等信息。

# 8.3　规划用地适宜性评价图

## 8.3.1　分析环境设置

分析环境设置的操作如下：

在 GIS 操作界面加载 CAD 地形图中的"polygon"图层；点击 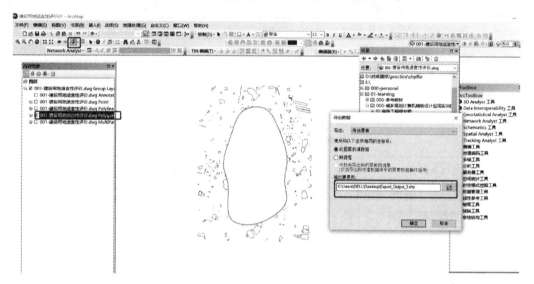图标，选择规划范围线；右击"polygon"图层，选择导出数据，可将"输出要素类"的名称改为"规划范围"；根据自身需要选择储存位置，然后点击确定（见图 8.2）。

**图 8.2　规划范围处理**

将"规划范围"加载至操作界面，删除原先的"polygon"图层；点击菜单栏中"地理处理"，点击"环境"，将图纸的处理范围设定为"与图层规划范围相同"（见图 8.3）。

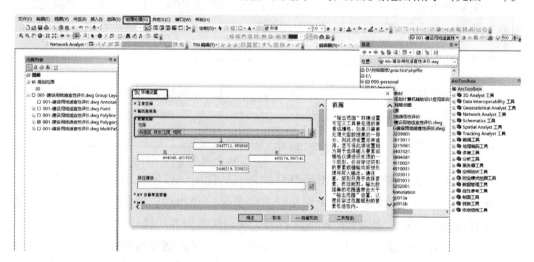

**图 8.3　图纸处理范围设置**

## 8.3.2 生成 DEM（数字高程模型）

生成 DEM 的操作如下：

导入 AutoCAD 的"polyline"图层；打开其属性表，查看其高程信息；将高程为负且明显有误的值和高程为无穷大的值剔除，此两类值均为有明显错误的高程点，列等式如下：select * from polyline WHERE：

"Elevation" >=20 AND "Elevation" <= 178.13959399999999"

然后点击确定（见图8.4）。

**图 8.4 处理高程点**

将选中数据导出，储存为"等高线"，生成"shp"文件，并将其加载至操作界面中（见图8.5）。

**图 8.5 导出"等高线"**

创建 TIN：工具箱→3D Analyst Tools→数据管理→创建 TIN→输入要素类→将等高线中的高度字段改为"Elevation"→将"SF Type"改为"Hard_Clip"→输出 TIN 中保存至"基础数据"文件夹→命名为"TIN"→生成 TIN（见图 8.6 和图 8.7）。

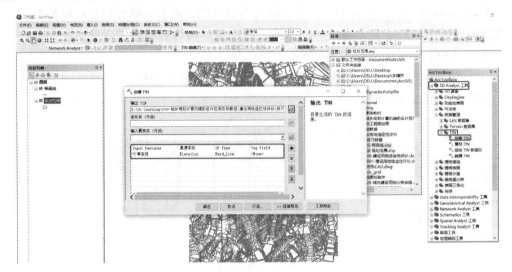

图 8.6　创建 TIN

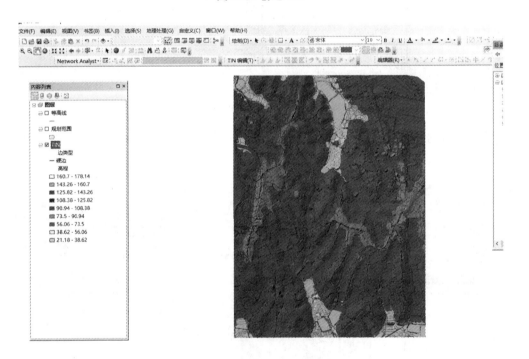

图 8.7　创建 TIN 效果

注意：当图纸中出现有明显错误的高程点（如河道中有明显突出的点），可运用编辑器手动删除错误高程。

TIN 转栅格：打开 3D Analyst Tools→转换→由 TIN 转出→TIN 转栅格→输入 TIN 中选择 TIN→输出栅格中保存至"基础数据"文件夹→命名为"栅格"→采样距离改为"CELLSIZE 5"→点击"环境"→设置"处理范围"→选择"与图层规划范围相同"→

其他参数不变→确定（见图8.8和图8.9）。

图8.8　TIN 转栅格

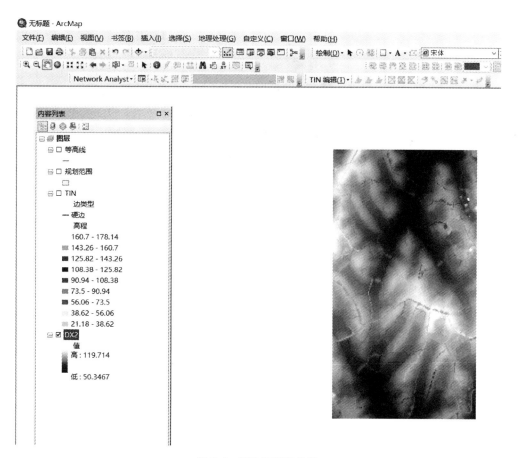

图8.9　TIN 转栅格效果

### 8.3.3 规划用地适宜性分析

#### 8.3.3.1 坡度分析

坡度分析操作如下：

将"DX2"加载至操作界面→点击"Spatial Analyst Tools"→表面分析→坡度→输入栅格中选择"DX2"→输出栅格中保存至"练习数据"文件夹→文件命名为"坡度"（见图 8.10 和图 8.11）。

注意：在进行坡度处理时，设置的处理范围应与规划范围一致，具体设置方式为：环境→范围→选择"与图层规划范围相同"→点击确定。

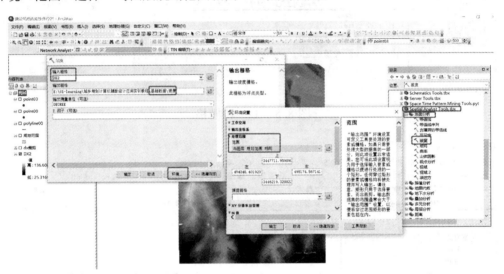

图 8.10 坡度分析

图 8.11 坡度分析效果

#### 8.3.3.2 坡向分析

坡向分析操作如下：

点击工具箱中的"Spatial Analyst Tools"→表面分析→坡向→输入栅格中选择

"DX2"→输入栅格中保存至"基础数据"文件夹→环境设置中的处理范围选择"与图层规划范围相同"→点击确定（见图8.12和图8.13）。

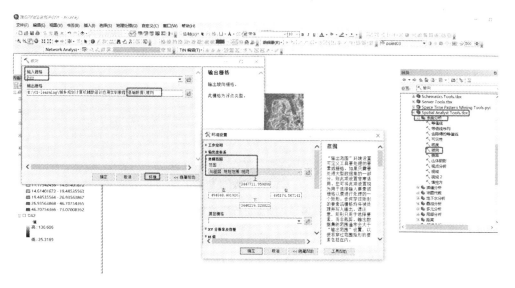

图 8.12　坡向分析

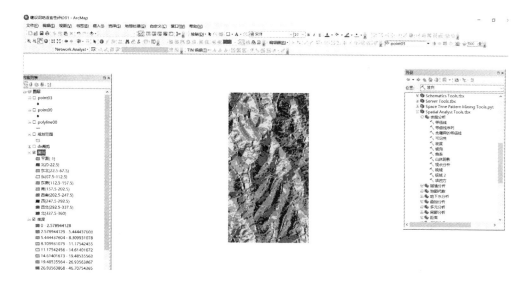

图 8.13　坡向分析效果

### 8.3.3.3　栅格重分类

以坡度为例，下面对其进行栅格重分类，重新赋值。右键点击"坡度"图层，打开属性表；打开"符号系统"，点击"分类"，选择"手动"分类的方法，类别改为"3"；"中断值"中，第一个填"10"，第二个填"25"，第三个不变；点确定；再点确定（见图8.14）。

注意：在项目的实际建设中，坡度越大，工程建设成本越高，在坡度高于25%后，就不宜进行开发建设。因此，在对坡度进行栅格重分类时，我们把10%、25%作为坡度的临界值。

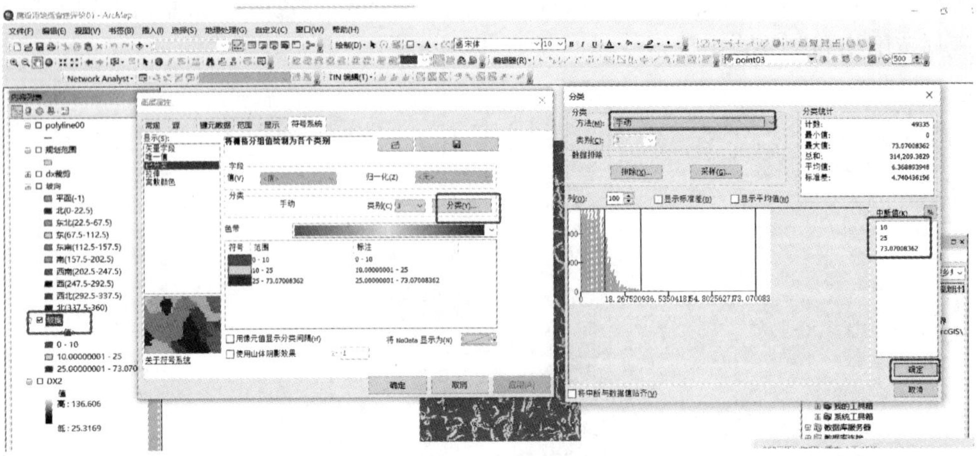

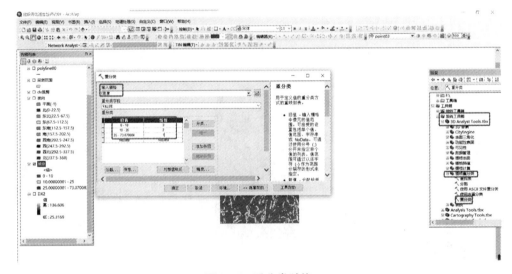

**图 8.14　对坡度进行栅格重分类**

　　坡度重分类步骤：3D Analyst 工具→栅格重分类→重分类。在新值一列，输入评分（3 分为最适宜，2 分为较适宜，1 分为不适宜。旧值中 0-10 赋予新值 3，10-25 赋予新值 2，旧值>25 赋予新值 1）。赋值后生成新的图层，命名为"坡度 2"（见图 8.15）。

　　注意：0-10 度的坡度是最适宜进行开发建设的区域，因此赋予的分值最高。

**图 8.15　重分类赋值**

　　坡向重分类步骤：运用同样的方法，用户可对坡向进行重分类。坡向的重分类也需按照三个等级赋值，东向、西向的坡向赋值为"2"；北向、西北向、东北向的坡向赋值为"1"；其余方向进行建设的条件均较好，可赋值为 3（见图 8.16 和图 8.17）。

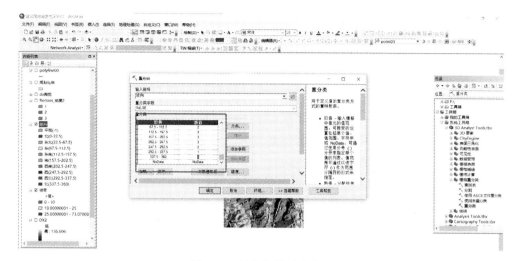

图 8.16　坡向栅格重分类 I

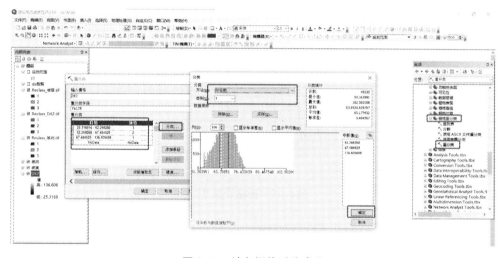

图 8.17　坡向栅格重分类 II

高程重分类中，我们将高程重分类分为三个等级。

栅格计算器加权计算方面，用户可以用栅格计算器把坡度、坡向、高程三个图层文件进行加权相加。具体操作步骤如下：

点击"Spatial Analyst 工具"；打开"地图代数"；点击"栅格计算器"；设置地图代数表达式："Reclass_DX2"＊0.4+"Reclass_坡度"＊0.4+"Reclass_坡向"＊0.2；点击"输出栅格"，保存至"基础数据"中，命名为"适宜性评价"；在环境设置中，选择"与图层规划范围相同"，点击确定，形成建设用地适宜性评价的最终结果（见图8.18 至图8.20）。

注意：在规划设计中，高程和坡度对项目方案设计、实际建设的影响较大，直接影响项目的工程建设难度、投资管理难度，因此，在加权计算中，建议把这两个指标的权重适当加重。

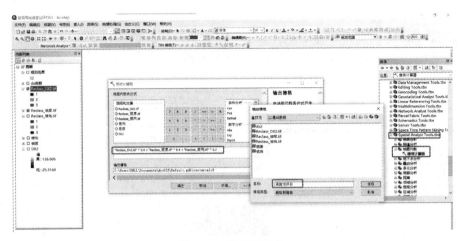

图 8.18　栅格计算 I

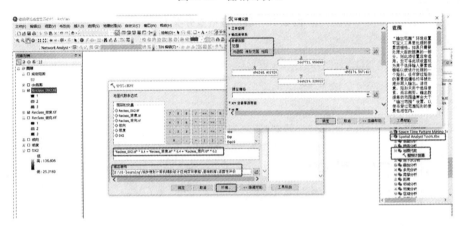

图 8.19　栅格计算 II

图 8.20　用地适宜性分析结果

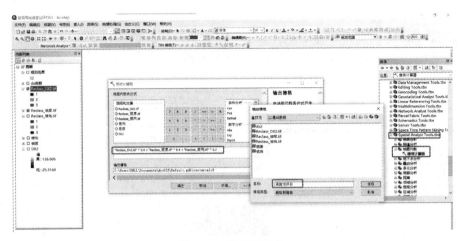

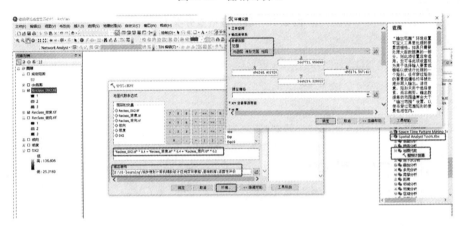

　　结论如下：适宜性评价值越高，越适宜进行开发建设。用地适宜性评价有助于挑选适宜于开发与建设的区域，是确定片区规划范围和建设范围的重要技术依据之一。良好的适宜性条件可为规划方案的设计奠定良好的基础，在此基础上做出的方案也更为科学合理。

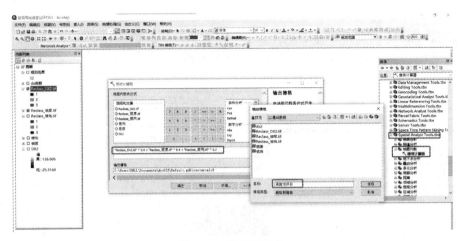

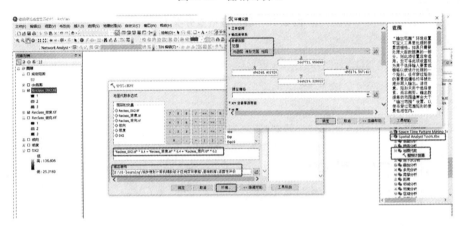

# 8.4 用地规划图

目前城区的总体规划和详细规划中使用的标准主要参照《城市用地分类与规划建设用地标准》（GB 50137-2011）。用地分类包括城乡用地分类、城市建设用地分类两部分，其中城乡用地共分为 2 个大类、9 个中类、14 个小类，城市建设用地共分为 8 个大类、35 个中类、43 个小类。用地分为三个等级，分别为大类、中类、小类，大类采用英文字母表示，中类和小类采用英文字母和阿拉伯数字相结合的方式表示。

在总体规划阶段，用地分类一般采用大类，其用地代码采用大写的英文字母。部分用地可细分至中类，如公共管理和公共服务设施用地、商业服务业设施用地等可细分至中类，其用地代码采用大写英文字母和阿拉伯数字组合的模式。

根据国土空间规划编制要求，用地分类目前可参照两个标准，一个是《城市用地分类与规划建设用地标准》（GB 50137-2011），另一个是《国土空间调查、规划、用途管理用地用海分类指南（试行）》。

中心城区的用地图纸是城乡规划的核心图纸，中心城区的用地一般分为建设用地和非建设用地两大部分（见表 8.3）。建设用地按《城市用地分类与规划建设用地标准》（GB 50137-2011）分为居住用地（R）、公共管理与公共服务设施用地（A）、商业服务业设施用地（B）、工业用地（M）、物流仓储用地（W）、道路与交通设施用地（S）、公用设施用地（U）、绿化与广场用地（G）8 个大类用地（见表 8.4）。此外，在实际的项目操作中，也存在用地兼容的情况。

表 8.3　中心城区用地分类

| 类别代码 | 类别名称 | 含义 |
|---|---|---|
| H （建设用地） | | 包括城乡居民点建设用地、区域交通设施用地、区域公用设施用地、特殊用地、采矿用地及其他建设用地等 |
| H1 | 城乡居民点建设用地 | 城市、镇、乡、村庄建设用地 |
| H2 | 区域交通设施用地 | 铁路、公路、港口、机场和管道运输等区域交通运输及其附属设施用地，不包括城市建设用地范围内的铁路客货运站、公路长途客货运站以及港口客运码头 |
| H3 | 区域公用设施用地 | 为区域服务的公用设施用地，包括区域性能源设施、水工设施、通信设施、广播电视设施、殡葬设施、环卫设施、排水设施等用地 |
| H4 | 特殊用地 | 特殊性质的用地 |
| H5 | 采矿用地 | 采矿、采石、采沙、盐田、砖瓦窑等地面生产用地及尾矿堆放地 |
| E （非建设用地） | | 水域、农林用地及其他非建设用地等 |
| E1 | 水域 | 河流、湖泊、水库、坑塘、沟渠、滩涂、冰川及永久积雪 |

表8.3(续)

| 类别代码 | 类别名称 | 含义 |
|---|---|---|
| E2 | 农林用地 | 耕地、园地、林地、牧草地、设施农用地、田坎、农村道路等用地 |
| E9 | 其他非建设用地 | 空闲地、盐碱地、沼泽地、沙地、裸地、不用于畜牧业的草地等用地 |

表8.4　建设用地分类

| 类别代码 | 类别名称 | 含义 |
|---|---|---|
| R（居住用地） | | 住宅和相应服务设施的用地 |
| R1 | 一类居住用地 | 设施齐全、环境良好，以低层住宅为主的用地 |
| R2 | 二类居住用地 | 设施较齐全、环境良好，以多、中、高层住宅为主的用地 |
| R3 | 三类居住用地 | 设施较欠缺、环境较差，以需要加以改造的简陋住宅为主的用地，包括危房、棚户区、临时住宅等用地 |
| A（公共管理与公共服务设施用地） | | 行政、文化、教育、体育、卫生等机构和设施的用地，不包括居住用地中的服务设施用地 |
| A1 | 行政办公用地 | 党政机关、社会团体、事业单位等办公机构及其相关设施用地 |
| A2 | 文化设施用地 | 图书、展览等公共文化活动设施用地 |
| A3 | 教育科研用地 | 高等院校、中等专业学校、中学、小学、科研事业单位及其附属设施用地，包括为学校配建的独立地段的学生生活用地 |
| A4 | 体育用地 | 体育场馆和体育训练基地等用地，不包括学校等机构专用的体育设施用地 |
| A5 | 医疗卫生用地 | 医疗、保健、卫生、防疫、康复和急救设施等用地 |
| A6 | 社会福利用地 | 为社会提供福利和慈善服务的设施及其附属设施用地，包括福利院、养老院、孤儿院等用地 |
| A7 | 文物古迹用地 | 具有保护价值的古遗址、古墓葬、古建筑、石窟寺、近代代表性建筑、革命纪念建筑等用地。不包括已作其他用地的文物古迹用地 |
| A8 | 外事用地 | 外国驻华使馆、领事馆、国际机构及其生活设施等用地 |
| A9 | 宗教用地 | 宗教活动场所用地 |
| B | 商业服务业设施用地 | 商业、商务、娱乐康体等设施用地，不包括居住用地中的服务设施用地 |
| B1 | 商业用地 | 商业及餐饮、旅馆等服务业用地 |
| B2 | 商务用地 | 金融保险、艺术传媒、技术服务等综合性办公用地 |
| B3 | 娱乐康体用地 | 娱乐、康体等设施用地 |
| B4 | 公用设施营业网点用地 | 零售加油、加气、电信、邮政等公用设施营业网点用地 |
| B9 | 其他服务设施用地 | 业余学校、民营培训机构、私人诊所、殡葬、宠物医院、汽车维修站等其他服务设施用地 |
| M（工业用地） | | 工矿企业的生产车间、库房及其附属设施用地，包括专用铁路、码头和附属道路、停车场等用地，不包括露天矿用地 |
| M1 | 一类工业用地 | 对居住和公共环境基本无干扰、污染和安全隐患的工业用地 |

表8.4(续)

| 类别代码 | 类别名称 | 含义 |
|---|---|---|
| M2 | 二类工业用地 | 对居住和公共环境有一定干扰、污染和安全隐患的工业用地 |
| M3 | 三类工业用地 | 对居住和公共环境有严重干扰、污染和安全隐患的工业用地 |
| W（物流仓储用地） | | 物资储备、中转、配送等用地，包括附属道路、停车场以及货运公司车队的站场等用地 |
| W1 | 一类物流仓储用地 | 对居住和公共环境基本无干扰、污染和安全隐患的物流仓储用地 |
| W2 | 二类物流仓储用地 | 对居住和公共环境有一定干扰、污染和安全隐患的物流仓储用地 |
| W3 | 三类物流仓储用地 | 易燃、易爆和剧毒等危险品的专用物流仓储用地 |
| S（道路与交通设施用地） | | 城市道路、交通设施等用地，不包括居住用地、工业用地等内部的道路、停车场等用地 |
| S1 | 城市道路用地 | 快速路、主干路、次干路和支路等用地，包括其交叉口用地 |
| S2 | 城市轨道交通用地 | 独立地段的城市轨道交通地面以上部分的线路、站点用地 |
| S3 | 交通枢纽用地 | 铁路客货运站、公路长途客运站、港口客运码头、公交枢纽及其附属设施用地 |
| S4 | 交通场站用地 | 交通服务设施用地，不包括交通指挥中心、交通队用地 |
| S9 | 其他交通设施用地 | 除以上之外的交通设施用地，包括教练场等用地 |
| U（公用设施用地） | | 供应、环境、安全等设施用地 |
| U1 | 供应设施用地 | 供水、供电、供燃气和供热等设施用地 |
| U2 | 环境设施用地 | 雨水、污水、固体废物处理等环境保护设施及其附属设施用地 |
| U3 | 安全设施用地 | 消防、防洪等保卫城市安全的公用设施及其附属设施用地 |
| U9 | 其他公用设施用地 | 除以上之外的公用设施用地，包括施工、养护、维修等设施用地 |
| G（绿地与广场用地） | | 公园绿地、防护绿地、广场等公共开放空间用地 |
| G1 | 公园绿地 | 向公众开放，以游憩为主要功能，兼具生态、美化、防灾等作用的绿地 |
| G2 | 防护绿地 | 具有卫生、隔离和安全防护功能的绿地 |
| G3 | 广场用地 | 以游憩、纪念、集会和避险等功能为主的城市公共活动场地 |

用地用海分类名称、代码和含义如表8.5所示。

**表8.5 用地用海分类名称、代码和含义**

| 代码 | 名称 | 含义 |
|---|---|---|
| 01 | 耕地 | 指利用地表耕作层种植农作物为主，每年种植一季及以上（含以一年一季以上的耕种方式种植多年生作物）的土地，包括熟地，新开发、复垦、整理地，休闲地（含轮歇地、休耕地），以及间有零星果树、桑树或其他树木的耕地；包括南方宽度<1.0米，北方宽度<2.0米固定的沟、渠、路和地坎（埂）；包括直接利用地表耕作层种植的温室、大棚、地膜等保温、保湿设施用地 |

表8.5(续)

城市规划计算机辅助设计
应用实训教程

| 代码 | 名称 | 含义 |
|---|---|---|
| 0101 | 水田 | 指用于种植水稻、莲藕等水生农作物的耕地,包括实行水生、旱生农作物轮种的耕地 |
| 0102 | 水浇地 | 指有水源保证和灌溉设施,在一般年景能正常灌溉,种植旱生农作物(含蔬菜)的耕地 |
| 0103 | 旱地 | 指无灌溉设施,主要靠天然降水种植旱生农作物的耕地,包括没有灌溉设施,仅靠引洪淤灌的耕地 |
| 02 | 园地 | 指种植以采集果、叶、根、茎、汁等为主的集约经营的多年生作物,覆盖度大于50%或每亩株数大于合理株数70%的土地,包括用于育苗的土地 |
| 0201 | 果园 | 指种植果树的园地 |
| 0202 | 茶园 | 指种植茶树的园地 |
| 0203 | 橡胶园 | 指种植橡胶的园地 |
| 0204 | 其他园地 | 指种植桑树、可可、咖啡、油棕、胡椒、药材等其他多年生作物的园地,包括用于育苗的土地 |
| 03 | 林地 | 指生长乔木、竹类、灌木的土地。不包括生长林木的湿地,城镇、村庄范围内的绿化林木用地,铁路、公路征地范围内的林木,以及河流、沟渠的护堤林用地 |
| 0301 | 乔木林地 | 指乔木郁闭度≥0.2的林地,不包括森林沼泽 |
| 0302 | 竹林地 | 指生长竹类植物郁闭度≥0.2的林地 |
| 0303 | 灌木林地 | 指灌木覆盖度≥40%的林地,不包括灌丛沼泽 |
| 0304 | 其他林地 | 指疏林地(树木郁闭度≥0.1、<0.2的林地)、未成林地,以及迹地、苗圃等林地 |
| 04 | 草地 | 指生长草本植物为主的土地,包括乔木郁闭度<0.1的疏林草地、灌木覆盖度<40%的灌丛草地,不包括生长草本植物的湿地、盐碱地 |
| 0401 | 天然牧草地 | 指以天然草本植物为主,用于放牧或割草的草地,包括实施禁牧措施的草地 |
| 0402 | 人工牧草地 | 指人工种植牧草的草地,不包括种植饲草的耕地 |
| 0403 | 其他草地 | 指表层为土质,不用于放牧的草地 |
| 05 | 湿地 | 指陆地和水域的交汇处,水位接近或处于地表面,或有浅层积水,且处于自然状态的土地 |
| 0501 | 森林沼泽 | 指以乔木植物为优势群落、郁闭度≥0.1的淡水沼泽 |
| 0502 | 灌丛沼泽 | 指以灌木植物为优势群落、覆盖度≥40%的淡水沼泽 |
| 0503 | 沼泽草地 | 指以天然草本植物为主的沼泽化的低地草甸、高寒草甸 |
| 0504 | 其他沼泽地 | 指除森林沼泽、灌丛沼泽和沼泽草地外,地表经常过湿或有薄层积水,生长沼生或部分沼生和部分湿生、水生或盐生植物的土地,包括草本沼泽、苔藓沼泽、内陆盐沼等 |
| 0505 | 沿海滩涂 | 指沿海大潮高潮位与低潮位之间的潮浸地带,包括海岛的滩涂,不包括已利用的滩涂 |
| 0506 | 内陆滩涂 | 指河流、湖泊常水位至洪水位间的滩地,时令河、湖洪水位以下的滩地,水库正常蓄水位与洪水位间的滩地,包括海岛的内陆滩地,不包括已利用的滩地 |

| 代码 | 名称 | 含义 |
|---|---|---|
| 0507 | 红树林地 | 指沿海生长红树植物的土地，包括红树林苗圃 |
| 06 | 农业设施建设用地 | 指对地表耕作层造成破坏的，为农业生产、农村生活服务的乡村道路用地以及种植设施、畜禽养殖设施、水产养殖设施建设用地 |
| 0601 | 乡村道路用地 | 指村庄内部道路用地以及对地表耕作层造成破坏的村道用地 |
| 060101 | 村道用地 | 指在农村范围内，乡道及乡道以上公路以外，用于村间、田间交通运输，服务于农村生活生产的对地表耕作层造成破坏的硬化型道路（含机耕道），不包括村庄内部道路用地和田间道 |
| 060102 | 村庄内部道路用地 | 指村庄内的道路用地，包括其交叉口用地，不包括穿越村庄的公路 |
| 0602 | 种植设施建设用地 | 指对地表耕作层造成破坏的，工厂化作物生产和为生产服务的看护房、农资农机具存放场所等，以及与生产直接关联的烘干晾晒、分拣包装、保鲜存储等设施用地，不包括直接利用地表种植的大棚、地膜等保温、保湿设施用地 |
| 0603 | 畜禽养殖设施建设用地 | 指对地表耕作层造成破坏的，经营性畜禽养殖生产及直接关联的圈舍、废弃物处理、检验检疫等设施用地，不包括屠宰和肉类加工场所用地等 |
| 0604 | 水产养殖设施建设用地 | 指对地表耕作层造成破坏的，工厂化水产养殖生产及直接关联的硬化养殖池、看护房、粪污处置、检验检疫等设施用地 |
| 07 | 居住用地 | 指城乡住宅用地及其居住生活配套的社区服务设施用地 |
| 0701 | 城镇住宅用地 | 指用于城镇生活居住功能的各类住宅建筑用地及其附属设施用地 |
| 070101 | 一类城镇住宅用地 | 指配套设施齐全、环境良好，以三层及以下住宅为主的住宅建筑用地及其附属道路、附属绿地、停车场等用地 |
| 070102 | 二类城镇住宅用地 | 指配套设施较齐全、环境良好，以四层及以上住宅为主的住宅建筑用地及其附属道路、附属绿地、停车场等用地 |
| 070103 | 三类城镇住宅用地 | 指配套设施较欠缺、环境较差，以需要加以改造的简陋住宅为主的住宅建筑用地及其附属道路、附属绿地、停车场等用地，包括危房、棚户区、临时住宅等用地 |
| 0702 | 城镇社区服务设施用地 | 指为城镇居住生活配套的社区服务设施用地，包括社区服务站以及托儿所、社区卫生服务站、文化活动站、小型综合体育场地、小型超市等用地，以及老年人日间照料中心（托老所）等社区养老服务设施用地，不包括中小学、幼儿园用地 |
| 0703 | 农村宅基地 | 指农村村民用于建造住宅及其生活附属设施的土地，包括住房、附属用房等用地 |
| 070301 | 一类农村宅基地 | 指农村用于建造独户住房的土地 |
| 070302 | 二类农村宅基地 | 指农村用于建造集中住房的土地 |
| 0704 | 农村社区服务设施用地 | 指为农村生产生活配套的社区服务设施用地，包括农村社区服务站以及村委会、供销社、兽医站、农机站、托儿所、文化活动室、小型体育活动场地、综合礼堂、农村商店及小型超市、农村卫生服务站、村邮站、宗祠等用地，不包括中小学、幼儿园用地 |
| 08 | 公共管理与公共服务用地 | 指机关团体、科研、文化、教育、体育、卫生、社会福利等机构和设施的用地，不包括农村社区服务设施用地和城镇社区服务设施用地 |

表8.5(续)

| 代码 | 名称 | 含义 |
|------|------|------|
| 0801 | 机关团体用地 | 指党政机关、人民团体及其相关直属机构、派出机构和直属事业单位的办公及附属设施用地 |
| 0802 | 科研用地 | 指科研机构及其科研设施用地 |
| 0803 | 文化用地 | 指图书、展览等公共文化活动设施用地 |
| 080301 | 图书与展览用地 | 指公共图书馆、博物馆、科技馆、公共美术馆、纪念馆、规划建设展览馆等设施用地 |
| 080302 | 文化活动用地 | 指文化馆（群众艺术馆）、文化站、工人文化宫、青少年宫（青少年活动中心）、妇女儿童活动中心（儿童活动中心）、老年活动中心、综合文化活动中心、公共剧场等设施用地 |
| 0804 | 教育用地 | 指高等教育、中等职业教育、中小学教育、幼儿园、特殊教育设施等用地，包括为学校配建的独立地段的学生生活用地 |
| 080401 | 高等教育用地 | 指大学、学院、高等职业学校、高等专科学校、成人高校等高等学校用地，包括军事院校用地 |
| 080402 | 中等职业教育用地 | 指普通中等专业学校、成人中等专业学校、职业高中、技工学校等用地，不包括附属于普通中学内的职业高中用地 |
| 080403 | 中小学用地 | 指小学、初级中学、高级中学、九年一贯制学校、完全中学、十二年一贯制学校用地，包括职业初中、成人中小学、附属于普通中学内的职业高中用地 |
| 080404 | 幼儿园用地 | 指幼儿园用地 |
| 080405 | 其他教育用地 | 指除以上之外的教育用地，包括特殊教育学校、专门学校（工读学校）用地 |
| 0805 | 体育用地 | 指体育场馆和体育训练基地等用地，不包括学校、企事业、军队等机构内部专用的体育设施用地 |
| 080501 | 体育场馆用地 | 指室内外体育运动用地，包括体育场馆、游泳场馆、大中型多功能运动场地、全民健身中心等用地 |
| 080502 | 体育训练用地 | 指为体育运动专设的训练基地用地 |
| 0806 | 医疗卫生用地 | 指医疗、预防、保健、护理、康复、急救、安宁疗护等用地 |
| 080601 | 医院用地 | 指综合医院、中医医院、中西医结合医院、民族医院、各类专科医院、护理院等用地 |
| 080602 | 基层医疗卫生设施用地 | 指社区卫生服务中心、乡镇（街道）卫生院等用地，不包括社区卫生服务站、农村卫生服务站、村卫生室、门诊部、诊所（医务室）等用地 |
| 080603 | 公共卫生用地 | 指疾病预防控制中心、妇幼保健院、急救中心（站）、采供血设施等用地 |
| 0807 | 社会福利用地 | 指为老年人、儿童及残疾人等提供社会福利和慈善服务的设施用地 |
| 080701 | 老年人社会福利用地 | 指为老年人提供居住、康复、保健等服务的养老院、敬老院、养护院等机构养老设施用地 |
| 080702 | 儿童社会福利用地 | 指为孤儿、农村留守儿童、困境儿童等特殊儿童群体提供居住、抚养、照护等服务的儿童福利院、孤儿院、未成年人救助保护中心等设施用地 |
| 080703 | 残疾人社会福利用地 | 指为残疾人提供居住、康复、护养等服务的残疾人福利院、残疾人康复中心、残疾人综合服务中心等设施用地 |

表8.5(续)

| 代码 | 名称 | 含义 |
|---|---|---|
| 080704 | 其他社会福利用地 | 指除以上之外的社会福利设施用地，包括救助管理站等设施用地 |
| 09 | 商业服务业用地 | 指商业、商务金融以及娱乐康体等设施用地，不包括农村社区服务设施用地和城镇社区服务设施用地 |
| 0901 | 商业用地 | 指零售商业、批发市场及餐饮、旅馆及公用设施营业网点等服务业用地 |
| 090101 | 零售商业用地 | 指商铺、商场、超市、服装及小商品市场等用地 |
| 090102 | 批发市场用地 | 指以批发功能为主的市场用地 |
| 090103 | 餐饮用地 | 指饭店、餐厅、酒吧等用地 |
| 090104 | 旅馆用地 | 指宾馆、旅馆、招待所、服务型公寓、有住宿功能的度假村等用地 |
| 090105 | 公用设施营业网点用地 | 指零售加油、加气、充换电站、电信、邮政、供水、燃气、供电、供热等公用设施营业网点用地 |
| 0902 | 商务金融用地 | 指金融保险、艺术传媒、研发设计、技术服务、物流管理中心等综合性办公用地 |
| 0903 | 娱乐康体用地 | 指各类娱乐、康体等设施用地 |
| 090301 | 娱乐用地 | 指剧院、音乐厅、电影院、歌舞厅、网吧以及绿地率小于65%的大型游乐等设施用地 |
| 090302 | 康体用地 | 指高尔夫练习场、赛马场、溜冰场、跳伞场、摩托车场、射击场，以及水上运动的陆域部分等用地 |
| 0904 | 其他商业服务业用地 | 指除以上之外的商业服务业用地，包括以观光娱乐为目的的直升机停机坪等通用航空、汽车维修站以及宠物医院、洗车场、洗染店、照相馆、理发美容店、洗浴场所、废旧物资回收站、机动车、电子产品和日用产品修理网点、物流营业网点等用地 |
| 10 | 工矿用地 | 指用于工矿业生产的土地 |
| 1001 | 工业用地 | 指工矿企业的生产车间、装备修理、自用库房及其附属设施用地，包括专用铁路、码头和附属道路、停车场等用地，不包括采矿用地 |
| 100101 | 一类工业用地 | 指对居住和公共环境基本无干扰、污染和安全隐患，布局无特殊控制要求的工业用地 |
| 100102 | 二类工业用地 | 指对居住和公共环境有一定干扰、污染和安全隐患，不可布局于居住区和公共设施集中区内的工业用地 |
| 100103 | 三类工业用地 | 指对居住和公共环境有严重干扰、污染和安全隐患，布局有防护、隔离要求的工业用地 |
| 1002 | 采矿用地 | 指采矿、采石、采砂（沙）场、砖瓦窑等地面生产用地及排土（石）、尾矿堆放用地 |
| 1003 | 盐田 | 指用于盐业生产的用地，包括晒盐场所、盐池及附属设施用地 |
| 11 | 仓储用地 | 指物流仓储和战略性物资储备库用地 |
| 1101 | 物流仓储用地 | 指国家和省级战略性储备库以外，城、镇、村用于物资存储、中转、配送等设施用地，包括附属设施、道路、停车场等用地 |
| 110101 | 一类物流仓储用地 | 指对居住和公共环境基本无干扰、污染和安全隐患，布局无特殊控制要求的物流仓储用地 |

| 代码 | 名称 | 含义 |
|------|------|------|
| 110102 | 二类物流仓储用地 | 指对居住和公共环境有一定干扰、污染和安全隐患，不可布局于居住区和公共设施集中区内的物流仓储用地 |
| 110103 | 三类物流仓储用地 | 指用于存放易燃、易爆和剧毒等危险品，布局有防护、隔离要求的物流仓储用地 |
| 1102 | 储备库用地 | 指国家和省级的粮食、棉花、石油等战略性储备库用地 |
| 12 | 交通运输用地 | 指铁路、公路、机场、港口码头、管道运输、城市轨道交通、各种道路以及交通场站等交通运输设施及其附属设施用地，不包括其他用地内的附属道路、停车场等用地 |
| 1201 | 铁路用地 | 指铁路编组站、轨道线路（含城际轨道）等用地，不包括铁路客货运站等交通场站用地 |
| 1202 | 公路用地 | 指国道、省道、县道和乡道用地及附属设施用地，不包括已纳入城镇集中连片建成区，发挥城镇内部道路功能的路段，以及公路长途客运站等交通场站用地 |
| 1203 | 机场用地 | 指民用及军民合用的机场用地，包括飞行区、航站区等用地，不包括净空控制范围内的其他用地 |
| 1204 | 港口码头用地 | 指海港和河港的陆域部分，包括用于堆场、货运码头及其他港口设施的用地，不包括港口客运码头等交通场站用地 |
| 1205 | 管道运输用地 | 指运输矿石、石油和天然气等地面管道运输用地，地下管道运输规定的地面控制范围内的用地应按其地面实际用途归类 |
| 1206 | 城市轨道交通用地 | 指独立占地的城市轨道交通地面以上部分的线路、站点用地 |
| 1207 | 城镇道路用地 | 指快速路、主干路、次干路、支路、专用人行道和非机动车道等用地，包括其交叉口用地 |
| 1208 | 交通场站用地 | 指交通服务设施用地，不包括交通指挥中心、交通队等行政办公设施用地 |
| 120801 | 对外交通场站用地 | 指铁路客货运站、公路长途客运站、港口客运码头及其附属设施用地 |
| 120802 | 公共交通场站用地 | 指城市轨道交通车辆基地及附属设施，公共汽（电）车首末站、停车场（库）、保养场，出租汽车场站设施等用地，以及轮渡、缆车、索道等的地面部分及其附属设施用地 |
| 120803 | 社会停车场用地 | 指独立占地的公共停车场和停车库用地（含设有充电桩的社会停车场），不包括其他建设用地配建的停车场和停车库用地 |
| 1209 | 其他交通设施用地 | 指除以上之外的交通设施用地，包括教练场等用地 |
| 13 | 公用设施用地 | 指用于城乡和区域基础设施的供水、排水、供电、供燃气、供热、通信、邮政、广播电视、环卫、消防、干渠、水工等设施用地 |
| 1301 | 供水用地 | 指取水设施、供水厂、再生水厂、加压泵站、高位水池等设施用地 |
| 1302 | 排水用地 | 指雨水泵站、污水泵站、污水处理、污泥处理厂等设施及其附属的构筑物用地，不包括排水河渠用地 |
| 1303 | 供电用地 | 指变电站、开关站、环网柜等设施用地，不包括电厂等工业用地。高压走廊下规定的控制范围内的用地应按其地面实际用途归类 |

表8.5(续)

| 代码 | 名称 | 含义 |
|---|---|---|
| 1304 | 供燃气用地 | 指分输站、调压站、门站、供气站、储配站、气化站、灌瓶站和地面输气管廊等设施用地,不包括制气厂等工业用地 |
| 1305 | 供热用地 | 指集中供热厂、换热站、区域能源站、分布式能源站和地面输热管廊等设施用地 |
| 1306 | 通信用地 | 指通信铁塔、基站、卫星地球站、海缆登陆站、电信局、微波站、中继站等设施用地 |
| 1307 | 邮政用地 | 指邮政中心局、邮政支局(所)、邮件处理中心等设施用地 |
| 1308 | 广播电视设施用地 | 指广播电视的发射、传输和监测设施用地,包括无线电收信区、发信区以及广播电视发射台、转播台、差转台、监测站等设施用地 |
| 1309 | 环卫用地 | 指生活垃圾、医疗垃圾、危险废物处理和处置,以及垃圾转运、公厕、车辆清洗、环卫车辆停放修理等设施用地 |
| 1310 | 消防用地 | 指消防站、消防通信及指挥训练中心等设施用地 |
| 1311 | 干渠 | 指除农田水利以外,人工修建的从水源地直接引水或调水,用于工农业生产、生活和水生态调节的大型渠道 |
| 1312 | 水工设施用地 | 指人工修建的闸、坝、堤林路、水电厂房、扬水站等常水位岸线以上的建(构)筑物用地,包括防洪堤、防洪枢纽、排洪沟(渠)等设施用地 |
| 1313 | 其他公用设施用地 | 指除以上之外的公用设施用地,包括施工、养护、维修等设施用地 |
| 14 | 绿地与开敞空间用地 | 指城镇、村庄建设用地范围内的公园绿地、防护绿地、广场等公共开敞空间用地,不包括其他建设用地中的附属绿地 |
| 1401 | 公园绿地 | 指向公众开放,以游憩为主要功能,兼具生态、景观、文教、体育和应急避险等功能,有一定服务设施的公园和绿地,包括综合公园、社区公园、专类公园和游园等 |
| 1402 | 防护绿地 | 指具有卫生、隔离、安全、生态防护功能,游人不宜进入的绿地 |
| 1403 | 广场用地 | 指以游憩、健身、纪念、集会和避险等功能为主的公共活动场地 |
| 15 | 特殊用地 | 指军事、外事、宗教、安保、殡葬,以及文物古迹等具有特殊性质的用地 |
| 1501 | 军事设施用地 | 指直接用于军事目的的设施用地 |
| 1502 | 使领馆用地 | 指外国驻华使领馆、国际机构办事处及其附属设施等用地 |
| 1503 | 宗教用地 | 指宗教活动场所用地 |
| 1504 | 文物古迹用地 | 指具有保护价值的古遗址、古建筑、古墓葬、石窟寺、近现代史迹及纪念建筑等用地,不包括已作其他用途的文物古迹用地 |
| 1505 | 监教场所用地 | 指监狱、看守所、劳改场、戒毒所等用地范围内的建设用地,不包括公安局等行政办公设施用地 |
| 1506 | 殡葬用地 | 指殡仪馆、火葬场、骨灰存放处和陵园、墓地等用地 |
| 1507 | 其他特殊用地 | 指除以上之外的特殊建设用地,包括边境口岸和自然保护地等的管理与服务设施用地 |
| 16 | 留白用地 | 指国土空间规划确定的城镇、村庄范围内暂未明确规划用途,规划期内不开发或特定条件下开发的用地 |

| 代码 | 名称 | 含义 |
|------|------|------|
| 17 | 陆地水域 | 指陆域内的河流、湖泊、冰川及常年积雪等天然陆地水域，以及水库、坑塘水面、沟渠等人工陆地水域 |
| 1701 | 河流水面 | 指天然形成或人工开挖河流常水位岸线之间的水面，不包括被堤坝拦截后形成的水库区段水面 |
| 1702 | 湖泊水面 | 指天然形成的积水区常水位岸线所围成的水面 |
| 1703 | 水库水面 | 指人工拦截汇集而成的总设计库容≥10万立方米的水库正常蓄水位岸线所围成的水面 |
| 1704 | 坑塘水面 | 指人工开挖或天然形成的蓄水量<10万立方米的坑塘常水位岸线所围成的水面 |
| 1705 | 沟渠 | 指人工修建，南方宽度≥1.0米、北方宽度≥2.0米用于引、排、灌的渠道，包括渠槽、渠堤、附属护路林及小型泵站，不包括干渠 |
| 1706 | 冰川及常年积雪 | 指表层被冰雪常年覆盖的土地 |
| 18 | 渔业用海 | 指为开发利用渔业资源、开展海洋渔业生产所使用的海域及无居民海岛 |
| 1801 | 渔业基础设施用海 | 指用于渔船停靠、进行装卸作业和避风，以及用以繁殖重要苗种的海域，包括渔业码头、引桥、堤坝、渔港港池（含开敞式码头前沿船舶靠泊和回旋水域）、渔港航道及其附属设施使用的海域及无居民海岛 |
| 1802 | 增养殖用海 | 指用于养殖生产或通过构筑人工鱼礁等进行增养殖生产的海域及无居民海岛 |
| 1803 | 捕捞海域 | 指开展适度捕捞的海域 |
| 19 | 工矿通信用海 | 指开展临海工业生产、海底电缆管道建设和矿产能源开发所使用的海域及无居民海岛 |
| 1901 | 工业用海 | 指开展海水综合利用、船舶制造修理、海产品加工等临海工业所使用的海域及无居民海岛 |
| 1902 | 盐田用海 | 指用于盐业生产的海域，包括盐田取排水口、蓄水池等所使用的海域及无居民海岛 |
| 1903 | 固体矿产用海 | 指开采海砂及其他固体矿产资源的海域及无居民海岛 |
| 1904 | 油气用海 | 指开采油气资源的海域及无居民海岛 |
| 1905 | 可再生能源用海 | 指开展海上风电、潮流能、波浪能等可再生能源利用的海域及无居民海岛 |
| 1906 | 海底电缆管道用海 | 指用于埋（架）设海底通讯光（电）缆、电力电缆、输水管道及输送其他物质的管状设施所使用的海域 |
| 20 | 交通运输用海 | 指用于港口、航运、路桥等交通建设的海域及无居民海岛 |
| 2001 | 港口用海 | 指供船舶停靠、进行装卸作业、避风和调动的海域，包括港口码头、引桥、平台、港池、堤坝及堆场等所使用的海域及无居民海岛 |
| 2002 | 航运用海 | 指供船只航行、候潮、待泊、联检、避风及进行水上过驳作业的海域 |
| 2003 | 路桥隧道用海 | 指用于建设连陆、连岛等路桥工程及海底隧道海域，包括跨海桥梁、跨海和顺岸道路、海底隧道等及其附属设施所使用的海域及无居民海岛 |
| 21 | 游憩用海 | 指开发利用滨海和海上旅游资源，开展海上娱乐活动的海域及无居民海岛 |

表8.5(续)

| 代码 | 名称 | 含义 |
|------|------|------|
| 2101 | 风景旅游用海 | 指开发利用滨海和海上旅游资源的海域及无居民海岛 |
| 2102 | 文体休闲娱乐用海 | 指旅游景区开发和海上文体娱乐活动场建设的海域，包括海上浴场、游乐场及游乐设施使用的海域及无居民海岛 |
| 22 | 特殊用海 | 指用于科研教学、军事及海岸防护工程、倾倒排污等用途的海域及无居民海岛 |
| 2201 | 军事用海 | 指建设军事设施和开展军事活动的海域及无居民海岛 |
| 2202 | 其他特殊用海 | 指除军事用海以外，用于科研教学、海岸防护、排污倾倒等的海域及无居民海岛 |
| 23 | 其他土地 | 指上述地类以外的其他类型的土地，包括盐碱地、沙地、裸土地、裸岩石砾地等植被稀少的陆域自然荒野等土地以及空闲地、田坎、田间道 |
| 2301 | 空闲地 | 指城、镇、村庄范围内尚未使用的建设用地。空闲地仅用于国土调查监测工作 |
| 2302 | 田坎 | 指梯田及梯状坡地耕地中，主要用于拦蓄水和护坡，南方宽度≥1.0米、北方宽度≥2.0米的地坎 |
| 2303 | 田间道 | 指在农村范围内，用于田间交通运输，为农业生产、农村生活服务的未对地表耕作层造成破坏的非硬化道路 |
| 2304 | 盐碱地 | 指表层盐碱聚集，生长天然耐盐碱植物的土地。不包括沼泽地和沼泽草地 |
| 2305 | 沙地 | 指表层为沙覆盖、植被覆盖度≤5%的土地。不包括滩涂中的沙地 |
| 2306 | 裸土地 | 指表层为土质，植被覆盖度≤5%的土地。不包括滩涂中的泥滩 |
| 2307 | 裸岩石砾地 | 指表层为岩石或石砾，其覆盖面积≥70%的土地。不包括滩涂中的石滩 |
| 24 | 其他海域 | 指需要限制开发，以及从长远发展角度应当予以保留的海域及无居民海岛 |

此外还有一些用地属于城市特有的用地分类，如新型产业用地、混合用地等。

使用 AutoCAD 绘制用地布局图时，我们一般需根据用地布局规划设计方案草图，在现状图的基础上绘制，因此可以将绘制完成的现状图另存为"用地规划图"。一般先绘制路网结构，搭建图纸的构图框架，然后进行地块色彩的填充，标注地块的类别。

### 8.4.1 绘制道路

绘制道路的常用方法是先用多段线绘制道路中心线，使用偏移命令绘制道路路缘石线，最后通过倒圆角的方式画出道路红线。

在绘制道路之前，我们需要先创建新图层，使用 layer 命令打开"图形特性管理器"，单击 ▨ 新建图层，命名为"RD-中线""RD-侧石线""RD-道路红线"三个图层。

图层颜色和线型可设置如下："RD-中线"采用红色，线型选择"DASHDOT"的点划线形式。"RD-道路红线"和"RD-侧石线"均采用白色，线型选择"Continuous"（见图 8.21）。

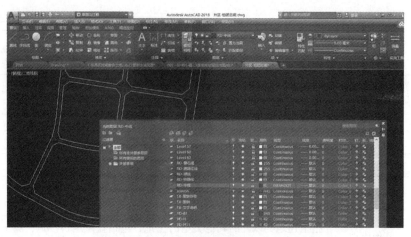

图 8.21　道路图层和线型设置

点击 ，将中线图层置为当前图层，先画出"RD-中线"（见图 8.22）。

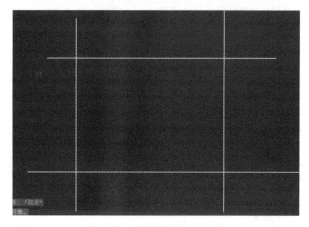

图 8.22　道路中线图层设置

对中线图层进行偏移处理，绘制"RD-道路红线"图层，具体步骤如下：

命令：o

OFFSET 制定偏移距离或［通过（T）删除（E）图层（L）］<8.0000>

OFFSET 选择要偏移的对象，或［退出（E）放弃［U］<退出］：

选择道路中线向两侧均偏移 8 米，偏移完成后的效果如图 8.23 所示。

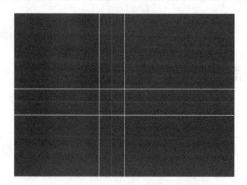

图 8.23　道路红线图层设置

对道路红线进行裁剪，将多余的线条用"TR"命令裁剪掉，具体的操作步骤如下：

命令：TR

TRIM 选择对象或<全部选择>：

TRIM［栏选(F)窗交(C)投影(P)边(E)删除(R)放弃(U)］：

裁剪后的效果如图 8.24 所示。

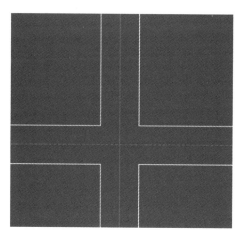

图 8.24　道路红线图层裁剪

使用"F"倒圆角命令绘制道路的路缘石线。在设置圆角半径时，我们需根据设计规范要求来详细计算需倒的圆角半径，以保证道路绘制的精确性。在命令行输入"fillet"时，操作对话框显示如下：

命令：F

FILLET 选择第一个对象或［放弃(U)多段线(P)半径(R)修剪(T)多个(M)］：r

FILLET 指定圆角半径<0.0000>：15

FILLET 选择第一个对象或［放弃(U)多段线(P)半径(R)修剪(T)多个(M)］

FILLET 选择第二个对象，或按住 Shift 键选择对象以应用角点或［半径（R）］：

执行倒圆角命令后的效果如图 8.25 所示。

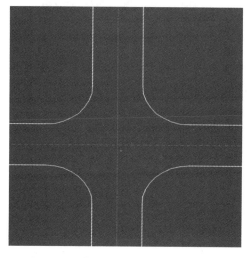

图 8.25　道路红线设置完成后的效果

最后绘制道路红线，道路红线与路缘石之间的间隔距离应根据道路设计的具体规范而定。

先将道路中心线进行偏移裁剪，并将偏移后的线修改为"RD-红线"图层；然后再使用倒角（CHA）命令，倒角命令是将两条直线边进行到棱角的操作。倒棱角的参数的确定方法有两种：距离法，由第一倒角距离和第二倒角距离确定；角度法，由第一直线的倒角距离和倒角的角度确定。

倒棱角的具体操作步骤如下。

命令：CHA

CHAMFER 选择第一条直线或［放弃(U)多段线(P)距离(D)角度(A)修剪(T)方式(E)多个(M)］:d

CHAMFER 指定第一个倒角距离<0.0000>:10

CHAMFER 指定第一个倒角距离<10.0000>: 指定 第二个 倒角距离<10.0000>:

CHAMFER 选择第一条直线或［放弃(U)多段线(P)距离(D)角度(A)修剪(T)方式(E)多个(M)］:

CHAMFER 选择第二条直线,或按住 Shift 键选择直线以应用角点或［距离(D)角度(A)方法(M)］:

倒角完成之后的效果如图 8.26 所示。

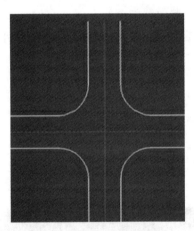

**图 8.26　路缘石线设置**

按照以上步骤进行操作，即可绘制出地块的路网体系（见图 8.27）。在有些情况下，为提高绘图效率，形成的道路规划图包括道路红线和道路中心线，路缘石线未在图中表示。

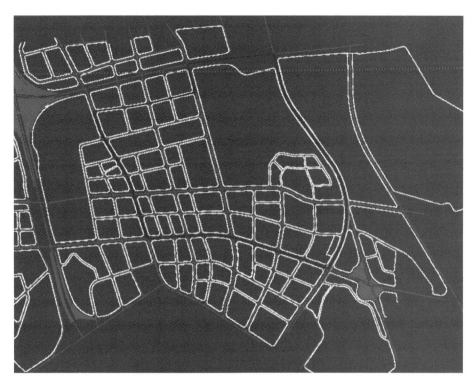

**图 8.27　路网体系**

注意：道路宽度、道路红线转弯半径、路缘石的倒角均需要依据道路设计规范的标准来绘制，要依据项目实际情况来规划设计。

### 8.4.2　地类填充

#### 8.4.2.1　地块分割线

用户利用不同等级的城市道路对规划区域进行分割，可根据设计理念布局不同的地类，但有时道路分割的地块过大或某一地块须承担多种功能时，就需要对地块进行进一步的划分。因此，用户需要新建"地块分割线"图层，并将其设为当前图层，从而绘制更为详细的地块分割线。

分割时，用户可以用直线或多段线等绘制分割线，也可以借助已有的道路等元素使用偏移命令进行绘制，并进行相应修剪。注意，用分割线进行绘制时，要保证被分割的地块能形成封闭的闭合区域，以便能顺利创建面域。

#### 8.4.2.2　生成面域

用户可以利用路网与地块分割线及河流等边界所围合的范围进行各类地类面域的创建，注意要将不同类型用地的面域创建在相对应的地类图层之上（见图 8.28）。

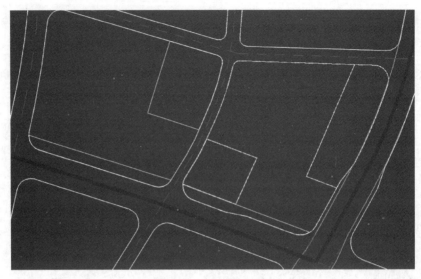

图 8.28　地块分割线

### 8.4.2.3　填充色块

若前期未创建色块填充图层，用户须增设相应图层，图名和图层颜色的设置可参照《市级国土空间总体规划制图规范（试行）》和城市规划制图标准。

本案例以居住区为例，说明用地色块的填充过程。

（1）打开"YD-R2""地块分割线""红线"三个图层，可关闭其他图层。

（2）按下快捷键"H"，打开"图案填充"（Hatch）命令，弹出"图案填充和渐变色"对话框，选择"添加：拾取点"，返回操作界面中，选择需要填充为居住用地的所有面域。

（3）选择完成之后，返回"图案填充和渐变色"界面，"样例"中选择"SOLID"；颜色中可点击"真彩色"，参考制图标准，分别设置红（R）、绿（G）、蓝（B）的参数值（见图 8.29）。

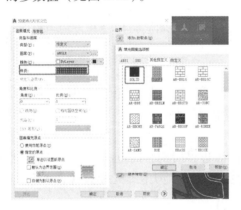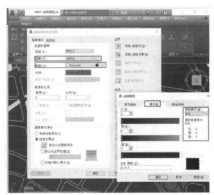

图 8.29　地块颜色参数设置

其他类型用地，如工业用地、学校用等，均可按此方法进行填充，最终形成一张带有完整地块色彩的用地布局图。

填充后的整体效果如图 8.30 所示。

图 8.30　填充后的整体效果

### 8.4.3　用地汇总

　　用户应按照规划地类进行分类别的用地面积统计。以计算居住用地为例，单项建设用地汇总过程如下：使用下拉菜单"工具"，点击"查询"，打开"面域/质量特性"，激活 Massprop 命令，选择所有居住地块的面域，按回车键确认后即可出现所有居住地块的总面积。

　　利用此方法可以得到所有地类的面积，由此可生成最终的用地平衡表。平衡表中各类建设用地的人均指标和占比需满足相应的规划技术规范。若计算出的指标不符合规范标准，则应进行相应的调整。

### 8.4.4　地块文字标注

　　地块文字采用大写英文字母加数字的方式进行标注，大写英文字母表示用地大类，第一个数字表示中类，第二个数字表示小类。通常，地块文字仅标注到大类，部分用地可按照需要标注至中类。地块文字标注的操作过程如下：

　　（1）设置文字格式。使用菜单栏中的"格式"，点开"文字格式"，或者使用快捷键"ST"，弹出"文字格式"对话框，并进行如下设置：

　　①单击"新建"按钮，在弹出的"新建文字样式"对话框中输入样式名，单击"确定"返回"文字样式"对话框。

　　②在"大小"组合框中的"高度"输入框中输入数值15，此数值也可以根据绘图者自身需求进行调整。一般可估算一个字体的高度，在打印输出时文字的高度通常需要重新计算，因此文字不宜太小，否则使用者无法识别图纸文字信息；文字也不宜过大，以免图面失衡，喧宾夺主。通常情况下，用户需要调整文字的高度以适应打印尺寸的变化即可。

　　③为保证后期修改的文字高度不影响文字的中心位置，在进行文字标注时必须明

确设定字体的"对正"格式，即要求当字体高度发生变化时以原文字字块的中心为基点，不同的字体标注也可采用不同的标准方式。

（2）多行文字输入。完成字体格式设置后输入"T"，打开"多行文字"（Mtext）命令，框选适当的范围，弹出文字输入框，点击"居中"和"中央对齐"，输入用地地类代码（如 R2）。根据需要，用户可以对每一个地块进行代码赋值，即可完成地块的文字标注。

（3）单行文字输入。输入"dt"命令，打开单行文字命令。激活命令后，首先选择"正中"作为"对正"方式，文本样式可采用新设置的文本样式；然后，确定文字起点，输入文字高度，并以回车键响应"指定文字的旋转角度<0>:"；输入地类代码R2，按回车键结束当前单行文字的输入操作。如需输入第二行文字，则重复上一次命令即可。

（4）文字内容修改。如需修改已输入好的文字，用户只需双击即可修改；若需要对文字样式进行修改，则需要通过"Ctrl+1"组合键打开"特性"窗口，对"文字"一栏中的"样式"进行修改。

另外，用户修改文本时，无论是采用多行文字输入方式还是单行文字输入方式，均可通过"复制"命令进行多项复制。具体方法为：输入"CO"命令，激活"复制"命令，选择需要复制的文本，确定复制基点，移动文本，进行带基点的多个复制，然后再通过双击文本修改文本内容。统一复制粘贴的优势在于文本样式格式统一，只需更改文本内容即可，不用重复输入文字命令，从而达到图面整洁统一的效果。

图例、图名以及图签的制作中均用到文字，文字高度会有所变化，此时就需单独编辑。

### 8.4.5 图例制作

总体规划的图例包括各类用地、需要明确的各类设施以及基础要素图例（河流、范围线）等，操作较为简单，一般包括四个步骤：制作矩形框→填充矩形框→标注文字→调整显示次序。规划总图的部分图例制作如图 8.31 所示。

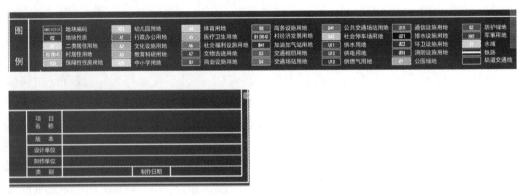

图 8.31　图例制作

# 8.5　综合交通规划图

道路系统是构建城市空间组织的基本骨架，搭建等级明确、畅联通达的道路路网对于明晰城市组团定位、明确城市功能分区具有重要的支撑作用。影响城市道路系统的因素有很多，受到城市开发建设、人民群众需求等影响，在实际规划和建设过程中城区的交通必须结合城市各个组团的交通现状、建筑肌理、地形地貌、功能分区等多个情况进行综合规划，从而使城市的各个功能组团高效连接，为生产和生活提供便利，推动城市内联外通。

## 8.5.1　标注道路坡向、坡度和坡长

沿着道路的坡度走向，用户可以画出与道路中心线平行的长箭头，使用多行文字"mtext"命令在箭头上方标注道路设计坡度，在箭头下方标注道路设计长度，如图8.32所示。

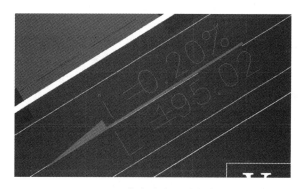

**图 8.32　道路坡度和坡长表示**

在使用多行文字命令时，用户经常会使用平方号、度数等符号，可以在"符号"栏中选取。用户也可以打开"字符映射表"窗口，在该窗口中进行选择；查找到所需要的符号后，点击"选择"按钮，将符号显示在"复制字符"对话框中，随后点击"复制"按钮，关闭该对话框后，在多行文字的输入框中点击"粘贴"，即完成图层中的符号复制，如图8.33所示。

## 8.5.2　高程控制点标注

道路高程点包括道路控制点的坐标（X，Y）、设计高程（H）和原始高程（H0）。具体操作方法为在道路高程控制点插入标注表格。用户也可用"PL"多段线命令对表格的边框进行效果处理，将插入表格的样式进行统一处理，便于在后续操作中将其定义为块，可进行重复操作。表格制作完成后，使用"copy"命令进行复制，并将其移动到相应位置，也可修改表格中的内容。具体效果如图8.34所示。

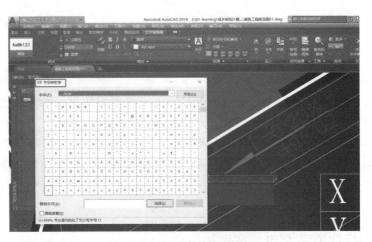

图 8.33　添加符号等特殊字符

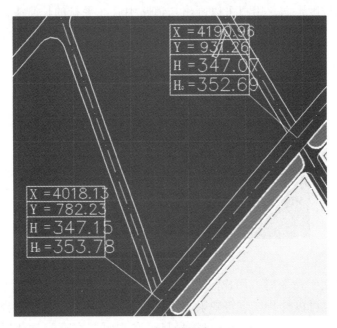

图 8.34　高程控制点设置

### 8.5.3　道路转弯半径标注

　　道路转弯半径标注主要是对"标注样式"进行设置。单击"注释"菜单的"标注"选项，系统弹出标注的扩展工具；单击扩展箭头，打开"标注样式管理器"对话框（见图 8.35）。

　　单击"注释"，进入"标注样式管理器"，点击"修改"，进入"替代当前样式：Standard"对话框；在对话框中可对标注样式的颜色、线型、线宽等参数进行调整，在对话框中可设置"基线间距"，调整标注基线与所要标注线条之间的距离，并对标注的延伸线进行设置；打开"符号和箭头"选项卡，选择箭头样式并设置箭头大小。

图 8.35　转弯半径标注 I

打开"文字"选项卡（见图 8.36），用户可以对文字外观及文字位置进行设置。

打开"主单位"选项卡，调整标注单位的设置，用户可根据需要在"后缀"选项中填写相应的内容，后在"比例因子"选项中输入适当的比例因子。

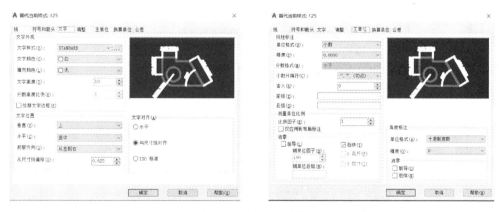

图 8.36　转弯半径标注 II

修改完毕后，单击"确定"，在"标注样式管理器"对话框中将修改的样式置为当前；单击"标注"工具下的　　半径　，然后根据命令窗口的提示进行标注，并调整标注位置。转弯半径标注效果如图 8.37 所示。

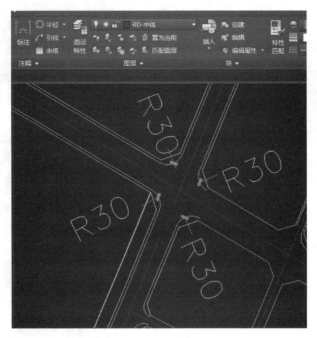

图 8.37　转弯半径标注效果

## 8.5.4　道路断面标示

用户可以使用"PL"多段线命令标注道路断面剖切位置，并利用 text 命令添加断面符号，如 A 断面、B 断面等字母符号，剖切方向朝向断面符号所在的位置（见图 8.38）。

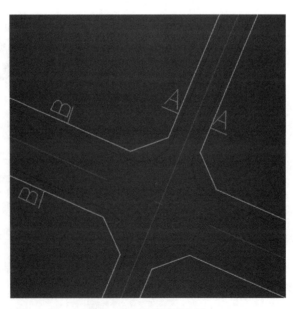

图 8.38　道路断面标注

# 8.6 练习

1. 在 GIS 中完成规划图纸的用地适宜性分析，设置分析环境，生成 DEM，并以坡度、坡向等为评价因子完成分析。

2. 练习用地布局规划图的制作，进行道路路网的绘制，各类用地地类的填充、用地平衡表的计算，图标、图例、比例尺等图面表达等操作，了解空间规划的规划地类及基本规范。

3. 练习道路交通规划图的制作，进行道路红线、路缘石、中心线、路网坡度、坡向的标注、道路转弯半径等的绘制操作。

# 9

## 控制性详细规划

## 9.1 基本概念

### 9.1.1 控制性详细规划的内涵

控制性详细规划的编制是依据已经依法批准的总体规划或分区规划，考虑相关专项规划的要求，对具体地块的土地利用和建设提出控制指标。控制性详细规划的成果是建设主管部门（城乡规划主管部门）做出建设项目规划许可的重要依据。

### 9.1.2 控制性详细规划的基本内容

控制性详细规划的内容包括：用地性质，容积率、绿地率、建筑密度、建筑高度等用地指标，道路交通设施、公用设施、公共服务设施相关控制要求，公用设施用地的控制线、各类绿地范围的控制线、地表水体保护和控制的地域界线等控制要求，地下空间综合利用，城市空间形态管控要求等。历史文化街区的控制性详细规划的强制性内容还应包括重点保护地段的建设控制指标和规定、建设控制地区的建设控制指标等。

具体来看，控制性详细规划应包括以下内容：

（1）确定规划范围内不同性质用地的界线，确定各类用地内适建、不适建、有条件地允许建设的建筑类型。

（2）确定各地块建筑高度、建筑密度、容积率、绿地率等控制指标，确定公共设施配套要求、交通出入口方位、停车泊位、建筑后退红线距离等要求。

（3）提出各地块的建筑体量、体型、色彩等城市设计指导原则。

（4）根据交通需求分析，确定地块出入口位置、停车泊位、公共交通场站用地范围和站点位置、步行交通以及其他交通设施，规定各级道路的红线、断面、交叉口形式及渠化措施、控制点坐标和标高。

（5）确定基础设施用地的控制界线（黄线）、各类绿地范围的控制线（绿线）、历史文化街区和历史建筑的保护范围界线（紫线）、地表水体保护和控制的地域界线（蓝线）"四线"及控制要求。

（6）根据规划建设容量，确定市政工程管线位置、管径和工程设施的用地界线，综合协调管线，确定地下空间开发利用具体要求。

### 9.1.3 控制性详细规划的修改

控制性详细规划的修改方面，涉及城市总体规划、镇总体规划的强制性内容的，应当先修改总体规划；涉及对相关专业规划、专项规划进行重大调整的，应当依照法律、法规规定的程序对相关专业规划、专项规划进行修改。

通过招标、挂牌、拍卖获得国有建设用地使用权的建设项目，申请修改控制性详细规划强制性内容的，应当首先经市、区县（自治县）人民政府确定是否需要收回国有建设用地使用权。市、区县（自治县）人民政府认为不需要收回国有建设用地使用权的，可以依法修改；市、区县（自治县）人民政府认为需要收回国有建设用地使用权的，申请人应当向土地主管部门交回国有建设用地使用权，经依法修改后重新出让。主城区的，应当经市人民政府确定；其他区县（自治县）的，应当经区县（自治县）人民政府确定。

# 9.2 绘制要点

### 9.2.1 图则内容

用户需要在现状地形图上绘制地块控规的图则，便于对比规划内容与现状内容。一般，总图图则应包括下列内容：

①地块区位；

②各地块的用地界线、编号；

③规划用地性质、用地兼容性及主要控制指标；

④公共配套设施、绿化区位置及范围、文物保护单位、历史街区的位置及保护范围；

⑤道路红线、建筑后退线、建筑贴线率，道路交叉点控制坐标、标高、转弯半径、公交站、停车场、禁止开口路段、人行过街地道和天桥等；

⑥大型市政通道的地下及地上空间的控制要求，如高压线走廊、微波通道、地铁、飞行净空限置等；

⑦其他对环境有特殊影响设施的卫生与安全防护距离和范围；

⑧城市设计要点、注释。

分图图则是总图图则的细化，是控制性详细规划成果的具体体现。一般，分图图则应包括以下内容：

①图形区，即分图的图形展示区，是总图图则的一部分；

②表格区，即表明地块的各类用地指标；

③导则区，即显示控制导则；

④区位示意区，即表示分图地块的具体位置；

⑤风玫瑰、指北针、比例尺；

⑥图例区，即表明图面上各类控制线、基础设施等要素及其说明；

⑦图题图号区；

⑧项目编制说明。

须说明的是，在具体的规划设计实践中，总图图则不一定作为最终成果图件的一部分，通常被简化为地块指标图。综上，本教材也将地块指标图纳入地块控制图则中。用户可利用地块的指标图明确地块内的各项控制指标。为保证图面清晰、重点突出，在地块指标图中，我们通常仅标注关键的控制指标和地块信息，如地块大小、容积率、用地性质等。另外，提前绘制总图图则与分图图则可提高绘图效率。

### 9.2.2  重要控制指标

无论是地块指标图还是分图图则，均须明确表示地块的控制性指标。这些控制性指标一般可分为强制性和指导性两大类。其中，强制性指标是指在规划中必须遵循的、不可随意突破的指标。强制性指标包括的内容如下：

①用地性质，即地块上土地利用的类别，应划分至中类，必要时可划分至小类。

②用地面积，指地块净面积。

③容积率，指总建筑面积与建设用地面积的比值。图纸中所提的容积率值一般为上限值，即须小于或等于该值。特殊情况下，用户可设置容积率区间。

④绿地率，即地块内各类绿地面积的总和与地块用地面积的比率，用百分比表示图纸中所提的绿地率值为下限值，即须大于或等于该值。

⑤建筑密度，即地块内所有建筑物室外地坪到最高点不得超过的最大高度限值或最低点不得低于的最小高度比值。

⑥配套设施，指在地块内须配套建设的公共服务设施。

⑦禁止开口路段，即地块周边禁止接向城市道路开设机动车出入口的路段。

⑧配建车位，即地块内必须建设的与建设项目相配套的机动车停车位数。图纸所提的配建停车位数量为下限值，即须大于或等于该值。

⑨机动车出入口侧方位，即地块内允许设置的出入口的方向和位置，一般，一个地块设 1~2 个出入口，应尽量避免在城市主要道路上设置车辆出入口。

⑩指导性指标（引导性），指在一定条件下可以进行适度调整的指标，可根据地块具体情况加以增减，必要时也可作为规定性控制指标提出。

⑪建筑形式、体量、风格、色彩等要求，指在必要时针对特定区域对在建建筑的形式、体量、风格、色彩等提出的要求。

⑫居住人口，指在地块内的住宅中居住的人口，不包括旅馆、商业等其他建筑中居住的人口。图纸中所提的居住人口数量为允许居住的最大人口数量，即须小于或等于该数量。

⑬其他环境要求，指必要时对地块所提出的特定环境要求，包括拆建比、绿化覆盖率、用地兼容控制等。

### 9.2.3　重要控制线

地块控规图则的控制线具有重要的约束作用。重要控制线主要包括道路红线、河湖水面蓝线、城市绿化绿线、高压线走廊黑线、文物古迹保护紫线、微波通道橙线等，控制线应用不同颜色进行标注，这样才能保证线条能被正确识别。控制性详细规划中重要的控制线及作用如表 9.1 所示。

表 9.1　控制性详细规划中重要的控制线及作用

| 线型名称 | 线型作用 |
|---|---|
| 红线 | 道路红线和地块用地边界线 |
| 绿线 | 生态、环境保护区域的边界线 |
| 蓝线 | 河流、水域用地边界线 |
| 紫线 | 历史保护区域边界线 |
| 黑线 | 公共设施用地边界线 |
| 禁止机动车开口线 | 保证城市主要道路上的交通安全和畅通 |
| 机动车出入口方位线 | 建议地块出入口方位，利于疏导交通 |
| 建筑基底线 | 控制建筑体量、街景、建筑立面等 |
| 裙房控制线 | 控制裙房体量、用地环境、沿街面长度、街道公共空间 |
| 主体建筑控制线 | 控制景观道路界面、建筑体量、空间环境、沿街面长度、街道公共空间 |
| 建筑架空控制线 | 控制沿街界面连续性 |
| 广场控制线 | 提升地块环境的质量，完善城市空间体系 |
| 公共空间控制线 | 控制公共空间用地范围 |

# 9.3　线型处理

### 9.3.1　CAD 文件导入

CAD 文件导入操作步骤如下：

打开 ARCGIS，新建一个空白文档，点击 ![icon] 图标，在文件夹连接中找到"控规图纸"文件夹，在".dwg"的文件中找到线图层，选择"Polyline"，将其加载 GIS 的操作界面中（见图 9.1）。

（a）

（b）

**图 9.1　加载图纸**

在"图层"中打开"Polyline"的属性，找到"绘制图层"，先选择"全部禁用"，然后选择"RD-侧石线""RD-红线""RD-中线"，表示只加载这三个道路图层至操作界面中，单击"确定"，即将道路的侧石线、红线和中线加载至操作界面（见图9.2）。

注意：AutoCAD 中的".dwg"数据导入 GIS 操作界面后才有"绘制图层"这一选项，能帮助用户有选择地导入需要处理的图层。

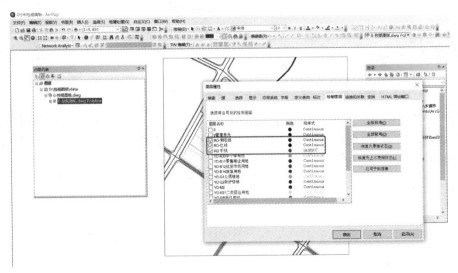

**图 9.2　导入图层**

### 9.3.2　导出 .shp 文件

导出 .shp 文件的操作步骤如下：右击"0-控规图纸.dwg Polyline"，点击"导出数据"，导出所有要素，点击输出要素类下的 ⊟ 图标，将数据存储全文件夹中（可自行选择保存路径），图形保存类型选择"Shpfile"，将图层命名为"道路.shp"，保存成功后将图层加载至操作界面（见图9.3）。

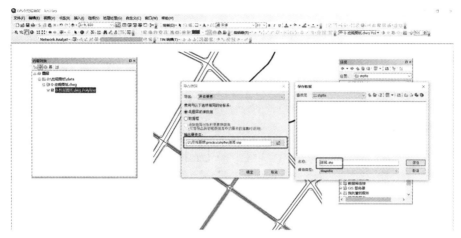

**图9.3　数据储存位置**

注意：为了养成良好的图层操作习惯，在 GIS 操作界面导入从 AutoCAD 导出的 shpfile 文件后，应将"图层"栏中显示的 .dwg 图层删掉，以免在作图过程中混淆图层。

### 9.3.3　优化线型

优化线型操作步骤如下：

存储 Shpflie 文件之后，将其加载至 GIS 的操作界面，并对道路进行简单可视化处理；选中"道路"图层，右击图层属性，点击进入"符号系统"；选择"唯一值字段"，选择"Layer"图层，点击"添加所有值"，选择自己所需要的色带，点击确定，即可将道路图层进行简单的线型颜色处理（见图9.4）。

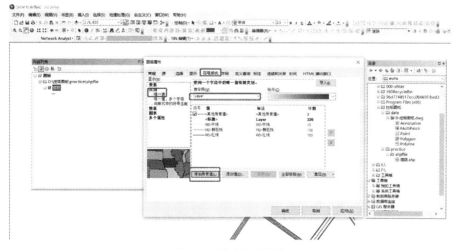

**图9.4　道路色彩优化**

当双击图层前的图标时，会进入"符号选择器"，可对单个图层的样式、颜色、宽度等进行修改（见图9.5）。

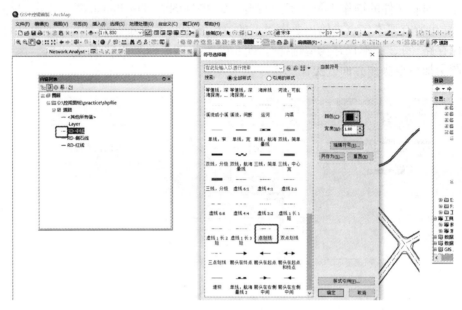

图 9.5　道路线型优化

修改完成后，可得到一张路网清晰、结构明了的道路规划底图。路网优化效果如图 9.6 所示。

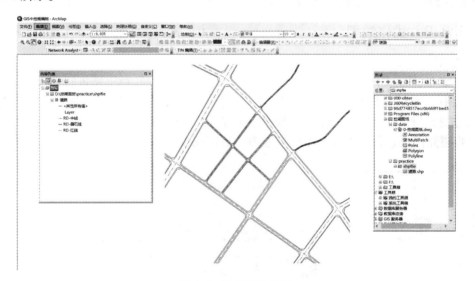

图 9.6　路网优化效果

# 9.4 面域处理

## 9.4.1 用地分类

导入地块和优化地块图层的操作步骤如下：

点击"控规图纸"中的"Polygon"图层，加载至操作界面（见图9.7）。同样，在图层属性中找到"绘制图层"，先点击"全部禁用"，然后点击各个地类名称（保留YD-A33中小学用地、YD-B11零售商业用地、YD-B12批发市场用地、YD-B14旅馆用地、YD-G1公园绿地、YD-G2防护绿地、YD-M2、YD-R21二类居住用地、YD-RB商住用地、YD-S交通枢纽用地、YD-S41公共交通站场用地、YD-U12供电用地、YD-W1一类仓储用地），点击"确定"，将需要进行处理的用地分类图层加载至操作界面（见图9.8）。

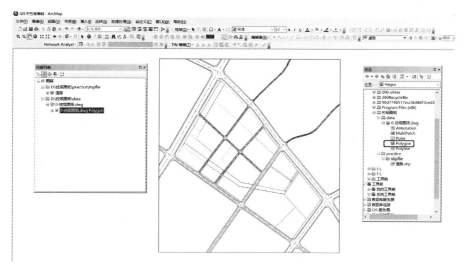

图9.7 导入地块

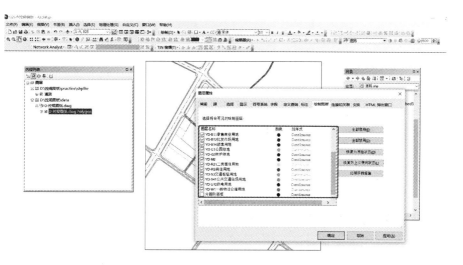

图9.8 优化地块图层

### 9.4.2 导出数据

保存用地数据的操作步骤如下：右击图层中的"控规图纸"，点击保存数据，保存路径选择"控规图纸-practice-shpfile-将文件命名为用地"，保存类型为 Shpfile（见图9.9）。

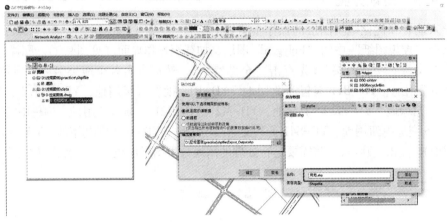

**图 9.9 导出文件**

同样，将"用地"图层加载至 GIS 操作界面后，删除图层下的"控规图纸"图层（见图9.10）。此时，界面中出现的是带有清晰用地边界线的色块，需在后续处理中按照用地分类的制图规范修改各类地块的颜色。

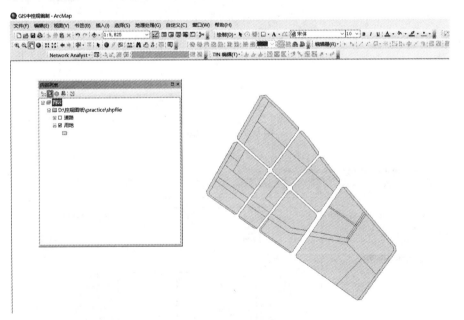

**图 9.10 加载 shp 格式的用地**

### 9.4.3 修改地类颜色

修改地类颜色的操作步骤如下：

先将图层进行唯一值处理，点击图层"用地"的图层属性，找到"符号系统"，选择左侧"类别"中的"唯一值"，选择"值字段"为"Layer"，点击"添加所有值"，选择自己需要的色带，点击"应用"和"确定"，即可修改各个地类的颜色（见图 9.11）。

**图 9.11　修改地类颜色**

对地块边框进行处理：在"符号系统"中点击"其他所有值"，点开符号选择器，将"轮廓颜色"调整为白色，"轮廓宽度"可以根据绘图需要进行调整，一般可调整为 0.4（见图 9.12）。

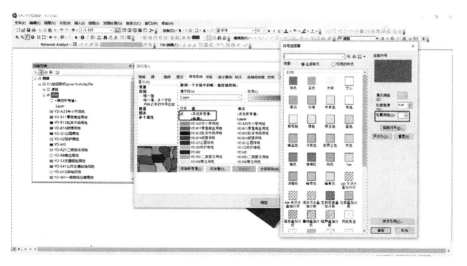

**图 9.12　调整轮廓颜色**

将道路、规划红线等图层打开后，调整后的效果如图 9.13 所示。

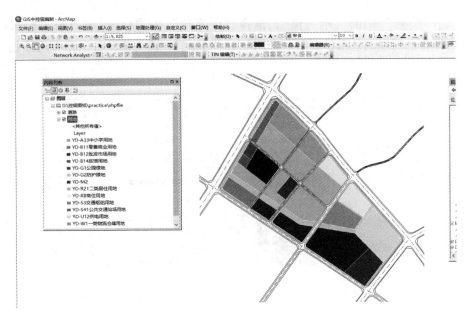

**图 9.13　调整后的效果**

　　用户应分类型按规范修改各个地类的颜色。以二次居住用地（R21 地类）为例，其他用地的颜色分类均可按此方法进行修改。双击内容列表中"YD–R21"前的色块元素，在"符号选择器"中将居住用地的颜色调整为黄色，单击"确定"。在设置各类用地的颜色时，可参考《城市规划制图标准》中的彩色图例。点开"符号管理器"，点击"填充颜色"下的"更多颜色"，即可打开"颜色选择器"，根据制图标准选择"CMYK"的颜色模式，将 M 值设为 10%，将 Y 值设为 100%，点击"确定"，即设置好居住用地的颜色（见图 9.14）。

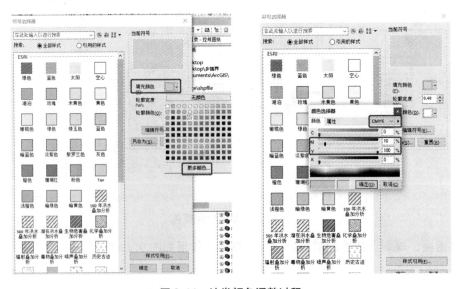

**图 9.14　地类颜色调整过程**

　　用户应依次完成商业用地、工业用地、公共服务设施用地、绿地等地块颜色的设置。调整后的效果如图 9.15 所示。

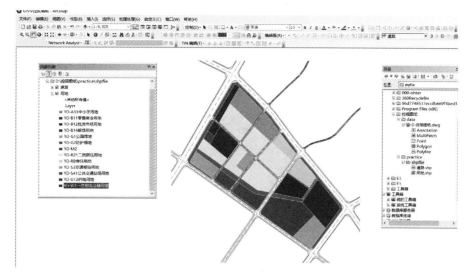

图 9.15　调整后的效果

# 9.5　指标计算

## 9.5.1　字段清理

在图层处理过程中，有些字段是我们不需要的，因此就需进行相应的清理，让图面的表达内容更加准确和规范。右击"用地"图层，打开图层属性表，选择"color"字段（当全部选中字段时，字段显示为亮蓝色），右击"color"，点击"删除字段"，确认删除字段。按此方法，删除"FID_""Entity""Linetype""Elevation""LineWt""RefName"等不相关的图层，只保留"FID""Shape *""Layer"三个字段（见图9.16）。这样既节省图形空间，又精确地表达内容。

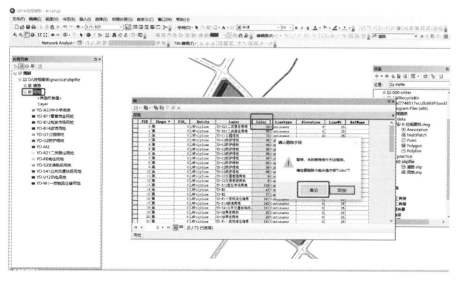

图 9.16　删除字段

字段删除后的效果如图 9.17 所示。

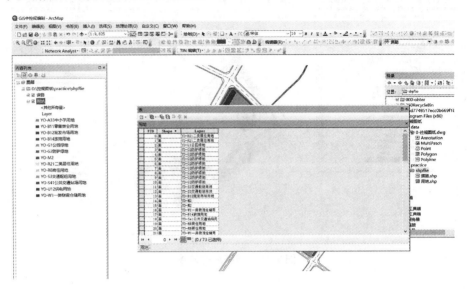

图 9.17　字段删除后的效果

注意：图层属性表中的数据被删除后是无法被找回的，因此在处理时要避免错删、误删。在制图过程中我们可将原始数据另存为副本，用副本进行数据处理。

### 9.5.2　添加字段

添加字段的操作步骤如下：在"用地"图层的属性表中点击 ▦▾ 图标，选择"添加字段"，将名称标注为"面积"，类型选择"双精度"，点击"确定"，添加字段完成（见图 9.18）。

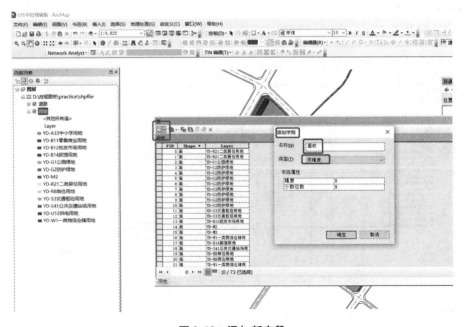

图 9.18　添加新字段

## 9.5.3 面积计算

面积计算的操作步骤如下：

在进行面积计算之前，须对字段的单位进行设置。点击"图层"属性，打开"数据库属性"，在"常规"中找到"地图"和"显示"，均设置为"米"，点击"确定"（见图9.19）。

**图9.19 设置图纸单位**

点击"用地"属性表，选中"面积字段"，右键点击"计算几何"，属性中选择"面积"，点击"确定"，即可计算出各个地类的面积（见图9.20）。

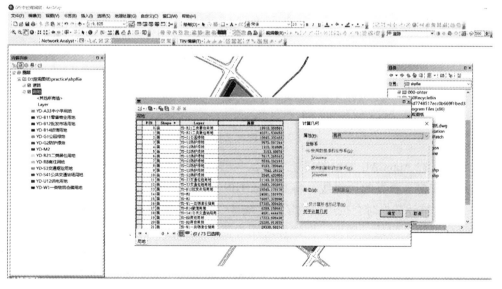

**图9.20 统计地类面积**

### 9.5.4 指标赋值

#### 9.5.4.1 容积率

容积率是控制性详细规划中的强制性内容之一，也是规划审查的刚性指标之一，决定了地块可开发的规模和强度，是城市规划图纸中重要的定量指标之一。根据国家规范和地方规范综合确定，地类不同，其容积率也不同，居住用地、工业用地、绿化用地、交通用地等类型的容积率既需要满足自身的要求，也需要在整体规划中进行统一控制。在实际操作中，用户须对各个地块的容积率进行单独设置。

用户须在属性表中添加"容积率字段"，其方法与添加"面积字段"的方法类似，添加字段的类型需选择"浮点型"。

（1）绿地容积率设置（G 类用地）。

点击 图标，打开"按属性选择"，选择"Layer"，点击"获取唯一值"，在"SELECT * FROM 用地 WHERE"中列式"Layer"＝'YD-G1 公园绿地' OR "Layer"＝'YD-G2 防护绿地'，点击"应用"，此时数据表中公园绿地和防护绿地变为亮蓝色，操作界面中被选中的色块边框也变为亮色（见图 9.21）。

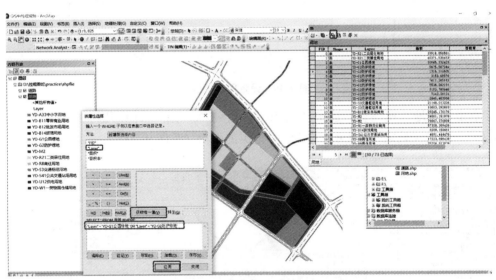

**图 9.21　按属性选择绿地**

注意：①在 AutoCAD 原始图层处理中，一个地类色块只能用一个闭合边界线；若是同一地块有多个重复的边界线，将其导入 GIS 后，会被识别为同一个地类色块的多个边框，GIS 统计数据时会按边框数量重复统计，面积会出现误差。②绿地既包括公园绿地，又包括防护绿地，因此，在选择时用户需要选择"or"等式，将两种绿地均选择上。③添加容积率字段后，选中"容积率"并右击，选择"字段计算器"，将容积率设置为 0.2，点击"确定"，对绿地的容积率赋值完成（见图 9.22 和图 9.23）。

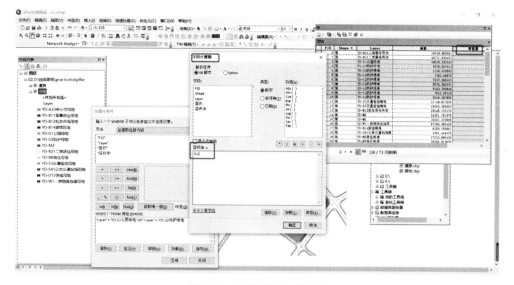

**图9.22　设置绿地容积率Ⅰ**

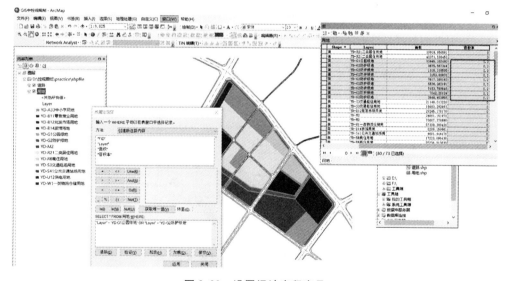

**图9.23　设置绿地容积率Ⅱ**

（2）工业用地容积率设置（M类用地）。

选择 图标，打开"按属性选择"，选择"Layer"，点击"获取唯一值"，列式为"Layer"＝'YD-M2'，选择应用，此时可将工业用地选中（见图9.24）。

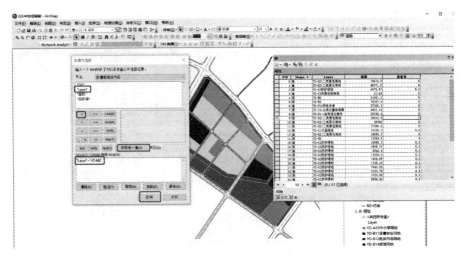

图 9.24　设置工业用地容积率Ⅰ

点击属性表的"容积率",选择"字段计算器",将工业用地的容积率设置为1,点击"确定"(见图 9.25 和图 9.26)。

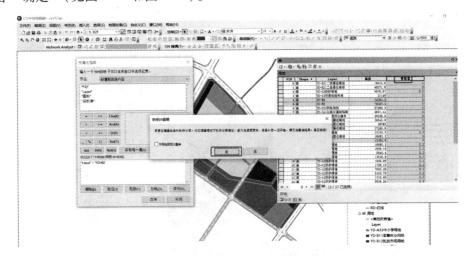

图 9.25　设置工业用地容积率Ⅱ

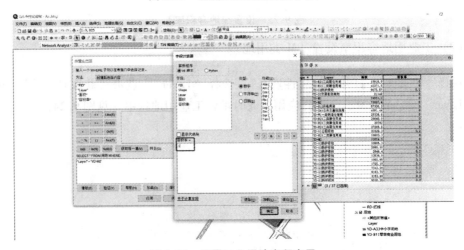

图 9.26　设置工业用地容积率Ⅲ

#### 9.5.4.2 绿地率

绿地率是衡量城市宜居品质的重要指标之一，为了营造良好的生产生活环境，居住用地、商业用地、工业用地等均设置了绿地指标。下面以绿地为例，设置地块的绿地率。

新建"绿地率字段"，在数据表中选择"按属性选择"，构建"Layer"＝'YD-G1公园绿地'OR'"Layer"＝'YD-G2防护绿地'等式，然后点击绿地率，在字段计算器中将绿地率设置为60，即完成绿地的绿地率设置（见图9.27和图9.28），其他地类地块的绿地率均可按照此方法进行设置。

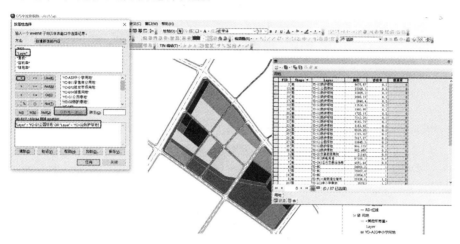

图 9.27　设置绿地率 Ⅰ

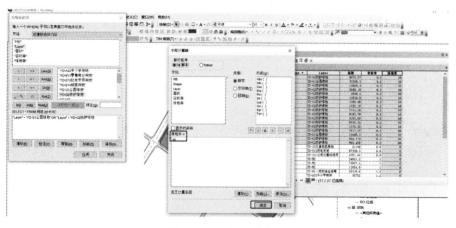

图 9.28　设置绿地率 Ⅱ

一般，绿地（G1、G2、G3）、居住用地（R2）、学校（A3）等为公众日常生活服务的用地类型绿地率值应设置高一些，有利于创造一个良好的生活环境；工业（M1、M2）、仓储（W1、W2）等服务于产业发展的生产空间的绿地率值可设置低一些。

### 9.5.5　指标计算

在控制性详细规划中，有些指标并不是直接复制规范或标准而得到，而是通过计算获取的，如地块可容纳人口、地块可建的总建筑面积等，均通过 GIS 的计算分析功能获取，较传统的 AutoCAD 制图方式能更为迅速地获取分析后的数据。

### 9.5.5.1　可容纳人口

根据全面建设小康社区居住目标的研究，城镇人均住房建筑面积按 35 平方米来计算；而从用地分类上看，一般居住用地和商业用地会纳入容纳人口的计算范围内。据此，可容纳人口的等式为地块面积除以 35。

新建字段"容纳人口"，字段类型选择"短整型"（见图 9.29）。

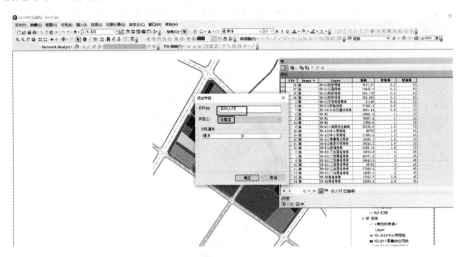

图 9.29　新建字段"容纳人口"

在"用地"图层的属性表中点击"按属性选择"，列式"Layer" = 'YD-R21 二类居住用地' OR "Layer" = 'YD-RB 商住用地'，然后点击"确定"。在属性表中点击"容纳人口"字段，选择"字段计算器"，列式"容纳人口 = ［面积］/35"，点击"确定"，即可计算出地块可容纳人口的数量（见图 9.30）。

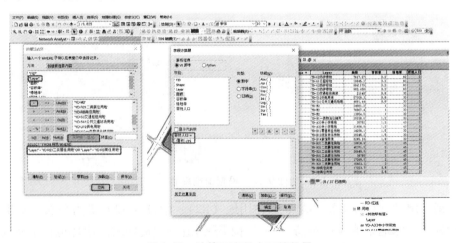

图 9.30　计算可容纳人口的数量

### 9.5.5.2　建筑面积

总建筑面积是指在建设用地范围内单栋或多栋建筑物地面以上及地面以下各层建筑面积之和，包含使用面积和公摊面积。建筑面积是根据用地面积和容积率计算出来的指标，是衡量地块开发建设总量的重要指标之一。

总建筑面积等于地块面积乘以容积率。具体操作上，新建"建筑面积"图层，图层类型选择"浮点型"（见图9.31）；右击"建筑面积"字段，打开"字段计算器"，列式"建筑面积=［地块面积］＊［容积率］"，点击"确定"，即可计算出各个地块的建筑面积总量（见图9.32）。

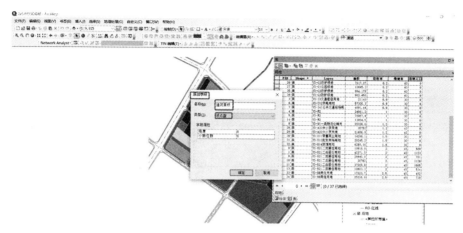

图 9.31　添加"建筑面积"字段

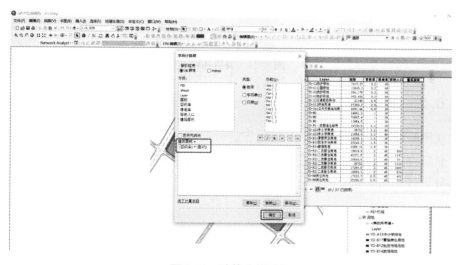

图 9.32　计算建筑面积

# 9.6　导出图纸

## 9.6.1　设置图幅

按照前面的操作流程完成相应操作后，最后需要将图层导出，形成标准的图纸。首先，需点击布局视图页面，设置出图的版面；其次，在工具栏中找到🖼，点开后根据需要选择图纸的大小，点击"完成"（见图9.33和图9.34）。

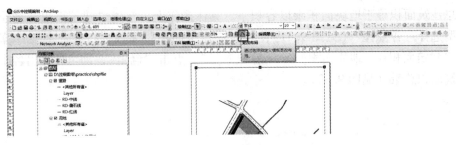

图 9.33　设置图幅Ⅰ

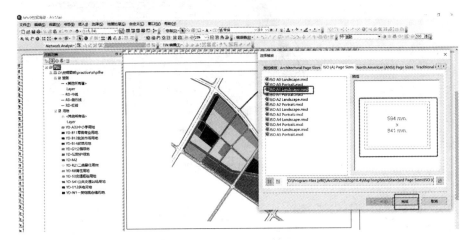

图 9.34　设置图幅Ⅱ

## 9.6.2　调整版面

完成图幅设置后，用户需对图纸内容进行调整。用 🔍 图标将版面设置在图层的画框中，然后点击 🖕 图标，将图层整体调整至版面的左侧，右侧区域放置图则、比例尺、图例等要素（见图 9.35）。

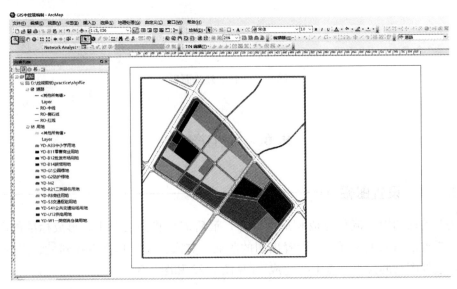

图 9.35　调整版面

### 9.6.3　设置标题与优化图纸边框

在工具栏中点击"插入"，选择"标题"，将标题命名为"控规图则"；双击文字，打开文字的属性，点击"更改符号"，即可在"符号选择器"中修改文字的颜色、字体、大小（见图9.36）。

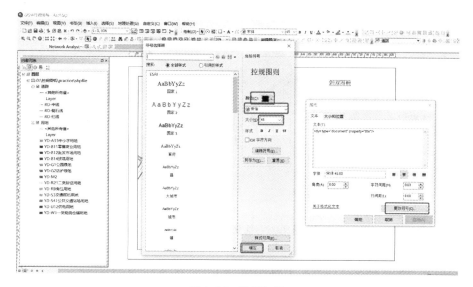

图 9.36　设置标题

选中位于左侧的原图层，进行复制粘贴，将复制的图层缩小并放置在图纸右上方，点击 全局视图，将图层调整至合适位置。在左侧图层栏中点击复制的小图层的"数据框属性"，可对边框大小进行调整，一般将图层边框调整为"无边框"（见图9.37和图9.38，需在图层属性中设置"无边框"模式，在"数据框属性"中点击"框架"，设置"边框"为"无"）。一般，不用显示小图层中的用地，也不用显示道路中心线，因此可关闭或删除这两个图层要素。

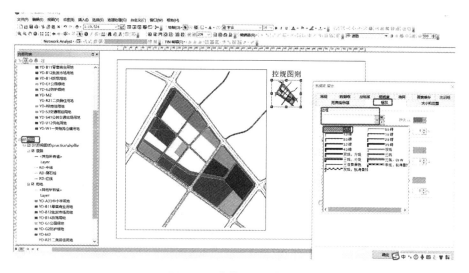

图 9.37　优化图纸边框 I

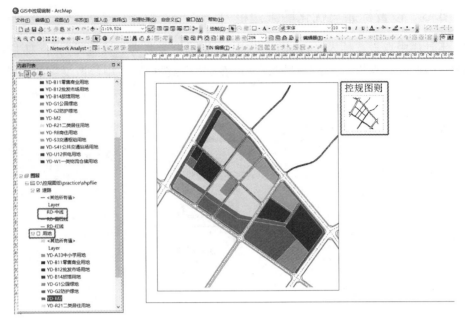

图 9.38 优化图纸边框Ⅱ

## 9.6.4 导入地块边界线（规划红线）

点击图层下的".dwg"文件，选择其中的"Polyline"元素，并将其导入操作界面；找到图层属性中的绘制图层，只选中"管理单元"，并点击"确定"（见图 9.39）；将"管理单元"保存至"控规图纸"的同名文件夹路径之下，将图层命名为"管理单元"（见图 9.40）。

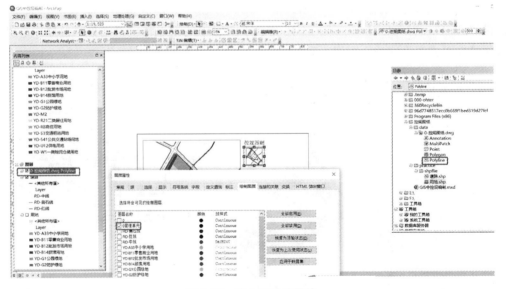

图 9.39 导入用地边界线

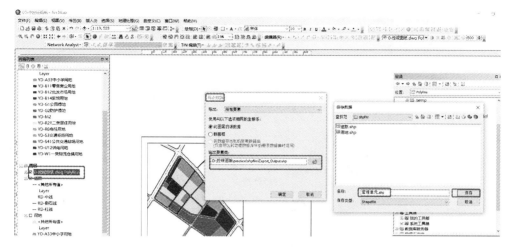

**图 9.40　导出用地边界线**

将"管理单元"导入操作界面，可在属性的"符号选择器"中修改其颜色、宽度和线型等内容（见图 9.41）。

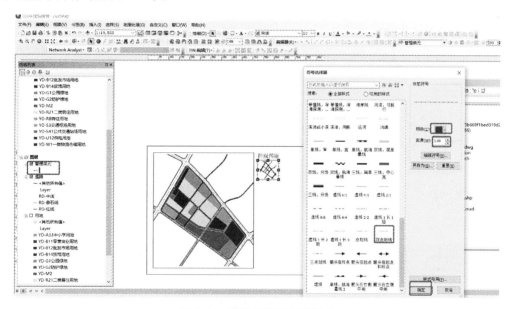

**图 9.41　设置用地边界线样式**

### 9.6.5　插入图例

选中主图层，在工具栏中点开"插入"，在"插入"中选择图例，图例项选择"用地"，点击下一步，可修改图例标题名称和图例标题字体属性（颜色、大小、字体等），修改完成后点击下一步，最后点击"完成"（见图 9.42 和图 9.43）。

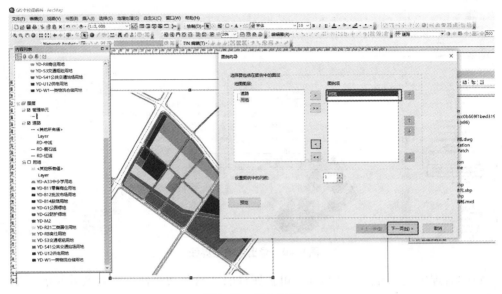

图 9.42　插入图例

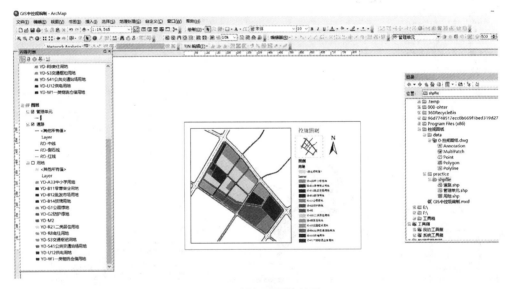

图 9.43　插入图例的效果

### 9.6.6　修改图例

用户可修改图例，删除不需要的内容，从而形成一个干净清爽的图层。右击"图例"，点击"转换为图形"，点击"取消分组"，删除"用地""<其他所有值>""Layer"等元素，删除后将图例要素全部选中，右击选择"合并为一个组"，将需要的元素合并为组，便于后期的调整工作（见图 9.44）。

图 9.44　图例处理

## 9.6.7　插入指北针

在工具栏中点击"插入",选择"指北针",可调整指北针的位置和大小(见图 9.45)。

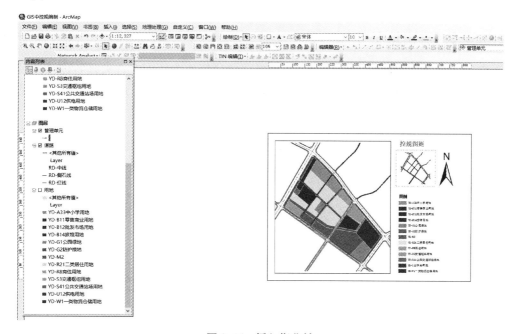

图 9.45　插入指北针

注意:如果需要制作详细的分图图则,用户可在图纸右侧对相关信息进行细化和完善,并采用文字形式描述重点控制指标。

## 9.6.8　保存图纸

点击"文件",找到"地图文档属性",在径名"存储数据源的相对路径名"前打钩,点击"确定"(见图 9.46)。

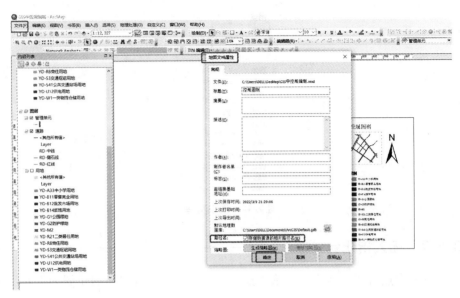

图 9.46　保存图纸

### 9.6.9　导出地图

点击"文件"，找到"导出地图"，将保存路径修改为练习文件夹，名称可命名为"控规图纸"，分辨率设置为"300"，点击"确定"，即可完成控规图则的导出（见图 9.47）。

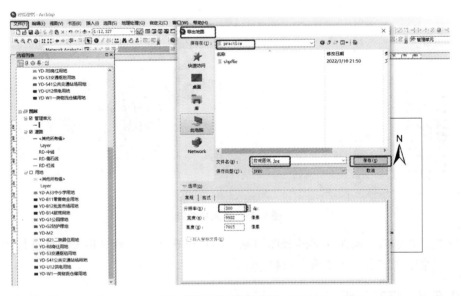

图 9.47　导出地图

注意：利用 GIS 制作控规图则，得到的数据比较精确。GIS 具有强大的分析计算功能，可计算多个强制性的控规指标并进行空间表达。在图纸制作过程中，可根据需要将处理后的地形图放至图层下方，从而形成完整的图面表达。

## 9.7　练习

容积率、绿地率、开发强度等均是详细规划的强制性指标，必须进行处理。本章练习内容为处理开发强度的可视化表达，将容积率按 0~0.5、0.51~1.2、1.21~1.8、1.81~2.5 划分，并按照前文所介绍的方法完成开发强度的可视化表达（见图 9.48）。

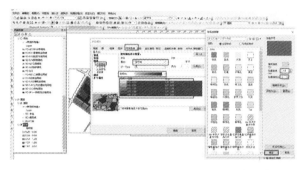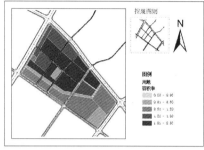

**图 9.48　开发强度的可视化表达**

# 10

# 居住区详细规划设计

## 10.1 基本概念

### 10.1.1 居住区相关内容

城市居住区是指城市中住宅建筑相对集中布局的地区,简称"居住区"。

十五分钟生活圈居住区:以居民步行十五分钟可满足其物质与文化生活需求为原则划分的居住区范围;一般由城市干路或用地边界线围合,居住人口规模为 50 000~100 000 人(17 000~32 000 套住宅),配套设施完善的地区。

十分钟生活圈居住区:以居民步行十分钟可满足其基本物质与文化生活需求为原则划分的居住范围;一般由城市干路、支路或用地边界线围合,居住人口规模为 15 000~25 000 人(5 000~8 000 套住宅),配套设施齐全的社区。

五分钟生活圈居住区:以居民步行五分钟可满足其基本生活需求为原则的居住区范围;一般由支路及以上城市道路或用地边界线围合,居住人口规模为 5 000~12 000 人(1 500~4 000 套住宅),配套社区服务设施的地区。

居住街坊:由支路等城市道路或用地边界线围合的住宅用地,是住宅建筑组合形成的居住基本单元,居住人口规模为 1 000~3 000 人(300~1 000 套住宅,用地面积 2 hm²~4 hm²),并建有便民服务设施。

居住区用地:城市居住区的住宅用地、配套设施用地、公共绿地以及城市道路用地的总称。

### 10.1.2 居住区布局要求

居住区应建设在安全、适宜居住的地段,并符合以下规定:
(1)不得在有滑坡、泥石流、山洪等自然灾害威胁的地段进行建设;
(2)与危险化学品及易燃易爆品等危险源的距离必须满足有关安全规定;
(3)存在噪声污染、光污染的地段,应采取相应的降低噪声和光污染的防护措施;

（4）土壤存在污染的地段，必须采取有效措施进行无害化处理，并达到居住用地土壤环境质量的要求。

### 10.1.3　居住区规划设计原则

居住区规划设计应坚持以人为本的基本原则，遵循适用、绿色、经济、美观的建筑方针，并符合下列规定：

（1）应符合城市总体规划及控制性详细规划；

（2）应符合所在地区的气候特点与环境条件、经济社会发展水平和文化习俗；

（3）应遵循"统一规划、合理布局，节约土地、因地制宜，配套建设、综合开发"的原则；

（4）应为老人、儿童、残疾人的生活和社会活动提供便利的条件和场所；

（5）应延续城市的历史文脉，保护历史文化遗产，并与传统风貌相协调；

（6）应采用低影响开发的建设方式，并采取有效措施促进雨水的自然积存、自然渗透和自然净化；

（7）应符合城市设计对公共空间、建筑群体、园林景观、市政等环境设施的有关控制要求。

## 10.2　图纸与准备

居住区规划属于修建性详细规划的范畴。

与控制性详细规划不同的是，修建性详细规划直接对建设项目做出具体的安排和规划设计，是城市总体规划和控制性详细规划的深化设计。本节以居住区规划为例，重点介绍修建性详细规划总平面图的绘制方法。

修建性详细规划是以总体规划、分区规划、详细规划为依据，制定用以指导各项建筑和工程设施的设计和施工的规划设计。根据《城市规划编制办法》，修建性详细规划的内容如下：

①建设条件分析及综合技术经济论证；

②建筑、道路和绿地等的空间布局和景观规划设计，布置总平面图；

③对住宅、医院、幼托等建筑进行日照分析；

④根据交通影响分析，提出交通组织方案和设计；

⑤市政工程管线规划设计和管线综合；

⑥竖向规划设计；

⑦估算工程量、拆迁量和总造价，分析投资收益。

各类修建性详细规划中，居住区规划是最为常见的一类。居住区规划是满足居民的居住、工作、休息、文化教育、生活服务、交通等方面要求的综合性建设规划，是实现控规的重要步骤，并在一定程度上反映了一个国家不同时期的社会政治、经济科学、思想文化等技术的发展水平。

根据《城市规划编制办法》，居住区规划成果包括规划说明书和图纸。其中，图纸成果应当包括规划范围现状图、规划总平面图、竖向规划图、反映规划设计意向的透视图等。本节仅介绍比较重要的规划总平面图的绘制方法。

居住区修建性详细规划的图纸准备方面存在以下两种情况：

（1）对于没有矢量化的地形图，在计算机应用初期，用户应将手绘和纸质资料矢量化，以便在计算机上进行应用。例如，通过扫描仪将手绘地形图保存为文件，并利用专门软件对其矢量化，在此基础上进行修改、保存，得到便于计算机应用的文件。图纸矢量化软件有很多，用户可以根据精度要求灵活选用软件。

（2）对于已经矢量化的地形图，地形图一般由业主方提供，但规划设计人员同样要进行现状勘察，为规划设计收集相关资料，并对地形图进行处理与分析，使其成为一张完整的规划工程图。

在编制居住区规划前，用户需要掌握重点图纸的具体内容。

（1）用地现状图。

在进行修建性详细规划前，用户应先导入业主方提供的并进行了调整的地形图，用其进行规划地块的现状分析，制出规划地块的现状图。用户需要对规划用地各个方面进行分析，包括自然条件分析、建设条件分析、区位分析以及与规划布局有关的外部条件分析等。根据需要，用户使用 AutoCAD 做好布局，制作用地地类、道路交通、河流水系等现状分析图，为以后的工作打好基础。

（2）规划总平面图。

规划总平面图是居住区规划中最为核心的图纸，因此规划总平面图显得尤为重要。一般情况下，规划总平面图是在现状调查与分析较为充分的基础上进行的总体布局，内容包括地块规划红线，容积率，建筑后退红线，规划住宅建筑户型、数量、密度、层数、布局方式，规划公共服务设施的内容、规模、数量、标准、分布方式，规划的小区各级道路的宽度、断面、布局方式、对外出入口的位置、停车位数量和停车方式等，规划绿地、活动、休憩等室外场地的数量、分布和布置方式等。

（3）道路系统规划图。

道路系统规划图是在合理的总平面布局基础上规划出的较为完整的小区内部的道路系统。居住区内住宅、公共服务设施、绿地等均应通过居住区内部各等级道路构成一个互相协调、有机联系的整体。根据道路系统的不同形式与功能，用户在制作过程中应对道路类型、分级和宽度进行设计，并将各条道路具体的设计参数用图例予以准确标注，绘制出各个层级道路的断面图，达到清晰协调并符合规范标准的图面效果，最终形成道路系统规划图。

（4）绿地系统规划图。

绿地系统规划图在已有的总平面图基础上进行绿化景观分析，图面要求表达出主要的景观节点、主要的景观视廊等，其色彩搭配、植物配置等表达方式可以有所不同，但最终完成的图面效果要清晰明了，能够准确地表达用户的设计理念和思想。

# 10.3 绘制流程

居住区规划图纸的绘制流程如下：

（1）新建总图文件。

在进行图形绘制前，需新建一个 DWG 文件，将其命名为"居住区总平面图.dwg"，并确定合适的绘图比例。一般情况下，居住区规划图纸中的 1 个单位对应于现实生活中 1 m。

（2）设置图层。

在设置图层时应遵循规范化、分层清晰合理、不设置过多图层等原则。图层线型和颜色应该按照规范并结合图面要求和设计理念来进行设置。为方便管理，各图层上的图元应具有随层特性，尽量避免图层内的图元单独设置颜色、线型等。图层的添加可根据绘图顺序进行，也可以在绘制前一次性添加所有的图层。

（3）引入现状要素。

在绘制规划总平面图前，应先导入地形图。矢量地形图可以用外部参照的方式导入，或以块的方式引入；光栅图的引入则可使用 Image 命令，也可在工具栏"插入"中点击"光栅图像参照"。如果以光栅图作为地图，插入时则应该设置合适的比例，比例的设置以规划图或 1 个绘图单位的实际距离为 1 m 为宜。对于矢量地形图，1 个绘图单位一般为 1 m，无须调整比例。引入地形图时应该选用合适的插入点，对于矢量地形图而言，一般采用坐标（0，0，0）作为插入点，以确保地形要素的平面坐标不发生偏移。

（4）引入上位规划要素。

上位规划包括城市总体规划、控制性详细规划等。绘制居住区规划图纸时应以这些上位规划为依据，包括已引入的规划道路、重要控制线等要素。可通过"写块"（wblock）命令将这些要素从上层次规划的相关图纸中提取出来，然后插入至正在操作的规划总平面图中，在插入块时勾选"分解"复选框。

（5）确定规划范围。

居住区规划的范围通常由业主方根据地块大小、规划指标落实等具体情况提前确定。规划范围直接决定居住区的规模，也决定了配套设施的等级和规模。

（6）绘制道路网。

根据规划设计方案在地形图上确定道路中心线，绘制除宅间小路之外的小区内部道路，并对道路交叉口进行修剪。需注意的是，在居住区规划中，交通干道的红线在交叉口处应该为折线，折线的相关数据依据转弯视距等进行计算。

（7）绘制住宅、公建、公共绿地。

住宅、公建、公共绿地是居住区规划的主体，这一阶段主要涉及住宅的排布、公共建筑类型及布局、绿地系统的设计等。在绘制居住区规划总平面图时，住宅建筑往往已具备设计好的相关的户型图，用户可以采用插入块或外部引用等方式进行批量复制。

（8）绘制宅间小路、配套设施和配套植物。

用户应根据已确定的住宅等建筑绘制入户小路，并配套相关的游憩休闲设施和植物。需要注意的是行道树的绘制方法，对于较为平直的道路，行道树可采用阵列的方式进行绘制。当道路为包含弧线段的多段线时，行道树可以使用"定距等分"（measure）命令，以插入块的方式进行绘制。另外，用户也可以沿着道路红线对行道树进行复制粘贴。

（9）用地平衡。

初步确定规划方案后，用户应该根据标准调整居住区内各项用地的所占比例，并制作用地平衡表和经济技术指标表。

各项用地划分标准如下：

①居住区用地界线。居住区以道路为界时，如属城市道路，则以居住区一侧的道路红线为界；如属居住区道路，则以道路中心线为界；如属公路时，则应以贴近居住区一侧的公路边线为界；同天然或人工障碍物相邻时，以障碍物用地边界线为界。经评定，认为不适于建造的用地不属于居住区用地，不参与用地平衡的指标计算。规划用地范围内不属于居住区用地的专用地或布置居住区级以上公共建筑项目的用地不计入居住区用地，居住区工业用地也应扣除。

②住宅用地。住宅用地是住宅建筑基底占地及其四周合理间距内的用地（含宅间绿地和宅间小路等）的总称。计算住宅用地时，一般以居住区内部各种道路（宅前宅后小路除外）为界；与绿地相接的，如果没有路或其他明显界线时，住宅前后日照间距的一半及住宅两侧1.5 m范围内的用地计入住宅用地；与公共建筑相邻时，以公共建筑用地边界作为住宅用地的边界。

③公共服务设施用地。有明确界线的公共建筑，如幼托等，均按实际使用界线计算；无明显界线的公共建筑，则按实际所占用地计算，有时也可按定额计算；当为底层公建住宅或住宅公建综合楼时，按住宅和公建各占该栋建筑的总面积的比例分摊用地，并分别计入住宅用地或公建用地；底层公建突出于上部住宅、占有专用院场、因公建需后退红线的用地，均应计入公建用地。

④道路用地。当规划用地外围为城市支路或居住区道路时，道路面积按红线宽度的一半计算，规划用地内的居住区内道路按红线宽度计算，小区路、组团路按道路路面实际宽度计算。当小区路设有人行道时，后者应计入道路面积，停车场也应包括在道路用地内，宅间小路不计入道路面积。

⑤公共绿地。公共绿地指规划中确定的居住区公园、小区公园、住宅组团绿地，不包括满足日照要求的住宅间距之内的绿地、公共服务设施所属绿地和非居住区内范围内的绿地。

在居住区规划设计中，一般情况下均须计算综合技术经济指标，并将该表绘制于规划总平面图中。

当住宅建筑采用低层或多层高密度布局形式时，居住街坊用地与建筑控制指标应符合一定规范（见表10.1）。

表 10.1　低层或多层高密度居住街坊用地与建筑控制指标

| 建筑气候区划 | 住宅建筑层数类别 | 住宅用地容积率 | 建筑密度最大值/% | 绿地率最小值/% | 住宅建筑高度控制最大值/% | 人均住宅用地面积/平方米/人 |
|---|---|---|---|---|---|---|
| Ⅰ、Ⅶ | 低层（1~3层） | 1.0、1.1 | 42 | 25 | 11 | 32~36 |
| | 多层（4~6层） | 1.4、1.5 | 32 | 28 | 20 | 24~26 |
| Ⅱ、Ⅵ | 低层（1~3层） | 1.1、1.2 | 47 | 23 | 11 | 30~32 |
| | 多层（4~6层） | 1.5~1.7 | 38 | 28 | 20 | 21~24 |
| Ⅲ、Ⅳ、Ⅴ | 低层（1~3层） | 1.2、1.3 | 50 | 20 | 11 | 27~30 |
| | 多层（4~6层） | 1.6~1.8 | 42 | 25 | 20 | 20~22 |

注：①住宅用地容积率是居住街坊内住宅建筑及其便民服务设施地上建筑面积之和与住宅用地总面积的比值；②建筑密度是居住街坊内住宅建筑及其便民服务设施建筑基底面积与该居住街坊用地面积的比率（%）；③绿地率是居住街坊内绿地面积之和与该居住街坊用地面积的比率（%）。

新建各级生活圈居住区应配套规划建设公共绿地，并应集中设置具有一定规模且能开展休闲、体育活动的居住区公园，公共绿地控制指标应符合一定规范（见表 10.2）。

表 10.2　公共绿地控制指标

| 类别 | 人均公共绿地面积/平方米/人 | 居住公园 | | 备注 |
|---|---|---|---|---|
| | | 最小规模/hm² | 最小宽度/m | |
| 十五分钟生活圈居住区 | 2 | 5 | 8 | 不含十分钟生活圈及以下级居住区的公共绿地指标 |
| 十分钟生活圈居住区 | 1 | 1 | 50 | 不含五分钟生活圈及以下级居住区的公共绿地指标 |
| 五分钟生活圈居住区 | 1 | 0.4 | 30 | 不含居住街坊的绿地指标 |

注：居住区公园中应设置10%~15%的体育活动场地。

配套设施用地及建筑面积控制指标应按照居住区分级对应的居住人口规模进行控制，并符合一定规范（见表 10.3）。

表 10.3　配套设施控制指标　　　　单位：平方米/万人

| 类别 | | 十五分钟生活圈居住区 | | 十分钟生活圈居住区 | | 五分钟生活圈居住区 | | 居住街坊 | |
|---|---|---|---|---|---|---|---|---|---|
| | | 用地面积 | 建筑面积 | 用地面积 | 建筑面积 | 用地面积 | 建筑面积 | 用地面积 | 建筑面积 |
| 总指标 | | 1 600~2 910 | 1 450~1 830 | 1 980~2 660 | 1 050~1 270 | 1 710~2 210 | 1 070~1 820 | 50~150 | 80~90 |
| 其中 | 公共管理与公共服务设施（A类） | 1 250~2 360 | 1 140~1 380 | 1 890~2 340 | 730~810 | — | — | | |
| | 交通场站设施（S类） | — | — | 70~80 | — | — | — | | |
| | 商业服务业设施（B类） | 350~550 | 320~450 | 200~240 | 320~460 | — | — | | |

| 类别 | | 十五分钟生活圈居住区 | | 十分钟生活圈居住区 | | 五分钟生活圈居住区 | | 居住街坊 | |
|---|---|---|---|---|---|---|---|---|---|
| | | 用地面积 | 建筑面积 | 用地面积 | 建筑面积 | 用地面积 | 建筑面积 | 用地面积 | 建筑面积 |
| 社区服务设施（R12/R22/R32） | | — | — | — | — | 1 710~2 210 | 1 070~1 820 | — | — |
| 便民服务设施（R11/R21/R31） | | — | — | — | — | — | — | 50~150 | 80~90 |

注：①十五分钟生活圈居住区指标不含十分钟生活圈居住区指标，十分钟生活圈居住区指标不含五分钟生活圈居住区指标，五分钟生活圈居住区指标不含居住街坊指标。②配套设施用地应含与居住区分级对应的居民室外活动场所用地；未含高中用地、市政公用设施用地，市政公用设施应根据专业规划确定。

居住区综合技术指标如表10.4所示。

### 表10.4 居住区综合技术指标

| 项目 | | | | 计量单位 | 数值 | 所占比重/% | 人均面积指标/平方米/人 |
|---|---|---|---|---|---|---|---|
| 各级生活圈居住区 | 居住区用地 | 其中 | 总用地面积 | hm² | ▲ | 100 | ▲ |
| | | | 住宅用地 | hm² | ▲ | ▲ | ▲ |
| | | | 配套设施用你的 | hm² | ▲ | ▲ | ▲ |
| | | | 公共绿地 | hm² | ▲ | ▲ | ▲ |
| | | | 城市道路用地 | hm² | ▲ | ▲ | — |
| | 居住总人口 | | | 人 | ▲ | — | — |
| | 居住总套（户）数 | | | 套 | ▲ | — | — |
| | 住宅建筑总面积 | | | 万平方米 | ▲ | — | — |
| 居住街坊指标 | 用地面积 | | | hm² | ▲ | — | ▲ |
| | 容积率 | | | — | ▲ | — | — |
| | 地上建筑面积 | | 总面积 | 万平方米 | ▲ | 100 | — |
| | | 其中 | 住宅建筑 | 万平方米 | ▲ | ▲ | — |
| | | | 便民服务设施 | 万平方米 | ▲ | ▲ | — |
| | 地下建筑面积 | | | 万平方米 | ▲ | ▲ | — |
| | 绿地率 | | | % | ▲ | — | — |
| | 集中绿地面积 | | | m² | ▲ | — | ▲ |
| | 住宅套（户）数 | | | 套 | ▲ | — | — |
| | 住宅套均面积 | | | m² | ▲ | — | — |
| | 居住人数 | | | 人 | ▲ | — | — |
| | 住宅建筑密度 | | | % | ▲ | — | — |
| | 住宅建筑平均层数 | | | 层 | ▲ | — | — |
| | 住宅建筑高度控制最大值 | | | m | ▲ | — | — |
| | 停车位 | | 总停车位 | 辆 | ▲ | — | — |
| | | 其中 | 地上停车位 | 辆 | ▲ | — | — |
| | | | 地下停车位 | 辆 | ▲ | — | — |
| | | | 地面停车位 | 辆 | ▲ | — | — |

注：▲为必列指标。

（10）文字标注。

在完成用地平衡操作后，应添加新的汉字字体，设置适宜的字体高度，选择合适的汉字输入方式，在文字标注层上标注建筑和设施名称、建筑层数等。其中，可以用点表示法和数字表示法表示建筑导数。一般情况下，对于层数较低（6层以下）的建筑，可以用点标注导数，对于导数较高的建筑，应当用数字标注层数。当图纸上没有足够的空间标注建筑和设施名称时，可以用序号进行标注，并在图例中说明建筑和设施的名称或类型。

（11）其他要素的绘制。

在居住区规划中，可以不绘制风玫瑰图；指北针的绘制可参考一般地图的指北针样式；绘制城市规划图时一般采用数字比例尺和形象比例尺，以免图纸的实际比例与数字比例尺不符。

# 10.4  住宅单体的绘制

在单体设计阶段，用户可利用 AutoCAD 对建筑单体设计平面图等进行绘制与修改，并且可利用查询功能对建筑的面积、开间和进深等进行查询，也可对主要的技术经济指标进行计算。

与规划设计图的尺寸单位不同的是，建筑单体设计图的单位一般以毫米为单位，因此，在 AutoCAD 绘制过程中，一般 1 个单位表示 1 毫米，并且在建筑设计中要根据一定的建筑模数（如 300、600、1 200 等）进行设计。

在居住区设计中，用户要根据地块指标要求、与周边地块强度高度协调需求等确定户型和户型比例。选定户型的方式一般有两种：

①根据业主方诉求选用已设计好的户型。一般在已有的设计图库中可调取这类户型图，不用设计人员自己设计，此种方法的绘图效率较高。

②自己设计户型图。在实际设计过程中，受地形限制或甲方委托等客观因素影响，设计图库中的户型图不能满足甲方需求，这时则需要自行进行设计户型图。

住宅建筑设计应提供不同的套型居住空间供用户选择。户型是根据住宅家庭人口构成（如家庭构成、人员规模等）的不同而进行划分的住户类型。套型是指为满足不同户型的生活居住需要而设计的不同类型的成套居住空间。

为更好地满足客户需求，住宅户型和套型设计为业主和客户提供更多的居住空间选择，这既取决于住户家庭的人口构成和生活模式，又与住户对居住环境的心理和生理需求密切相关。同时，也受小区内部空间关系组合、技术经济条件和社会关系等的影响。

户型设计需考虑以下几点：

①以安全、坚固为根本，兼具实用和美观。

②以人为本，必须考虑用户体验和功能分区。

③朝向、通风良好。

④符合城市规划及居住区设计的规范，建筑设计与周边环境相协调，创造方便、

舒适、优美的宜居空间。

⑤采光良好，尽量避免黑房间。

⑥在满足近期使用要求的同时兼顾后期其他功能改造的可能性。

因此，建筑户型设计要满足业主需求，在设计之前，设计者应对住户群体进行广泛的社会调查和需求摸底，充分了解用户需求，这样才能设计出符合市场预期的住宅建筑。

本例设置了3种户型，户型平面图如图10.1至图10.3所示。

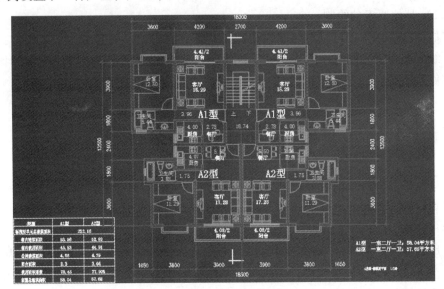

图 10.1　户型平面图 I

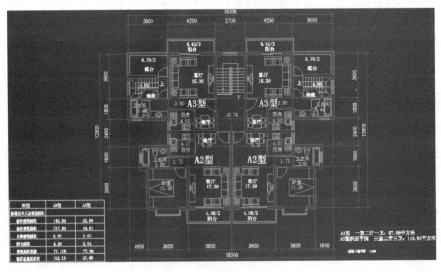

图 10.2　户型平面图 II

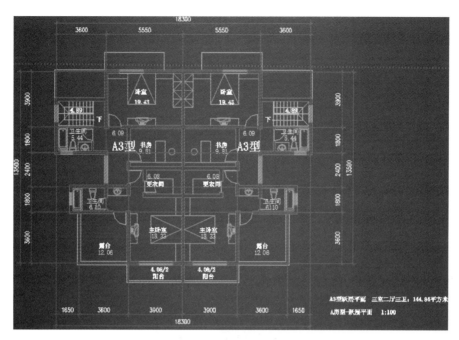

图 10.3　户型平面图Ⅲ

# 10.5　绘制小区的规划道路网

用户应在综合考虑居住区人口规模、规划布局形式、用地周围的交通条件、交通设施发展水平等因素的基础上设计小区道路网。

居住区内道路一般分为车行道和步行道两类。车行道是居住区道路系统的主体，担负着居住区与内外连通的机动车与非机动车的交通流量。车行道应绘出道路中心线，并处理好道路交叉口间的关系，与外界城市道路相连通。步行道往往与居住区各级绿地系统相结合，起着联系各类绿地、户外活动场地和公共建筑的作用。

小区的内外联系道路应通畅、安全、便捷，既要避免往返迂回，又要避免对穿的路网布局，便于消防车、救护车、商店货车和垃圾车等的通行。需要注意小区出入口的位置，小区出入口应该实行人车分流，避免在城市主干道上开口，一般小区的出入口应设置两个，以满足小区内外联系的需要。同时，不同类型的路网结构对小区内部功能组织有很大影响。

居住区内的道路应当按照分级规范来布置，以满足居住区不同的交通功能要求，形成安全、安静的交通系统和居住环境。居住区内道路可分为居住区道路、小区路、组团路和宅间小路四级，其道路宽度应符合以下规范。

居住区道路：红线宽度不宜小于 20 m；

小区路：路面宽 6~9 m，建筑控制线之间的宽度，须敷设供热管线的不宜小于 14 m；

组团路：路面 3~5 m，建筑控制线之间的宽度，采暖区不宜小于 10 m，非采暖区不宜小于 8 m；

宅间小路：路面宽度不宜小于 2.5 m。

在 AutoCAD 中绘制规划工程图时，设计者要根据地形图和规划设计草图绘制出小区主要道路体系，绘制道路时采用的命令主要有直线、多段线、倒角等。一般而言，车行道比较平直顺畅，人行道的宽度和角度等较为灵活。

### 10.5.1　道路中心线

在本例中，首先绘制小区周围的道路中心线；将新建的"RD-中线"图层置为当前图层，使用 Pline 多段线命令绘制出道路中心线；根据图形需要，运用"pr"命令（PROPERTIES）在弹出的"特性"选项板中对"RD-中线"图层的线型、线型比例、线宽等属性进行调整；然后使用 trim（修剪，快捷键为 TR）、explode（炸开，快捷键为 EX）等命令对道路中心线进行修改和完善。居住区道路中心线绘制效果如图 10.4 所示。

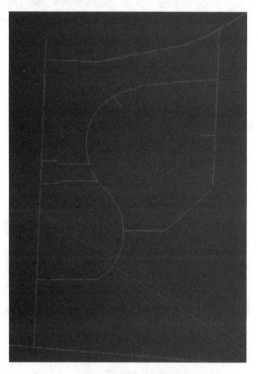

图 10.4　居住区道路中心线绘制效果

### 10.5.2　道路红线

在"图层特性管理器"中新建图层，将其命名为"道路红线"，使用 offset 命令绘制出小区内主要道路和小区周边主要的城市道路红线（见图 10.5）。

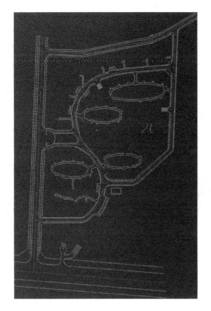

图 10.5　小区内部道路体系图

### 10.5.3　路缘石线

路缘石线的绘制主要使用 offest 偏移命令。单击"图层特性管理器"，新建"道路路缘石线"图层，并设置为当前图层。根据设计的道路宽度，使用 offset 命令将道路中心线进行偏移，并将偏移之后的对象全部转化为"道路路缘石线"图层上的元素。在道路交叉口使用 fillet 倒角命令绘制道路圆角，命令如下所示。

命令：fillet

当前设置：模式＝修剪，半径＝15.0000

选择第一个对象或［放弃(U)／多段线(P)／半径(R)／修剪(T)／多个(M)］：R

指定圆角半径<20.0000>：1500

选择第一个对象或［放弃(U)／多段线(P)／半径(R)／修剪(T)／多个(M)］：

选择第二个对象，或按住 Shift 键选择要应用角点的对象。

## 10.6　建筑布局

小区规划设计中的建筑布局要充分考虑小区整体的容积率、建筑高度、建筑密度，以及各建筑间的日照等因素。同时还应配备相应的幼儿园、体育设施、文化设施等，以及服务于小区和周边地块的商业设施等。小区内部的建筑主要有居住建筑、商业建筑、幼儿园等公共建筑、配套设施用房等。

小区住宅排布的方式一般有行列式、周边式、点群式、混合式等几种排列方式，住宅排布方式的确定应综合考虑场地的特点和规划设计要求以及当地的采光、通风等规定要求。在绘制居住区规划总平面图之前，一般住宅建筑设计已完成。为了减少工

10

居住区详细规划设计

·301·

作量，用户在住宅排布中多将住宅制作成块，用插入块或复制粘贴的方式批量排布住宅（见图10.6）。

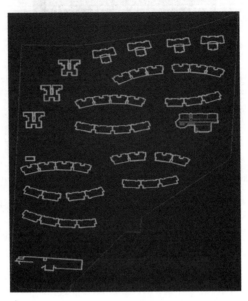

图 10.6　小区内建筑布局图

为方便操作，用户可以通过 AutoCAD 的设计中心插入块。通过设计中心，用户可以将原图形中的任何内容如块、图案填充到当前图形中，使之成为当前图形的一部分。原图形可以位于本地，也可以位于某网络驱动器或网站上。

使用设计中心的方法如下：

①浏览计算机、网络驱动器和 Web 网页上的内容（如图形或者符号库等）；

②在定义表中查看图形文件中命名对象（如块和图层）的定义，然后将定义插入、附着、复制和粘贴到当前图形中；

③更新（重新定义）块定义；

④创建指向常用图形、文件夹和 Internet 网址的快捷方式；

⑤将图形、块和填充拖动到工具选项板上以便于访问。

# 10.7　绘制宅间道路及环境景观

## 10.7.1　宅间道路绘制

完成小区内建筑布局后，用户应根据规划设计完成内部的组团内部道路、入户道路及其他道路，使用到的命令有直线（line）、弧线（arc）、偏移（offset）、剪切（trim）等。绘图应在相对应的图层上进行操作，这样有便于后期根据各个图层的需要进行相对应的修改。宅间小路绘制效果如图10.7所示。

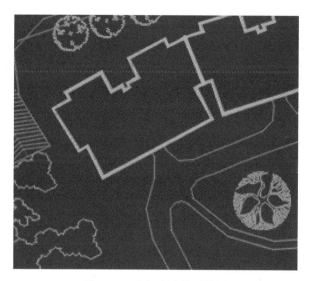

图 10.7　宅间小路绘制效果

## 10.7.2　绿地和水面绘制

公共绿地和水面一般具有不规则边界，用户可使用"PL"命令勾绘边界，并使用"Pedit"命令对其进行修改。选择"Pedit"命令中的"样条曲线"选项，可以使边界更为平滑；可以在使用"Pline"命令时选择"圆弧"选项，也可达到平滑边界的效果。

在绘制水面、草丛等曲面元素时，若多段线中圆弧的形状无法令人满意时，用户可以通过变换"角度（A）""圆心（CE）""方向（D）"等参数绘制多段线中的圆弧。用户可以连续使用"Pline"命令中的"圆弧"选项绘制水面。

在图纸中，草地可以使用 AutoCAD 中的填充图案绘制；可以留白，不做处理；可以在后续处理中使用颜色表示。灌木的图例可以用"云线"（revcloud）命令绘制，也可以直接引用 AutoCAD 数据库中的图例。关于 AutoCAD 中的绿地、草坪等，用户可在后续 Photoshop 的处理中加以完善。

观赏植物多使用插入方式绘制，用户可以在 AutoCAD 已有的图库中选取与规划地块当地环境相适宜的植物，将其导入图纸中；也可以在后期将 CAD 文件转换为光栅文件，然后导入 Photoshop，再进行优化完善。一般，第三方的 AutoCAD 图库中均有观赏的植物配置的图例（见图 10.8 和图 10.9）。

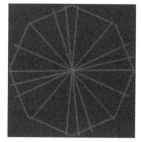

图 10.8　银杏、法国梧桐、樟树

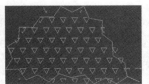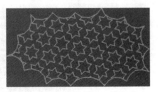

图 10.9　金叶女贞、龟甲冬青、大花蔷薇

用户可以采用等距插入的方式绘制行道树，绘制步骤如下：创建图层颜色为绿色的新图层，命名为"行道树"，将其设置为当前图层；打开 AutoCAD 的行道树图例库，选取适合规划区域的行道树元素；将该元素以中心对称的方式布局到道路红线上，并沿道路红线复制粘贴。在操作过程中用户可以把 6 棵树作为一个单位，沿道路方向进行重复复制，这样可提高绘图的效率。

小区内部绿化景观如图 10.10 所示。

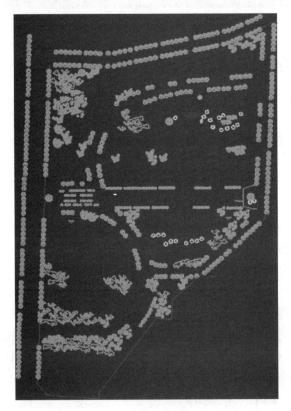

图 10.10　小区内部绿化景观

### 10.7.3　小区铺装

在小区设计中，用户需要对人行道、车行道、社区绿地、中心广场等区域进行铺装美化，以增强 AutoCAD 图面的表达。首先是创建"铺装"图层，在命令窗口中输入"hatch"（填充）命令，输入"T"（设置），打开"图案填充和渐变色"图框，点击"图案"后的 ⊡ ，打开"填充图案选项板"，在此对话框中可选择不同的填充图案和

不同的颜色。本案例采用"ANGLE"样式进行铺装填充。在"图案填充和渐变色"对话框中,用户可根据填充区域的方向和尺度调整填充的"角度"和"比例",设置合理的数值,使得图面与真实环境相似,以保证 AutoCAD 图面的真实性,达到美化图面的效果(见图 10.11)。

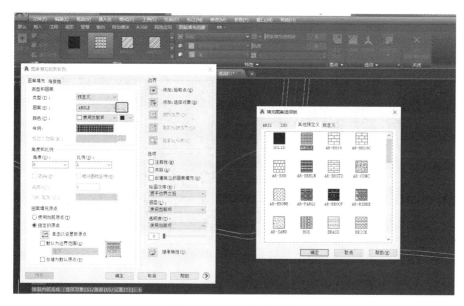

**图 10.11 小区铺装设置**

"类型和图案"设置完成后,在"边界"中可选择"添加:拾取点"或"添加:选择对象"方式填充图案。采用"添加:拾取点"方式时,图案必须为闭合图形;采用"添加:选择对象"方式时,选取的对象要形成一个闭合图形。若填充的对象没有在同一平面闭合,在 AutoCAD 中是无法进行填充的。

单击"添加"按钮,系统暂时关闭"边界图案填充"对话框,用户可以通过"添加:拾取点"或"添加:选择对象"的方式处理,如果出现填充图案预览,则边界选区成功。按 Enter 键确定,预览填充图案,若图案填充得太密集,系统就会弹出"图案填充-密集填充图案"对话框;如果边界选区不成功,系统就会弹出"图案填充-边界定义错误"对话框。

如果填充不成功,用户应修改边界或修改"允许的间隙"数值。如果边界比较复杂,如由多个图层对象构成,多条直线重合,图层要素在多个平面上,那么系统可能无法完全识别边界,无法找到准确的闭合边界,就不能完成图案的填充。因此在绘图过程中用户应规范作图。

填充成功后,用户要对填充比例进行调整,以达到真实美观的效果。用户可以单击图案填充部分,在"图案填充编辑器"工具栏中输入新的图案填充比例,最后完成铺地的填充操作。

用户应对相关区域进行逐一填充,并根据需要调整填充图案与效果,最终形成完善的图面效果。

绘制完组团、宅间道路等后,就完成了住宅小区规划图的主要部分,然后可绘制小区内的景观小品,如走廊花架、水体喷泉、休闲广场等。根据设计方案,用户使用图形绘制的基本命令即可完成。其中，有些硬质铺装以及水体等需要使用填充命令绘制，有些硬质铺装需要根据草图使用阵列等命令绘制。在绘图过程中，用户应根据实际情况合理选用相应命令，不仅可以提高绘图效率，还可以增强图面效果。

小区树木是环境景观规划中的一个重要组成部分。用户需要根据小区所在地域的气候条件、地质环境以及周边环境进行合理的植物配置。用户应根据植物不同的造型绘制不同的图形，如针叶树和阔叶树等。同样，用户也可以在图形库中选取相应植物与乔木、灌木、草木等相搭配（见图10.12）。

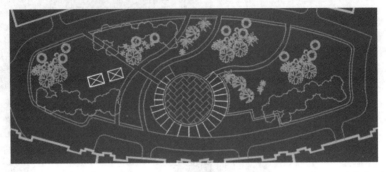

图 10.12　小区景观小品设置

# 10.8　技术经济指标

### 10.8.1　插入表格

小区规划设计中的技术经济指标是衡量小区整体居住品质的重要指标，技术经济指标通常以表格形式列出。

在绘图区域插入设置好的表格。规划方案图中的表格相对复杂，用户要对插入的表格进行修改，所以用户要充分了解表格的项目。用户可手绘出表格的草图，以便在AutoCAD中对表格进行有目的的修改。在 AutoCAD 中，用户须在默认菜单中找到"注释"，点击"注释"中的"表格"，点开后可根据绘图需要调整表格样式（见图10.13和图10.14）。

图 10.13　表格工具栏

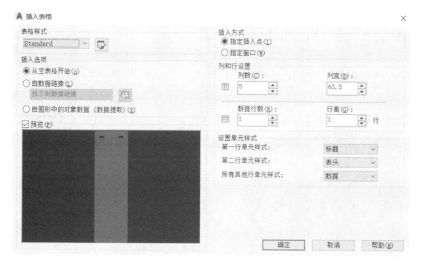

图 10.14　插入表格

修改表格样式。单击表格的边框直线，可选择整体表格。点取任意一个标记点，均可将表格拖动到任意位置，表格样式也随之改变。

在绘图区中单击右键，在弹出的快捷菜单中选择"特性"选项，打开"特性"选项板。单击表格标题栏内的空白处并选择标题栏，"特性"选项板中会显示表格标题栏的各种参数属性（见图 10.15）。

图 10.15　表格样式处理

对于有其他特殊要求的表格项目，用户可以用相同的方法修改属性。在 AutoCAD 中，用户还可以通过合并单元格、添加单元格、删除单元格等方式对表格进行修改。其中，合并单元格可以通过以下方式：

选择一个单元格，然后按住 shift 键并在另一个单元格内单击，可以同时选择这两个单元格以及它们之间的所有单元格。单击单元格并拖动到其他单元格内，然后释放鼠标；选择需要合并的单元格，右击，然后在快捷菜单中选择"合并"命令。

要创建多个合并单元格，可使用以下方式：

按行，即水平合并单元格，方法是选中须合并的一行表格，右键单击，选择"合并"，删除垂直网格线，并保持水平网格线不变。

按列，即垂直合并单元格，方法是选中须合并的一列表格，右键单击，选择"合并"，删除水平网格线，并保持垂直网格线不变。

全部，即合并所选择的单元格，方法是选中须合并的表格，右键单击，选择"合并"。

用户也可根据需要隐藏表格的外框线。选中表格，右键单击，选择"边框"，打开"单元边框特性"，点击相关隐藏边框符号，即可完成边框线的隐藏（见图10.16）。

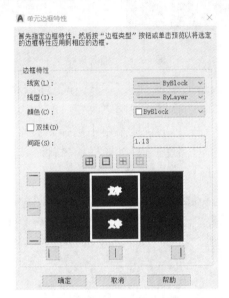

图 10.16　表格框线处理

其他项目的修改操作相对比较简单，用户可根据需要对表格进行修改。

技术经济指标表格的制作方法较为简单，表格完成效果如图10.17所示。

图 10.17　表格完成效果

双击表格单元，该单元背景颜色变为灰色，即可在表格单元中输入文字、数据等。同时系统弹出"文字编辑器"窗口，如图 10.18 所示。

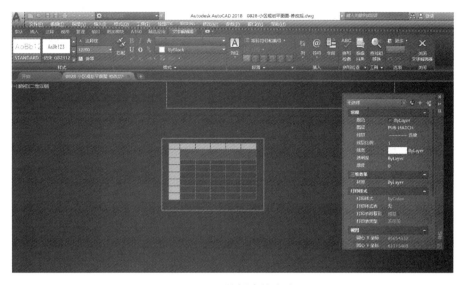

图 10.18　编辑表格内容

用户可以在"文字编辑器"窗口修改输入文字的样式、字体、高度等。输入完成后按 Enter 键，完成单元格的输入，系统将直接转入下一个单元格，按 Esc 键可退出操作。

表格设置完成后，用户可以在 AutoCAD 中查询表格的相关数据，如面积、长度等。操作方法为在命令窗口输入 list 命令，命令窗口显示的内容如图 10.19 所示。

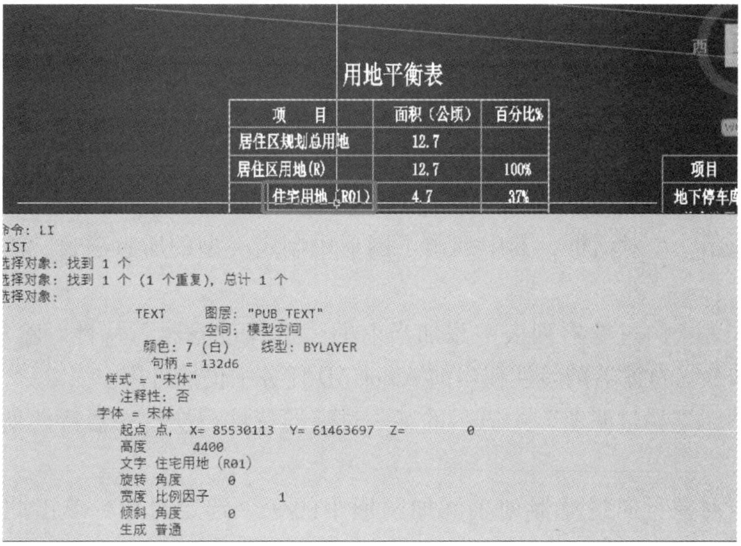

图 10.19　命令窗口显示的内容

在绘制规划图纸的过程中，用户时常需要对图纸某些要素进行修改，但图纸图层元素过多，并且较为杂乱。这给设计带来诸多不便，用户可用"filter"命令进行有效解决。

简单来说,"filter"命令就是创建一个条件列表,用于选择指定内容。"filter"命令可有效完成以下工作:

①使用编辑命令前选择对象;

②执行编辑命令期间选择对象,在任何"选择对象"提示下,透明使用"filter"命令,可以选择要使用当前命令的对象;

③创建和命名过滤器,以便在任何"选择对象"提示下使用。

仅当将这些特性直接指定给对象时,"filter"命令才根据特性查找对象。如果对象使用其所在图层的特性,则"filter"命令不查找它们,但可使用"filter"命令查找随层或随块设置特性的对象。

用户在命令窗口输入"filter"命令,可打开"对象选择过滤器"对话框(见图10.20)。

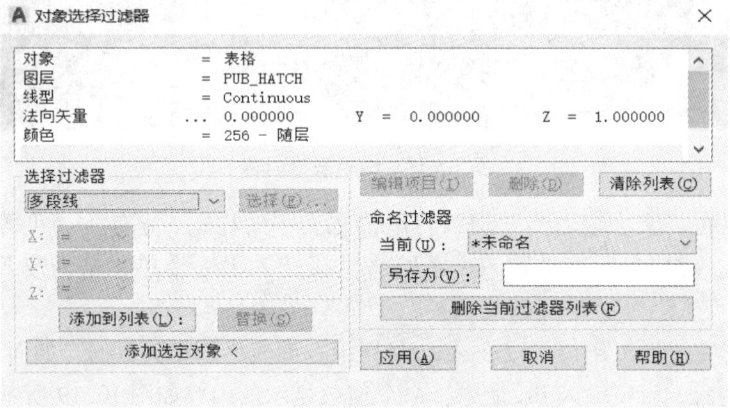

**图 10.20　对象选择过滤器**

"选择对象过滤器"对话框的功能介绍如下。

过滤器特性列表:显示组成当前过滤器的特性列表。当前过滤器就是在"已命名的过滤器"的"当前"区域选择的过滤器。

选择过滤器:可以为当前过滤器添加特性。

选择:显示一个对话框,其中列出了图形中制定类型的所有项目,用于选择要过滤的项目。

添加到列表:向过滤器列表中添加当前的"选择过滤器"特性。除非手动删除,否则添加到未命名过滤器的特性在当前 AutoCAD 任务中仍然可用。

替换:用"选择过滤器"中显示的某一过滤器特性替换过滤器特性列表中选定的特性。

添加选定对象:向过滤器列表添加图形中的一个选定对象。单击此按钮,关闭"对象选择过滤器"对话框,可在视图区内选择对象。

编辑项目:将选定的过滤器特性移动到"选择过滤器"选项组并进行编辑。若要编辑过滤器特性,可先选中它,然后单击"编辑项目"按钮,编辑过滤器特性并单击"替换"按钮,已编辑的过滤器特性将替换选定的过滤器特性。

删除:从当前过滤器中删除选定的过滤器特性。

清除列表：从当前过滤器中删除所有列出的特性。

命名过滤器：显示、保存和删除过滤器。

当前：显示保存的过滤器。选择一个过滤器列表并将其置为当前，AutoCAD 从默认的 filter. nfl 文件中加载已命名的过滤器及其特性列表。

删除当前过滤器列表：从默认过滤器文件中删除过滤器及其所有特性。

应用：退出对话框并显示"选择对象"提示，在该提示下创建一个选择集，Auto-CAD 在选定对象上使用当前过滤器。

### 10.8.2 指标计算

插入表格后用户应统计各类用地的面积，统计方法有 3 种，分别为面域统计、填充统计和直接统计。

①面域统计。键入"massprop"，或使用下拉菜单"工具→查询→面域/质量特性"，选择全部面域，弹出的文本窗口会显示所有的汇总面积。

②填充统计。用"图案填充"（bhatch）命令填充所有面域，选中填充对象，并用 list 命令查询面积。注意：待填充图形不一定为面域，但一定要闭合，并且不能有多余的线条和图案，否则面积可能会有误差。

③直接统计。输入"area"或"aa"命令，然后选择对象，逐个统计面积。此种方法的局限性在于当提示选择对象时，只能使用鼠标拾取一个对象，而不能使用其他的对象选择方式，容易漏算、多算面积，因而效率较低，容易出错。

基底面积主要用于建筑密度、平均层数等指标当中。在居住区规划中，我们并不用住宅基底面积计算住宅建筑的总面积，住宅建筑的总面积由各种户型的面积按层数累加得到。对于总建筑密度、居住户数、绿地率等指标，我们要根据相关技术规范，结合规划小区的实际情况进行计算。

计算指标后，用户应根据规划设计要求所提出的指标与计算出来的方案指标的差异调整方案，调整结束后将重要的经济技术指标以表格形式绘制于规划总平面图的合适位置（见表 10.5 和图 10.21）。

表 10.5　综合技术经济指标

| 项目 | 单位 | 数值 | 百分比 |
|---|---|---|---|
| 总用地面积 | m² | 127 059 | |
| 总建筑面积 | m² | 181 886 | 100% |
| 建筑占地面积 | m² | 19 917 | |
| 住宅建筑面积 | m² | 100 636 | 55.3% |
| 公建建筑面积 | m² | 65 680 | 36.1% |
| 地下兼人防建筑面积 | | 15 570 | 8.6% |
| 容积率 | | 1.31 | |
| 住宅平均层数 | 层 | 7.9 | |
| 总建筑密度 | | 15.7% | |

表10.5(续)

| 项目 | 单位 | 数值 | 百分比 |
|---|---|---|---|
| 居住户数 | 户 | 750 | |
| 居住人数 | 人 | 2 625 | |
| 户均人数 | 人/户 | 3.5 | |
| 住宅建筑面积净密度 | 万平方米/hm | 0.79 | |
| 绿地率 | | 60% | |

### 综合技术经济指标一览表

| 序号 | 项目 | 单位 | 数值 | 百分比 | 序号 | 项目 | 单位 | 数值 | 百分比 |
|---|---|---|---|---|---|---|---|---|---|
| 1 | 总用地面积 | m² | 127059 | | 9 | 住宅平均层数 | 层 | 7.9 | |
| 2 | 总建筑面积 | m² | 181886 | 100% | 10 | 总建筑密度 | | 15.7% | |
| 3 | 建筑占地面积 | m² | 19917 | | 11 | 居住户数 | 户 | 750 | |
| 5 | 住宅建筑面积 | m² | 100636 | 55.3% | 12 | 居住人数 | 人 | 2625 | |
| 6 | 公建建筑面积 | m² | 65680 | 36.1% | 13 | 户均人数 | 人/户 | 3.5 | |
| 7 | 地下兼人防建筑面积 | m² | 15570 | 8.6% | 14 | 住宅建筑面积净密度 | 万m²/hm | 0.79 | |
| 8 | 容积率 | | 1.31 | | 16 | 绿地率 | | 60% | |

图 10.21　综合技术经济指标一览表

# 10.9　练习

本章重点介绍了居住区规划的基本概念、前期准备、基本绘制流程等，然后从单体绘制、道路绘制、建筑布局、景观设置、技术经济指标等方面进行详细解读。练习内容如下：

①掌握居住区规划生活圈的分类。

②完成小区路网、建筑布局、环境景观、技术指标的图纸表达，能熟练绘制完整的居住小区规划总平面图。

# 参考文献

[1] 解万玉. 城镇规划计算机辅助设计 [M]. 北京：中国建筑工业出版社，2015.

[2] 于先军，何杰，刘长飞. AutoCAD 2009 城市规划与设计 中文版 [M]. 北京：清华大学出版社，2009.

[3] 周婕，牛强. 城乡规划 GIS 实践教程 [M]. 北京：中国建筑工业出版社，2017.

[4] 牛强. 城乡规划 GIS 技术应用指南 GIS 方法与经典分析 [M]. 北京：中国建筑工业出版社，2018.

[5] 张京祥，黄贤金. 国土空间规划原理 [M]. 南京：东南大学出版社，2021.

[6]《中华人民共和国城乡规划法》编委会. 中华人民共和国城乡规划法 [M]. 北京：法律出版社，2007.

[7] 中华人民共和国建设部. 城市规划制图标准：CJJ/T 97-2003 [S]. 北京：中国建筑工业出版社，2003.

[8] 中国城市规划设计研究院. 城市用地分类与规划建设用地标准：GB 50137-2011 [S] 北京：中国建筑工业出版社，2011.

[9] 中华人民共和国建设部. 镇规划标准：GB 50188-2007 [S]. 北京：中国建筑工业出版社，2007.

附录一　《市级国土空间总体规划制图规范（试行）》

《市级国土空间总体规划制图规范（试行）》

# 附录二

## 《城市规划制图标准》

《城市规划制图标准》